Grundlagen der Elektrotechnik

Markus Hufschmid

Grundlagen der Elektrotechnik

Einführung für Studierende der
Ingenieur- und Naturwissenschaften

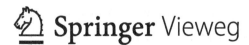

Markus Hufschmid
Institut für Sensorik und Elektronik
Fachhochschule Nordwestschweiz
Windisch, Aargau, Schweiz

ISBN 978-3-658-30385-3   ISBN 978-3-658-30386-0   (eBook)
https://doi.org/10.1007/978-3-658-30386-0

Die Deutsche Nationalbibliothek verzeichnet diese Publikation in der Deutschen Nationalbibliografie;
detaillierte bibliografische Daten sind im Internet über http://dnb.d-nb.de abrufbar.

Planung/Lektorat: Reinhard Dapper
Springer Vieweg ist ein Imprint der eingetragenen Gesellschaft Springer Fachmedien Wiesbaden GmbH und ist
ein Teil von Springer Nature.
Die Anschrift der Gesellschaft ist: Abraham-Lincoln-Str. 46, 65189 Wiesbaden, Germany

Vorwort

Das vorliegende Buch entstand während Vorlesungen, die im Rahmen des Elektrotechnikstudiums an der Ingenieurschule beider Basel (heute Fachhochschule Nordwestschweiz) gehalten wurden. Es soll einen umfassenden Einblick in die Begriffe, Zusammenhänge und Methoden der Elektrotechnik vermitteln.

Der Mensch kann die meisten elektrotechnischen Grössen nicht mit seinen Sinnen wahrnehmen. Begriffe wie Spannung, Strom oder elektromagnetisches Feld sind für ihn abstrakt, er kann sie kaum mit eigenen Erfahrungen verknüpfen. Umso erstaunlicher ist die Tatsache, dass es im 19. und 20. Jahrhundert gelang, die Phänomene der Elektrotechnik wissenschaftlich zu erforschen und die daraus gewonnen Erkenntnisse vielfältig anzuwenden.

Will man die Elektrotechnik verstehen, ist also ein gewisses Mass an Abstraktionsvermögen unabdingbar. Dieses kann durch stetiges Üben geschult werden. Je mehr Probleme durchgerechnet werden, desto mehr steigt das Verständnis über die mannigfaltigen Zusammenhänge und man entwickelt zunehmend ein Gefühl für die abstrakten Grössen.

Dennoch enthält dieses Buch kaum Übungsaufgaben. Diese würden den Umfang schlicht sprengen. Auf der Webseite

`www.elektrotechnikgrundlagen.ch`

steht dem Leser jedoch eine umfassende Sammlung von Aufgaben zur Verfügung. Es ist unbedingt anzuraten, davon ausgiebig Gebrauch zu machen.

Trotz grosser Sorgfalt bei der Erstellung des Manuskripts ist zu befürchten, dass dieses Buch einige fehlerhafte Formeln und grammatikalische Mängel enthält. Die genannte Webseite bietet daher die Möglichkeit, dem Autor Fehler zu melden. Ebenso enthält sie eine Liste der bereits bekannten Inkorrektheiten.

Ich möchte es nicht versäumen, allen, die mir während des Entstehens dieses Buches mit Rat und Tat oder mit moralischer Unterstützung zur Seite gestanden sind, herzlich

zu danken. Dies betrifft natürlich vor allem meine Ehefrau und meine beiden Kinder –
ich bin stolz auf euch! Ebenfalls namentlich erwähnen möchte ich meine Kollegen Rolf
Gutzwiller, Richard Gut und Andreas Spänhauer, mit denen ich viele fruchtbare Dis-
kussionen führen durfte.

Möriken   Markus Hufschmid
30. 12. 2019

Inhaltsverzeichnis

1	**Einleitung**..	1
2	**Grundbegriffe**..	5
	2.1 Elektrische Ladung.......................................	5
	2.2 Aufbau eines Atom......................................	7
	2.3 Elektrischer Strom......................................	8
	2.4 Elektrische Spannung..................................	10
	2.5 Widerstand..	12
	2.6 Widerstand eines Leiters...............................	13
	2.7 Temperaturabhängigkeit des Widerstands............	15
	2.8 Energie und Leistung...................................	15
3	**Grundgesetze**...	17
	3.1 Knotenregel (1. Kirchhoffsches Gesetz).............	17
	3.2 Maschenregel (2. Kirchhoffsches Gesetz)...........	18
	3.3 Reihenschaltung von Widerständen..................	20
	3.4 Spannungsteiler..	22
	3.5 Parallelschaltung von Widerständen.................	23
	3.6 Stromteiler..	25
	3.7 Spannungsmessung....................................	26
	3.8 Strommessung..	28
4	**Lineare Zweipole**...	31
	4.1 Generator- und Verbraucher-Zählpfeilsystem.......	31
	4.2 Ideale Spannungsquelle...............................	32
	4.3 Reale Spannungsquelle................................	33
	4.4 Ideale Stromquelle.....................................	36
	4.5 Reale Stromquelle......................................	36
	4.6 Umwandlung zwischen realer Spannungs- und Stromquelle........	38
	4.7 Quellen-Ersatzzweipole................................	39
	4.8 Wirkungsgrad...	41

4.9   Leistungsanpassung   42
4.10   Messung von Widerständen   44
4.11   Linearität   46
4.12   Superpositionsprinzip (Überlagerungsprinzip)   48
4.13   Bestimmung des Innenwiderstands eines Zweipols   51
4.14   Belasteter Zweipol: Graphische Lösung   54
4.15   Nichtlineare Zweipole   56

5   Umwandlungen   61
5.1   Stern-Dreieck-Umwandlung   61
5.2   Vor- und Nachteile der Netzumwandlung   64
5.3   Spannungsquellenverschiebung   65
5.4   Stromquellenverschiebung   67

6   Systematische Verfahren zur Analyse von linearen Netzwerken   71
6.1   Zweigstromanalyse   72
6.2   Maschenstromanalyse   75
          6.2.1   Behandlung von Stromquellen   83
6.3   Knotenpotentialanalyse   89
          6.3.1   Behandlung von Spannungsquellen   94

7   Zeitabhängige Grössen   97
7.1   Periodische Grössen   98
7.2   Mittelwert einer Funktion   99
7.3   Bestimmtes Integral   101
7.4   Gleichrichtung   102
7.5   Einweg-Gleichrichtwert   104
7.6   Gleichrichtmittelwert   104
7.7   Mittelwert der Leistung   105
7.8   Effektivwert   106
7.9   Zusammenfassung: Mittelwerte periodischer Funktionen   107
7.10   Scheitel- und Formfaktor   108
7.11   Sinusförmige Spannungen und Ströme   108
7.12   Messen von Wechselgrössen   113
          7.12.1   Drehspulinstrument   113
          7.12.2   Dreheiseninstrument   114
          7.12.3   Echte Effektivwertmessung (True RMS)   114

8   Elementare Zweipole   117
8.1   Definitionen   117
          8.1.1   Ohmscher Widerstand   117
          8.1.2   Induktivität   118
          8.1.3   Kapazität   119

8.2   Verhalten bei sinusförmigen Spannungen und Strömen   120
        8.2.1   Ohmscher Widerstand   120
        8.2.2   Induktivität.   122
        8.2.3   Kapazität   123

9   Lineare Netzwerke mit sinusförmiger Anregung.   127
     9.1   Grundgesetze   127
     9.2   Prinzip der komplexen Wechselstromrechnung.   129
     9.3   Komplexer Effektivwert einer sinusförmiger Grösse   130
     9.4   Operationen   132
             9.4.1   Addition zweier sinusförmigen Grössen   132
             9.4.2   Multiplikation einer sinusförmigen Grösse mit einer
                      Konstanten   136
             9.4.3   Ableiten einer sinusförmigen Grösse nach der Zeit.   137
             9.4.4   Integration einer sinusförmigen Grösse über die Zeit   137
             9.4.5   Zusammenfassung   138
     9.5   Die Kirchhoff'schen Gesetze in komplexer Form   138
     9.6   Ohmsches Gesetz in komplexer Form   141
     9.7   Definitionsgleichung der Induktivität in komplexer Form.   141
     9.8   Definitionsgleichung der Kapazität in komplexer Form   142
     9.9   Analyse linearer Netzwerke mit Hilfe der komplexen
             Wechselstromrechnung   143
     9.10   Bezeichnungen.   146
     9.11   Leistungen in Wechselstromnetzwerken   146

10 Resonanzerscheinungen   151
     10.1   Reihenschwingkreis.   151
     10.2   Parallelschwingkreis   153
     10.3   Gütefaktor   155
             10.3.1   Reihenschwingkreis.   155
             10.3.2   Parallelschwingkreis   155
     10.4   Allgemeine Definition des Gütefaktors   156
     10.5   Übertragungsverhalten.   157

11 Mehrphasensysteme   161
     11.1   Motivation   161
     11.2   Drehstromsystem   162
             11.2.1   Definition   162
     11.3   Drehstromverbraucher   165
             11.3.1   Verbraucher in Dreieckschaltung.   165
             11.3.2   Symmetrische Dreieckslast   166
             11.3.3   Verbraucher in Sternschaltung.   167
             11.3.4   Symmetrische Sternlast   169

11.4   Leistungen im Drehstromsystem 169
        11.4.1   Zeitliche Konstanz der Leistung in einem symmetrischen
                 Drehstromsystem 169
        11.4.2   Elektrodynamische Wattmeter 170
        11.4.3   Leistungen im symmetrischen Dreiphasensystem 171
        11.4.4   Leistungsmessung bei unsymmetrischem Verbraucher 173

12   Ortskurven 177
12.1   Beispiel 177
12.2   Inversion von Ortskurve 179
12.3   Ortskurven einfacher Schaltungen 180
12.4   Beispiel einer komplexeren Ortskurve 181
12.5   Konstruktion einer Frequenzskala 184

13   Komplexer Frequenzgang und Bodediagramm 189
13.1   Komplexer Frequenzgang 189
13.2   Bodediagramm 191
13.3   Beispiele einfacher Bodediagramme 195
13.4   Kaskadierung von Übertragungselementen 198
13.5   Tipps und Tricks 201
        13.5.1   Bestimmung von Betrag und Phase 201
        13.5.2   Asymptotisches Verhalten 203
        13.5.3   Steigung der Asymptoten des Amplitudengangs 203
        13.5.4   Bestimmung der Phase einer komplexen Zahl 204

14   Fourierreihe und ihre Anwendung 207
14.1   Definitionen 207
        14.1.1   Periodische Funktion 207
        14.1.2   Fourier-Reihen 208
        14.1.3   Gleichanteil, Grund- und Oberschwingungen,
                 Harmonische 208
14.2   Eigenschaften 209
        14.2.1   Gerade und ungerade Funktionen 209
        14.2.2   Amplituden- und Phasenwerte 209
14.3   Komplexe Fourierreihe 210
        14.3.1   Zusammenhang zwischen a_n, b_n und $\underline{c}_n$ 212
14.4   Das Linienspektrum 213
14.5   Effektivwert 214
14.6   Klirrfaktor 217
14.7   Leistung 217

15 Berechnung von Einschwingvorgängen 219

15.1 Lineare Differentialgleichungen 219

   ·   15.1.1 Lineare Differentialgleichung mit konstanten
Koeffizienten 220

       15.1.2 Lösung der homogenen Differentialgleichung 220

       15.1.3 Partikuläre Lösungen für spezielle s(t) 221

       15.1.4 Diskussion der allgemeinen Lösung 222

15.2 Laplace-Transformations 222

       15.2.1 Lösung von Differentialgleichungen mittels der
Laplace-Transformation. 224

15.3 Übertragungsfunktion, Frequenzgang und Stossantwort. 227

16 Elektrostatik 231

16.1 Coulomb'sches Gesetz 231

16.2 Elektrische Feldstärke 234

16.3 Leiter im elektrostatischen Feld. 237

       16.3.1 Influenz 238

16.4 Elektrische Spannung und Potential 238

       16.4.1 Elektrische Spannung. 238

       16.4.2 Wegunabhängigkeit der elektrostatischen Spannung. 240

       16.4.3 Elektrisches Potential. 241

       16.4.4 Äquipotentialflächen 243

16.5 Verschiebungsflussdichte und Fluss. 243

       16.5.1 Der elektrische Fluss Ψ 244

       16.5.2 Elektrischer Fluss durch eine Hüllfläche 245

       16.5.3 Berechnung von Feldstärke und Potential 247

16.6 Kapazität 249

       16.6.1 Plattenkondensator. 251

       16.6.2 Zylinderkondensator 252

       16.6.3 Berechnung von Kapazitäten 253

16.7 Energie im elektrischen Feld 253

16.8 Verhalten an Grenzflächen. 256

       16.8.1 Brechungsgesetz 257

17 Stationäres Strömungsfeld. 259

17.1 Stromdichte 259

17.2 Ohmsches Gesetz im Strömungsfeld. 262

17.3 Wegunabhängigkeit der elektrischen Spannung 263

17.4 Energieumwandlung in Leitern 264

17.5 Vergleich: Elektrostatik ↔ stationäres Strömungsfeld. 264

17.6 Berechnung von Leitwerten. 265

18   Magnetfeld 269
      18.1   Magnetische Flussdichte und Magnetfeld 270
      18.2   Die magnetischen Wirkungen des elektrischen Stromes 271
      18.3   Magnetfeld eines langen Leiters 271
      18.4   Kraftwirkung auf einen stromdurchflossenen Leiter 273
      18.5   Kraftwirkung auf eine bewegte Ladung 273
      18.6   Biot-Savart 274
      18.7   Durchflutungsgesetz 277
      18.8   Magnetfeld einer Ringspule 278
      18.9   Magnetischer Fluss 279
      18.10   Bedingungen an Grenzflächen 280
      18.11   Berechnung linearer Magnetkreise 281
               18.11.1   Der magnetische Kreis ohne Verzweigung 282
               18.11.2   Der magnetische Kreis mit Verzweigung 284
      18.12   Magnetisches Verhalten 285
      18.13   Berechnung nichtlinearer Magnetkreise 287
      18.14   Kräfte auf hochpermeable Eisenflächen 288

19   Induktionsgesetz und Induktivitäten 291
      19.1   Zeitlich veränderliche magnetische Felder 291
               19.1.1   Induktionsgesetz 291
               19.1.2   Verketteter Fluss Ψ 294
               19.1.3   Lenz'sche Regel 295
               19.1.4   Die zweite Maxwellsche Gleichung 296
      19.2   Selbstinduktivität 297
      19.3   Netzwerke mit Gegeninduktivitäten 299
               19.3.1   Repetition Induktionsgesetz und Selbstinduktivität 299
               19.3.2   Gegeninduktivität 301
               19.3.3   Zusammenhang zwischen Strömen und Spannungen bei
                         gekoppelten Spulen 302
               19.3.4   Vorzeichenregel 303
               19.3.5   Sinusförmige Grössen 304
               19.3.6   Kopplungsfaktor 306
               19.3.7   Serieschaltung von gekoppelten Induktivitäten 307
               19.3.8   Vollständig gekoppelte Spulen 307
               19.3.9   Idealer Transformator 309
               19.3.10   Ersatzschaltbild ohne Kopplung 310
               19.3.11   Netzwerke mit Gegeninduktivitäten 310

20 Drahtlose Übertragung................................... 313

    20.1   Was ist überhaupt ein Feld?............................ 313

    20.2   Die vier Maxwell-Gleichungen......................... 315

    20.3   Elektromagnetische Strahlung.......................... 316

    20.4   Mathematisches....................................... 319

    20.5   Fazit.. 321

Anhang A1: Komplexe Zahlen.................................. 323

Anhang A2: Logarithmierte Verhältnisgrössen 329

Anhang A3: Lineare Gleichungssysteme und Matrizenrechnung 333

Stichwortverzeichnis... 343

Einleitung 1

Das Wesen der Elektrizität wird jedem schlagartig klar, der mit ihr in Berührung kommt!

Es gibt nicht viele Wissenschaften, welche unser Leben in den vergangenen 150 Jahren derart nachhaltig verändert haben wie die Elektrotechnik. Nachdem Wissenschaftler wie Alessandro Volta, Hans Christian Oersted, André-Marie Ampère, Georg Simon Ohm, Michael Faraday und nicht zuletzt James Clerk Maxwell die Grundlagen erforscht hatten, wurden im19. Jahrhundert erste Telegrafenlinien in Betrieb genommen. Erstmals in der Geschichte der Menschheit konnten Nachrichten nahezu ohne Verzögerung über weite Strecken übermittelt werden. Mit den Erfindungen von Johann Philipp Reis und Alexander Graham Bell gelang auch schon bald die Übertragung von Sprache. Praktisch gleichzeitig fing man an, die Elektrizität für Beleuchtungszwecke einzusetzen, zunächst mittels Bogenlampen, später verbesserte Thomas Alva Edision das schon seit etwa 1820 bekannte Prinzip der Glühlampe. Bereits im Jahr 1889 produzierte die Firma Siemens & Halske 650.000 Glühlampen. Ebenfalls im 19. Jahrhundert wurden erste Elektromotoren und Generatoren entwickelt und laufend verbessert. Immer häufiger wurden die Pferdestrassenbahn und die Dampflokomotiven durch elektrisch betriebene Zugmaschinen abgelöst. Der Einsatz von Elektromotoren ermöglichte auch den Bau von U-Bahnen in London, Budapest, Berlin und Paris. Um die Jahrhundertwende wurden erste elektrifizierte Küchen vorgestellt.

Basierend auf den theoretischen Überlegungen von James Clark Maxwell und den Experimenten von Heinrich Hertz begann um 1900 der Siegeszug der drahtlosen Übertragung. Schon 1901 gelang es Guglielmo Marconi, mittels Funksignalen den Atlantik zu überbrücken. Kurz darauf wurden erste Rundfunksender in Betrieb genommen. Nach der Erfindung der Elektronenröhre gelang es, immer bessere Sender und Empfänger zu bauen und wenige Jahre später (1929) begannen Versuchssender, erste Fernsehbilder zu übertragen.

© Springer Fachmedien Wiesbaden GmbH, ein Teil von Springer Nature 2021
M. Hufschmid, *Grundlagen der Elektrotechnik,*
https://doi.org/10.1007/978-3-658-30386-0_1

Ein weiterer Meilenstein war die Erfindung des Transistors durch Bardeen, Brattain und Shockley im Jahr 1947. Die unhandlichen Röhren mit hohem Leistungsverbrauch wurden durch kleine, effiziente Bauelemente abgelöst. Als es später gelang, viele (heute über 1 Mrd.) solcher Transistoren auf einem Substrat zu integrieren, war die Mikroelektronik geboren. Sie erlaubt es, sehr komplexe Schaltungen auf kleinstem Raum und mit vergleichsweise tiefen Kosten zu realisieren und ist die Grundlage des heute allgegenwärtigen Einsatzes von integrierten Schaltungen in unserem täglichen Leben.

Anfangs der 40er Jahre baute Konrad Zuse seinen rein mechanischen Rechnerautomaten Z1 nach, wobei er die mechanischen Schaltelemente durch Relais ersetzte. Der Relaisrechner Z3 gilt heute als einer der ersten Computer. Einige Jahre später entstand ENIAC, der erste mit Röhren funktionierende Computer. Ab Mitte der 60er Jahre wurden zunehmend integrierte Schaltungen dafür eingesetzt. Die heutigen PCs sind so leistungsfähig, dass sie die Rechenleistung des Hochleistungsrechners Cray-1 aus dem Jahr 1976 locker übertreffen.

Damit sind wir im 21. Jahrhundert angelangt. Wir haben uns mittlerweile daran gewöhnt, dass wir durch einen Knopfdruck Licht ins Dunkel bringen können, dass unsere Mobiltelefone, Laptops und Haushaltgeräte untereinander drahtlos Informationen austauschen oder dass wir jederzeit problemlos mit Freunden und Bekannten am anderen Ende der Welt kommunizieren können. In naher Zukunft werden uns wohl elektrisch betriebenen Autos vollautomatisch ans gewünschte Ziel bringen.

Egal ob elektrische Lokomotive, Leuchtdiode, Fernsehen, Mobilfunktelefon, Laptop, Wireless LAN, Spülmaschine, Elektroauto, Internet oder Solarzelle, sie alle beruhen im Kern auf den Grundlagen der Elektrotechnik. Um deren Funktionsweise zu verstehen, müssen Begriffe wie elektrische Ladung, Spannung, Strom, Widerstand, Kapazität, Induktivität, Impedanz, elektrisches und magnetisches Feld sowie die vielfältigen Beziehungen zwischen diesen Grössen verstanden werden. Das vorliegende Buch soll genau dieses Grundwissen vermitteln. Zu diesem Zweck ist es grob in mehrere Teile gegliedert:

- In der Gleichstromtechnik sind alle Grössen konstant, d. h., sie ändern sich nicht mit der Zeit. Die einzig interessierenden Zweipole sind die Spannungs- und die Stromquelle sowie der ohmsche Widerstand. Dennoch können die wichtigsten Begriffe und Gesetze eingeführt und angewendet werden. Auch systematische Verfahren zur Analyse von linearen Netzwerken können besprochen werden.
- In der Wechselstromtechnik sind alle Spannungen und Ströme sinusförmig und zwar – da wir uns auf lineare Netzwerke beschränken wollen – mit bekannter Kreisfrequenz. Deshalb sind lediglich die Amplituden und die Phasenwinkel der Grössen von Interesse. Diese Information kann mit Hilfe von komplexen Zeigern dargestellt werden – ein unheimlich hilfreiches Werkzeug! Da Spannung und Strom nun mit der Zeit variieren, werden andere Zweipole interessant, die Kapazität und die Induktivität. Ein wichtiger Anwendungszweck der Wechselstromtechnik sind die Drehstromsysteme.

- Selbst wenn Netzwerke nur sinusförmige Quellen enthalten, kann es beim Einschalten zu nicht-sinusförmigen Signalverläufen kommen. Diese Einschwingvorgänge lassen sich mit Hilfe von linearen Differentialgleichungen beschreiben und klingen in der Regel mit der Zeit ab. Ein sehr mächtiges Instrument in diesem Zusammenhang ist die Laplace-Transformation.

- Mithilfe der Fourierreihe können nahezu alle periodischen Signale analysiert und in ihre harmonischen Komponenten zerlegt werden. Damit haben wir ein Werkzeug, um auch nicht-sinusförmige Signale zu beschreiben und können beispielsweise die Reaktion von linearen Netzwerken auf periodische Rechteck- oder Dreiecksignale berechnen.

- Wird jedem Punkt des Raumes eine physikalische Grösse zugeordnet, spricht man von einem Feld. Handelt es sich dabei um Grössen, bei denen neben dem Betrag auch die Richtung eine Rolle spielt, so hat man es mit einem Vektorfeld zu tun. Die Phänomene der Elektrotechnik lassen sich durch zwei Vektorfelder beschreiben, dem elektrischen und dem magnetischen Feld. In der Elektrostatik geht es um die Beschreibung von zeitlich konstanten, elektrischen Feldern. Solche Felder werden durch ruhende elektrische Ladungen erzeugt. Im Gegensatz dazu werden magnetische Felder durch Ströme, also bewegte Ladungen, oder durch zeitliche Änderungen von elektrischen Feldern erzeugt. Maxwell hat im 19. Jahrhundert aufgrund der Wechselwirkung zwischen elektrischem und magnetischem Feld elektromagnetische Wellen vorhergesagt. Das letzte Kapitel gibt einen kurzen Einblick in dieses interessante Phänomen.

Grundbegriffe

2

▶ Die elektrischen Größen Ladung, Strom, Spannung und Widerstand spielen in unserem Alltag keine große Rolle. Da wir keine geeigneten Sinne dafür besitzen, fehlt uns die praktische Erfahrung weitgehend. Die genannten Grössen werden daher hier definiert und anhand einfacher Beispiele erläutert.

2.1 Elektrische Ladung

Ob im Computer oder im Kraftwerk: Wenn in der Elektrotechnik irgendetwas geschieht, so hat das immer mit dem Bewegen oder wenigstens dem Vorhandensein von elektrischen Ladungen zu tun. Es gibt zwei verschiedene Arten von Ladungen. Um sie unterscheiden zu können, spricht man von positiver und negativer elektrischer Ladung. Geladene Teilchen verhalten sich nach dem Motto: „Gegensätze ziehen sich an". Ladungen mit verschiedenen Vorzeichen ziehen sich an, Ladungen mit gleichem Vorzeichen stossen sich ab (siehe Abb. 2.1).

Mit vielen physikalischen Grössen sind wir aus unserem Alltag vertraut. Im Laufe der Jahre haben wir ein Gefühl für Längen, Zeiten, Temperaturen, Geschwindigkeiten usw. entwickelt. Die meisten dieser Grössen können wir durch einen unserer Sinne erfahren. Bei den wesentlichen Grössen der Elektrotechnik ist dies leider nicht der Fall. Die elektrische Ladung ist eine Grösse, die wir mit unseren Sinnen nicht direkt wahrnehmen können. Sie wird durch folgende Eigenschaften und Wirkungen beschrieben:

• Vorzeichen: Es gibt zwei verschiedene Ladungsarten. Man nennt sie positive und negative elektrische Ladung.

▶ Ladungen mit gleichem Vorzeichen stossen sich ab, Ladungen mit verschiedenen Vorzeichen ziehen sich an.

© Springer Fachmedien Wiesbaden GmbH, ein Teil von Springer Nature 2021
M. Hufschmid, *Grundlagen der Elektrotechnik,*
https://doi.org/10.1007/978-3-658-30386-0_2

Abb. 2.1 Gleiche Ladungen stossen sich ab, ungleiche ziehen sich an

- Trennung und Wiedervereinigung: Elektrische Ladungen lassen sich trennen und rekombinieren.
- Erhaltung: Werden die Vorzeichen berücksichtigt, so ist die Summe der elektrischen Ladungen in einem abgeschlossenen System konstant. Dies bedeutet, Ladung kann weder erzeugt noch vernichtet werden.
- Quantelung: Jede elektrische Ladung Q ist ein ganzzahliges Vielfaches der Elementarladung e.

$$Q = n \cdot e$$
$$e = 1,6 \cdot 10^{-19} C$$
$$n = 0, \pm 1, \pm 2, \pm 3, \ldots$$

▷ **Einheit der elektrischen Ladung**
Die Einheit der elektrischen Ladung ist das Coulomb[1] , abgekürzt C.

---

[1]Nach dem französischen Physiker Charles Augustin de Coulomb (1736–1806).

2.2   Aufbau eines Atom

Jegliche Materie ist aus Atomen aufgebaut. Diese bestehen im Wesentlichen aus einem Kern und einer oder mehreren umhüllenden Schalen. Der Atomkern enthält elektrisch positiv geladene Protonen und elektrisch neutrale Neutronen. Auf den Schalen umkreisen negativ geladene Elektronen den Atomkern.

▶   **Wichtig**

Ladung eines Protons: $+\,e = 1{,}6 \cdot 10^{-19}\,\mathrm{C}$

Ladung eines Elektrons: $-\,e = -\,1{,}6 \cdot 10^{-19}\,\mathrm{C}$

In der Regel enthält ein Atom gleich viele Protonen wie Elektronen. Die Ladungen von Kern und Hülle sind demnach gleich gross, haben aber verschiedene Vorzeichen. Das Atom ist insgesamt elektrisch neutral. Fehlt dem Atom ein Elektron oder hat es ein Elektron zuviel, so ist das Atom positiv, resp. negativ geladen. Man bezeichnet ein derart geladenes Atom als Ion.

Ein kurzer Abstecher in die Quantenmechanik

Alle bekannten Elementarteilchen in der Natur können grob in zwei Gruppen unterteilt werden: Materieteilchen (Fermionen), aus denen jegliche Materie aufgebaut ist und Austauschteilchen (Bosonen), die beim Austausch von Kräften zwischen den Elementarteilchen eine Rolle spielen. In der Quantenmechanik wird angenommen, dass alle Kräfte und Wechselwirkungen zwischen den Elementarteilchen durch den Austausch von Bosonen entstehen. Ein Materieteilchen, beispielsweise ein Elektron, sendet ein Austauschteilchen aus, welches mit einem anderen Materieteilchen kollidiert und von ihm absorbiert wird. Dieser Zusammenstoss ändert die Geschwindigkeit des zweiten Materieteilchens, was schliesslich als Kraftwirkung interpretiert werden kann.

Die Austauschteilchen werden auch als virtuelle Teilchen bezeichnet, da ihr Vorhandensein in der Regel nur indirekt (durch die erzeugten Kräfte) nachgewiesen werden kann. In einigen Fällen können die Austauschteilchen jedoch auch direkt nachgewiesen werden, der Physiker spricht dann von Wellen.

Kräftetragende Teilchen werden – abhängig von der Stärke der Kraft und den Materieteilchen, zwischen denen die Kraft wirkt – in vier Kategorien unterteilt. Diese Unterteilung ist jedoch willkürlich und hat eventuell keine tiefere Bedeutung. Die Erklärung der vier Kategorien durch eine umfassende Theorie ist eines der kniffligsten Probleme der heutigen Physik.

Die erste Kategorie ist die Gravitation. Gravitationskräfte wirken zwischen allen Elementarteilchen und hängen von deren Masse (oder Energie) ab. Die Gravitationskraft ist mit Abstand die schwächste Kraft. Da sie jedoch immer anziehend und auch über riesige Distanzen wirkt, spielt sie dennoch eine wichtige Rolle. Die Gravitationskraft wird durch den Austausch von Gravitonen bewirkt. Diese sind masselos und können deshalb über grosse Distanzen wirken.

Für die Elektrotechnik ist die zweite Kategorie von besonderem Interesse, die elektromagnetische Wechselwirkung. Diese wirkt nur zwischen geladenen Materieteilchen (Elektronen, geladene Leptonen, Quarks). Sie ist um etwa den Faktor 10^{36} stärker als die Gravitationskraft. Im Gegensatz zur Gravitation kann die elektromagnetische Kraft jedoch sowohl anziehend als auch abstossend wirken. Aufgrund dieser Beobachtung hat man zwei unterschiedliche Arten von elektrischen Ladungen definiert und diese als positiv und negativ bezeichnet. Gleichartig geladene Teilchen stossen sich ab, verschiedenartige Ladungen dagegen haben anziehende Kräfte zur Folge. Da ein Körper in der Regel aus etwa gleich vielen positiv wie negativ geladenen Teilchen besteht, heben sich gegen aussen die anziehenden und abstossenden Kräfte nahezu auf. Die elektromagnetische Wechselwirkung entsteht durch den Austausch von sogenannten Photonen. Diese besitzen keine Ruhemasse und bewegen sich mit Lichtgeschwindigkeit. Zudem ist deren Lebensdauer nicht begrenzt. Die am Austauschprozess beteiligten Photonen sind üblicherweise virtuell, können also nicht direkt nachgewiesen werden. Wenn jedoch in einem Atom ein Elektron von einer Schale in eine dem Kern nähergelegene Schale wechselt, wird dadurch Energie frei und ein Photon wird ausgesendet, welches als elektromagnetische Welle (z. B. Licht) wahrgenommen werden kann.

Die beiden anderen Wechselwirkungen wirken nur über sehr kurze Distanzen und sind deshalb vor allem im Innern der Atome von Bedeutung. Die schwache Wechselwirkung ist verantwortlich für radioaktive Prozesse (z. B. β-Zerfall). Sie wirkt nicht zwischen allen Teilchen sondern betrifft nur die sogenannten Hadronen und Leptonen, zwischen denen intermediäre (d. h. vermittelnde) Vektorbosonen (W^+-, W^-- und Z^0- Boson) ausgetauscht werden. Die starke Wechselwirkung findet zwischen Quarks statt und wird durch Gluonen vermittelt. Sie bewirkt beispielsweise den Zusammenhalt des Atomkerns.

2.3   Elektrischer Strom

In einer Wasserleitung können sich die Wasserteilchen mehr oder weniger frei bewegen. Ist das eine Ende der Leitung höher als das andere, so fängt das Wasser an, zu fliessen. Die Stärke dieser Strömung kann man dadurch bestimmen, dass man die Wassermenge misst, die während einer gewissen Zeit durch die Wasserleitung fliesst.

In der Elektrotechnik gibt es einen sehr ähnlichen Effekt. Nur fliessen hier keine Wasserteilchen in Wasserleitungen sondern elektrische Ladungen in elektrischen Leitern. Wie bei den Wasserleitungen ist ein Leiter ein Material, in dem Ladungsträger frei beweglich sind und deshalb transportiert werden können. In einem Leiter können die Ladungen deshalb von einem Ende zum anderen fliessen, es entsteht ein Fluss von elektrischen Ladungen oder eben ein elektrischer Strom. Je mehr Ladung pro Zeiteinheit durch den Leiter fliesst, desto grösser ist die Stromstärke oder einfach der Strom. Der elektrische Strom wird daher wie folgt definiert:

▶ **Wichtig**
Als elektrischen Strom I bezeichnet man die Grösse

$$I = \frac{\Delta Q}{\Delta t},$$

wobei ΔQ die während der Zeit Δt durch den Leiter fliessende Ladung bedeutet.

Die Einheit des elektrischen Stroms ist das Ampère[2] , abgekürzt A. Gemäss der obigen Definition kann man Ladung auch als Strom mal Zeit interpretieren. Die Einheit der elektrischen Ladung, das Coulomb, ist deshalb gleich einer Ampèresekunde (A·s).

Beispiel

In einem Leiter fliesst ein Strom von 1,5 A. Welche Ladung ΔQ fliesst innerhalb eines Zeitraums von 10 s durch den Leiter?

Das Umstellen der Definitionsgleichung ergibt

$$\Delta Q = I \cdot \Delta t = 1{,}5\,\text{A} \cdot 10\,\text{s} = 15\,\text{As} = 15\,\text{C}.\ \blacktriangleleft$$

Der elektrische Strom wird zusätzlich durch seine Richtung beschrieben. Und zwar bezeichnet man die Bewegungsrichtung der positiven Ladungsträger als positive Stromrichtung. Man spricht auch von der technischen Stromrichtung.

Die wohl wichtigsten elektrischen Leiter sind die Metalle. In metallischen Leitern gibt es eine grosse Zahl leicht beweglicher Elektronen. Der elektrische Strom in Metallen besteht in einem Fliessen dieser sogenannt freien Elektronen. Die Bewegungsrichtung der negativ geladenen Elektronen stimmt nicht mit der technischen Stromrichtung überein.

Neben den Leitern wird auch zwischen Halbleitern und Nicht-Leitern unterschieden. In den Halbleitern sind die Ladungsträger ebenfalls beweglich, nur ist deren Dichte viel kleiner als bei den Leitern. Die Leitfähigkeit der Halbleiter ist deshalb geringer als bei den Leitern. Zudem ist sie stark temperaturabhängig. Typische Halbleiter sind Silizium (Si), Germanium (Ge) und Selen (Se).

Nichtleiter oder Isolatoren besitzen keine oder nur ganz wenige frei beweglichen Ladungsträger. Es kann kein elektrischer Strom fliessen. Glimmer, Polyethylen, Teflon, Keramik und Diamant sind einige Isolatoren, die in der Elektrotechnik zur Anwendung kommen.

Elektrischer Strom kann aufgrund seiner Wirkungen beobachtet und gemessen werden:

- Ein elektrischer Strom erzeugt ein magnetisches Feld. Darauf beruht die Wirkungsweise eines Drehspulinstruments.
- Ein von einem elektrischen Strom durchflossener Leiter erwärmt sich. Die Erwärmung des Leiters kann ebenfalls zur Strommessung verwendet werden.
- Da elektrische Ladungen immer mit Massen verknüpft sind, ist ein Stromfluss mit einem Stofftransport verbunden. Früher basierte die Definition der Stromstärke auf diesem Effekt.

---

[2]Nach dem französischen Mathematiker und Physiker André-Marie Ampère (1775–1836).

Driftgeschwindigkeit von Elektronen in einem Leiter

In einem Kupferdraht beträgt die Dichte der freien Elektronen bei Raumtemperatur etwa $8,5 \cdot 10^{28}$ pro Kubikmeter. Mit welcher Durchschnittsgeschwindigkeit bewegen sich diese Elektronen, wenn ein Strom von 200 A fliesst und der Drahtquerschnitt $50 \cdot 10^{-6}$ m^2 beträgt?

Bei einem Strom von 200 A fliesst pro Sekunde eine Ladung von

$$\Delta Q = I \cdot \Delta t = 200 \text{A} \cdot 1 \text{s} = 200 \text{As} = 200 \text{ C}$$

durch den Leiter. Jedes freie Elektron trägt eine Ladung von $-e = -1,6 \cdot 10^{-19}$ C. Demnach fliessen pro Sekunde

$$\Delta N = \frac{\Delta Q}{e} = \frac{200 \text{C}}{1,6 \cdot 10^{-19} \text{C}} = 1,25 \cdot 10^{21}$$

freie Elektronen durch den Leiterquerschnitt. Bei einer Elektronendichte von $\rho = 8,5 \cdot 10^{28}$ m^{-3} muss also pro Sekunde ein Volumen von

$$\Delta V = \frac{\Delta N}{\rho} = \frac{1,25 \cdot 10^{21}}{8,5 \cdot 10^{28} \text{m}^{-3}} = 14,7 \cdot 10^{-9} \text{ m}^3$$

verschoben werden. Da der Leiter einen Querschnitt von $A = 50 \cdot 10^{-6}$ m^2 aufweist, müssen die Elektronen dazu einen Weg von

$$\Delta x = \frac{\Delta V}{A} = \frac{14,7 \cdot 10^{-9} \text{m}^3}{50 \cdot 10^{-6} \text{m}^2} \approx 0,3 \cdot 10^{-3} \text{m} = 0,3 \text{ mm}$$

zurücklegen, woraus letztendlich eine durchschnittliche Geschwindigkeit von

$$v = \frac{\Delta x}{\Delta t} = 0,3 \, \frac{\text{mm}}{\text{s}}$$

folgt. Die schnelle Übertragung von Information in einem Leiter beruht also nicht auf der Bewegung von elektrischen Ladungen. Es ist vielmehr das masselose elektromagnetische Feld, das sich mit nahezu Lichtgeschwindigkeit ausbreitet. ◄

2.4   Elektrische Spannung

Wirken auf einen Körper äussere Kräfte, so ist das Verschieben des Körpers mit Arbeitsaufwand oder Arbeitsgewinn verbunden. Ein vertrautes Beispiel ist das Hochheben eines Steins. Auf den Stein wirkt aufgrund der Erdanziehung eine Kraft, die nach unten gerichtet ist. Um den Stein anzuheben, muss Arbeit geleistet werden. Durch diesen Arbeitsaufwand nimmt die potentielle Energie des Steins zu. Das bedeutet, der Stein ist aufgrund seiner höheren Position in der Lage, Arbeit zu leisten. Die potentielle Energie des Steins ist zu seiner Masse proportional.

Betrachten wir eine einzelne elektrische Ladung[3] , so wird diese von anderen Ladungen entweder angezogen oder abgestossen. Es wirken folglich Anziehungs- und (im Unterschied zur Erdanziehung) auch Abstossungskräfte auf diese Ladung. Die Verschiebung der Ladung von A nach B ist deshalb ebenfalls mit Arbeitsaufwand oder -gewinn verbunden. Dadurch ändert sich die potentielle Energie der Ladung vom ursprünglichen Wert W_A im Punkt A auf den Wert W_B im Punkt B. Die Energiedifferenz $W_B - W_A$ ist proportional zur Ladung Q. Um eine Grösse zu erhalten, die nicht von der transportierten Ladung abhängig ist, definiert man den Quotienten

$$U_{BA} = \frac{\text{Änderung der potentiellen Energie}}{\text{transportierte Ladung}} = \frac{W_B - W_A}{Q}$$

als elektrische Spannung zwischen den Punkten B und A.

Die elektrische Spannung ist demnach proportional zur Differenz der potentiellen Energie zwischen zwei Punkten. Man verwendet deshalb auch den Begriff Potential-differenz.

Beispiel

Ein Elektron mit der Ladung $-e = -1{,}6 \cdot 10^{-19}$ C wird von einem Punkt A zu einem Punkt B bewegt. Die Spannung zwischen den beiden Punkten beträgt $U_{BA} = 100$ V. Welche Arbeit muss für die Bewegung des Elektrons aufgewendet werden?

Die potentielle Energie des Elektrons am Startpunkt A sei W_A, diejenige am End-punkt B der Bewegung sei W_B. Die Änderung der potentiellen Energie

$$\Delta W = W_B - W_A$$

ist gleich der physikalischen Arbeit, die aufgewendet werden muss, um das Elektron zu bewegen. Aus der Definition der Spannung U_{BA} folgt

$$\Delta W = W_B - W_A = Q \cdot U_{BA} = -e \cdot U_{BA} = -1{,}6 \cdot 10^{-7} C \cdot V = -1{,}6 \cdot 10^{-7} J,$$

wobei für die Ladung des Elektrons $Q = -e$ eingesetzt wurde. ◄

Das Produkt aus Ladung und Spannung ergibt also eine Energie. Deshalb wird in der Teilchenphysik gerne das Elektronenvolt (eV) als Einheit für die Energie verwendet. Ein Elektronenvolt entspricht der Änderung der kinetischen Energie, die ein Elektron mit der Ladung -e beim Durchlaufen einer Beschleunigungspannung von 1 V erfährt. Im Large Hadron Collider (LHC) am CERN in Genf werden zwei Protonenstrahlen auf eine maximale Energie von 7 Tera-Elektronenvolt (TeV) beschleunigt und prallen anschliessend mit 14 TeV aufeinander.

---

[3]Man spricht in diesem Zusammenhang auch von Probeladung.

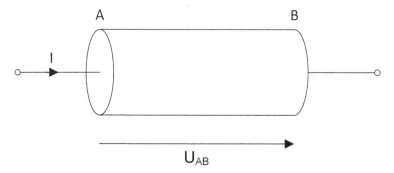

Abb. 2.2 Spannung (U_{AB}) und Strom (I) über einem Widerstand

2.5   Widerstand

Betrachtet man ein Bauelement mit zwei Anschlüssen[4] , so besteht ein Zusammenhang zwischen der Spannung über dem Bauelement und dem Strom durch das Bauelement. Die Spannung U_{AB} ist allgemein eine Funktion des Stroms I

$$U_{AB} = f(I).$$

Bei einer wichtigen Klasse von Bauelementen (vgl. Abb. 2.2) ist der Zusammenhang zwischen Spannung und Strom proportional, d. h. es gibt eine Konstante R, so dass gilt

$$U_{AB} = R \cdot I.$$

Solche Bauelemente werden als ohmsche Zweipole bezeichnet. Die Beziehung U=R·I wird denn auch ohmsches Gesetz[5] genannt. Der Proportionalitätsfaktor R heisst ohmscher Widerstand. Die Einheit des ohmschen Widerstands ist

$$[R] = \left[\frac{U}{I}\right] = \frac{V}{A} = \text{Ohm} = \Omega.$$

Oft wird auch das Bauelement selber als ohmscher Widerstand bezeichnet.

Zeichnet man die Strom-Spannungskennlinie eines Bauelements auf, so kann man leicht entscheiden, ob dieses ohmsch ist. Bei ohmschen Zweipolen erhält man eine Gerade durch den Nullpunkt. Man spricht deshalb auch davon, dass U und I linear zusammenhängen. Die Steigung der Geraden ist gleich dem ohmschen Widerstand des Zweipols (Abb. 2.3).

---

[4]Man spricht in dem Zusammenhang auch von einem Zweipol.

[5]Die Beziehung U=R·I ist streng genommen kein physikalisches Gesetz, sondern definiert vielmehr, was ein ohmscher Zweipol ist.

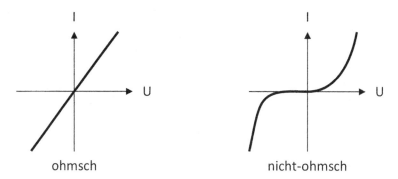

ohmsch   nicht-ohmsch

Abb. 2.3 Kennlinie eines ohmschen und eines nicht-ohmschen Zweipols

Durch Umformung des ohmschen Gesetzes erhält man die Beziehungen

$$U = R \cdot I,$$

$$I = \frac{U}{R}$$

und

$$R = \frac{U}{I}.$$

In gewissen Fällen ist es von Vorteil, mit dem Kehrwert des Widerstands R zu rechnen. Die entsprechende Grösse

$$G = \frac{1}{R}$$

nennt man den Leitwert G. Dieser hat die Einheit 1/Ohm, was auch als Siemens, abgekürzt S, bezeichnet wird. In den USA ist dafür auch die eigentlich veraltete Einheit mho gebräuchlich.

2.6   Widerstand eines Leiters

Der Widerstand eines Leiters ist einerseits von dessen Abmessungen und andererseits vom verwendeten Material abhängig. Die Erfahrung zeigt, dass der Widerstand mit der Länge l des Leiters zunimmt. Umgekehrt ist der elektrische Widerstand umso kleiner, je grösser der Querschnitt A des Leiters ist. Es gilt folglich die Beziehung

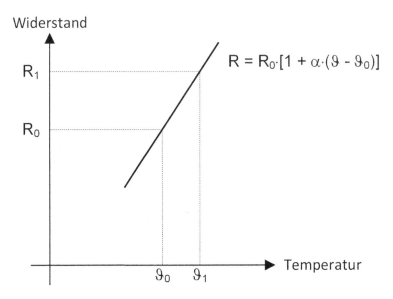

Abb. 2.4 Temperaturabhängigkeit eines Widerstands

$$R = \rho \cdot \frac{\ell}{A}.$$

Der Faktor ρ ist vom Leitermaterial abhängig und wird als spezifischer Widerstand bezeichnet. Als Einheit für ρ erhält man

$$[\rho] = \frac{[R] \cdot [A]}{[\ell]} = \frac{\Omega \cdot m^2}{m} = \Omega \cdot m.$$

In gewissen Fällen wird anstelle von ρ dessen Kehrwert $\sigma = 1/\rho$ verwendet. Diese Grösse heisst elektrischer Leitfähigkeit.

Beispiel

Die metallische Legierung Konstantan weist einen spezifischen Widerstand von $\rho = 0{,}5 \, \mu\Omega \cdot m$ auf. Wie lange muss ein Konstantandraht mit einem Querschnitt von $A = 1 \, mm^2$ sein, damit sein Widerstand gerade $1 \, \Omega$ beträgt?

Durch Auflösen der obigen Gleichung nach l erhält man

$$\ell = \frac{R \cdot A}{\rho} = \frac{1\Omega \cdot 10^{-6}m^2}{0{,}5 \cdot 10^{-6}\Omega \cdot m} = 2 \, m.$$

2.7   Temperaturabhängigkeit des Widerstands

Der Widerstandswert eines ohmschen Widerstands ist zwar nicht von Strom abhängig, er kann jedoch sehr wohl von der Temperatur abhängig sein. So nimmt in einem metallischen Draht der Widerstand in der Regel mit der Temperatur zu. Daneben gibt es aber auch andere Materialien (z. B. Kohle), bei denen der Widerstand mit steigender Temperatur abnimmt.

Die Änderung des Widerstands ist in erster Näherung proportional zur Änderung der Temperatur (siehe Abb. 2.4). Bei einer Temperaturänderung von der Temperatur ϑ_0 auf die Temperatur ϑ_1, ändert sich der Widerstand vom Wert R_0 auf den Wert R_1 gemäss der Beziehung

$$R_1 = R_0 \cdot [1 + \alpha \cdot (\vartheta_1 - \vartheta_0)].$$

Der Faktor α ist der materialabhängige Temperaturkoeffizient oder Temperaturbeiwert. Je grösser dieser ist, desto stärker ändert sich der Widerstand mit der Temperatur. Ist α negativ, so nimmt der Widerstand mit steigender Temperatur ab.

2.8   Energie und Leistung

Die Bewegung einer elektrischen Ladung ΔQ von einem Punkt zu einem anderen ist mit einem Arbeitsaufwand oder -gewinn verbunden. Die Grösse der dabei umgesetzten Energie ΔW ist von der Spannung U zwischen den beiden Punkten abhängig

$$\Delta W = U \cdot \Delta Q.$$

Die Leistung ist als Arbeit pro Zeit definiert. Nehmen wir an, dass die Ladung ΔQ in der Zeit Δt bewegt wurde, so ergibt dies eine Leistung von

$$P = \frac{\Delta W}{\Delta t} = \frac{U \cdot \Delta Q}{\Delta t}.$$

Der Quotient $\Delta Q/\Delta t$ wurde früher als Stromstärke I definiert, womit für die Leistung folgt

$$P = U \cdot I.$$

Diese Beziehung gilt jedoch nur, falls die Spannung U und der Strom I zeitlich konstant sind. Sind u(t) und i(t) zeitlich veränderliche Grössen[6], so definiert man den Momentanwert der elektrischen Leistung als

---

[6]Zeitlich konstante Grössen bezeichnen wir in der Regel mit Grossbuchstaben. Ändern sich die Grössen mit der Zeit, so verwenden wir Kleinbuchstaben. U bezeichnet demnach eine konstante Spannung, während u(t) den zeitlichen Verlauf einer Spannung beschreibt.

$$p(t) = u(t) \cdot i(t).$$

Aus dem zeitlichen Verlauf p(t) der Momentanleistung kann durch Mittelung die Wirkleistung P bestimmt werden,

$$P = \overline{p(t)} = \lim_{T \to \infty} \frac{1}{T} \cdot \int\limits_{-T/2}^{+T/2} p(t)\, dt.$$

Diese kann gleich null sein, selbst wenn u(t) und i(t) nicht dauernd null sind.

Grundgesetze

3

▶ Die vom deutschen Physiker Gustav Robert Kirchhoff (1824–1887) formulierten und nach ihm benannten Gesetze spielen eine zentrale Rolle bei der Analyse elektrischer Netzwerke. Sie beschreiben einerseits die Abhängigkeiten der Ströme in einem Knoten und andererseits der Spannungen in einer Masche. Daraus lassen sich die Regeln für die Reihen- und Parallelschaltung von Widerständen sowie die in der Praxis oft verwendeten Spannungs- und Stromteilerformeln herleiten.

3.1 Knotenregel (1. Kirchhoffsches Gesetz)

Sind in einer Schaltung mehrere Leitungen miteinander verbunden, so spricht man von einem Knoten. Ein Beispiel dazu ist in Abb. 3.1 wiedergegeben.

In einem Knoten werden keine Ladungen gespeichert. Daher müssen sich die in den Knoten hinein- und herausfliessenden Ströme gegenseitig aufheben. Für das obige Beispiel bedeutet dies

$$I_1 + I_2 + I_3 = I_4 + I_5.$$

Ein entsprechendes Gesetz wurde von Gustav Robert Kirchhoff (1824 – 1887) formuliert, es wird als 1. Kirchhoffsches Gesetz bezeichnet.

▶ **1. Kirchhoffsche Gesetz**

In einem Knoten ist die Summe der zufliessenden Ströme gleich der Summe der abfliessenden Ströme.

Wahlweise kann das Gesetz auch wie folgt formuliert werden.

© Springer Fachmedien Wiesbaden GmbH, ein Teil von Springer Nature 2021
M. Hufschmid, *Grundlagen der Elektrotechnik,*
https://doi.org/10.1007/978-3-658-30386-0_3

Abb. 3.1 Ein Knoten mit zu-
(I_1, I_2, I_3) und abfliessenden
(I_4, I_5) Strömen

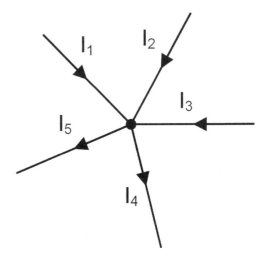

▶   Die Summe aller vorzeichenbehafteten Ströme eines Knotens ist null.

Dabei werden Ströme, die aus dem Knoten abfliessen negativ, die zufliessenden Ströme
positiv gezählt (oder umgekehrt). Die entsprechende Gleichung für das obige Beispiel
lautet dann

$$I_1 + I_2 + I_3 - I_4 - I_5 = 0.$$

3.2   Maschenregel (2. Kirchhoffsches Gesetz)

Ein geschlossener Weg in einem Netzwerk wird Masche genannt. Die Abb. 3.2 zeigt ein
Beispiel.
    Für die Spannungen entlang einer Masche gilt das 2. Kirchhoffsche Gesetz.

▶   **2. Kirchhoffsche Gesetz**
    Die Summe aller Spannungen, die entlang eines geschlossenen Weges im Uhr-
    zeigersinn (oder im Gegenuhrzeigersinn) auftreten, ist null.

Dabei werden Spannungen in Umlaufrichtung positiv, solche entgegen der Umlaufrichtung negativ gezählt. Für das obige Beispiel folgt

$$U_1 + U_2 - U_3 - U_4 + U_5 = 0.$$

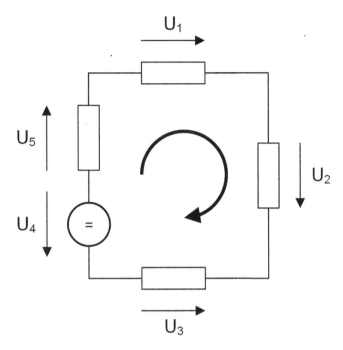

Abb. 3.2 Beispiel einer Masche

Beispiel

Für das in Abb. 3.3 gegebene Netzwerk mit drei Zweigen lassen sich drei Maschengleichungen aufstellen:

Linke Masche:

$$-U_q + U_1 = 0$$

Rechte Masche:

$$-U_1 + U_2 + U_3 = 0$$

Grosse Masche:

$$-U_q + U_2 + U_3 = 0$$

Die dritte Gleichung ist allerdings lediglich die Summe der beiden anderen Gleichungen
und beinhaltet demzufolge keine neue Information. Sie kann weggelassen werden.

Zudem lässt sich für den oberen Knoten die Knotengleichung

$$I - I_1 - I_2 = 0$$

herleiten. ◀

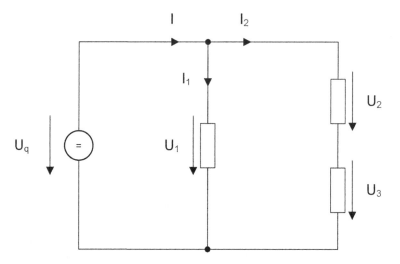

Abb. 3.3 Beispiel zum Aufstellen von Maschengleichungen

3.3   Reihenschaltung von Widerständen

Unter einer Reihen- oder Serieschaltung versteht man mehrere, hintereinander geschaltete Bauelemente. Wie Abb. 3.4 zeigt, fliesst in allen Bauelementen einer Reihenschaltung der gleiche Strom.

Für jeden der drei in Reihe geschalteten Widerstände gilt das ohmsche Gesetz:

$$U_1 = R_1 \cdot I_1$$
$$U_2 = R_2 \cdot I_2$$
$$U_3 = R_3 \cdot I_3$$

Aus dem 2. Kirchhoffschen Gesetz ergibt sich

$$U = U_1 + U_2 + U_3$$
$$= R_1 \cdot I_1 + R_2 \cdot I_2 + R_3 \cdot I_3$$

und, da aufgrund des 1. Kirchhoffschen Gesetzes $I_1 = I_2 = I_3 = I$ gilt, folgt

$$U = (R_1 + R_2 + R_3) \cdot I.$$

Dies ist das ohmsche Gesetz für einen Widerstand mit dem Wert

$$R = R_1 + R_2 + R_3.$$

Die drei in Reihe geschalteten Widerstände R_1, R_2 und R_3 verhalten sich also wie ein einzelner Widerstand mit dem Wert $R = R_1 + R_2 + R_3$ (vgl. Abb. 3.5).

Dieses Resultat lässt sich auf eine beliebige Anzahl Widerstände erweitern.

Abb. 3.4 Reihenschaltung

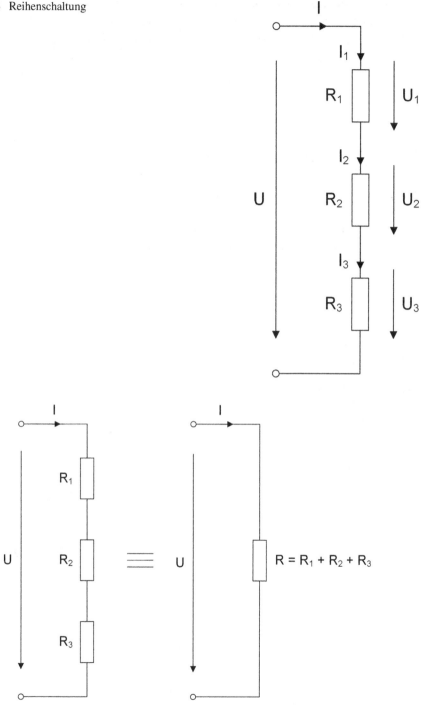

Abb. 3.5 Bei Reihenschaltung addieren sich die Widerstandswerte

▶ **Reihenschaltung von Widerständen**

Werden n Widerstände R_1, R_2, ... R_n in Reihe geschaltet, so ist der Widerstandswert der Reihenschaltung gleich der Summe der Teilwiderstände,

$$R = \sum_{i=1}^{n} R_i = R_1 + R_2 + \cdots + R_n.$$

3.4   Spannungsteiler

Häufig werden in einer Schaltung viele verschiedene Spannungen benötigt. Eine Möglichkeit, aus einer Spannung U eine kleinere Spannung U_2 zu erzeugen, ist die Verwendung des in Abb. 3.6 dargestellten Spannungsteilers.

Für die Reihenschaltung von R_1 und R_2 gilt

$$U = (R_1 + R_2) \cdot I$$

und folglich

$$I = \frac{U}{R_1 + R_2}.$$

Abb. 3.6 Spannungsteiler

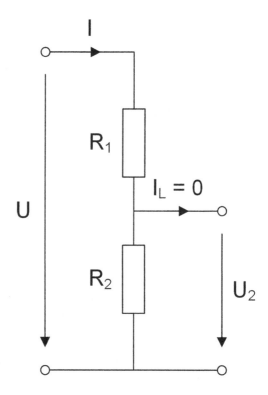

Dieser Strom fliesst sowohl durch R_1 als auch durch R_2. Mit dem ohmschen Gesetz erhält man für die Spannung über dem Widerstand R_2

$$U_2 = R_2 \cdot I = R_2 \cdot \frac{U}{R_1 + R_2}.$$

▶ **Spannungsteiler**
Die Beziehung

$$U_2 = \frac{R_2}{R_1 + R_2} \cdot U$$

wird Spannungsteilerformel genannt. Sie ist nur gültig, falls der Spannungsteiler unbelastet ist, d. h. falls $I_L = 0$ gilt!

3.5 Parallelschaltung von Widerständen

Bei der Parallelschaltung von Widerständen (vgl. Abb. 3.7) rechnet man mit Vorteil mit den Leitwerten

$$G_1 = \frac{1}{R_1}, \ G_2 = \frac{1}{R_2}, \ G_3 = \frac{1}{R_3}.$$

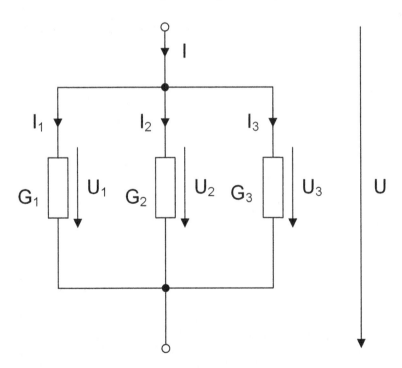

Abb. 3.7 Parallelschaltung von Widerständen

Die ohmschen Gesetze für jeden einzelnen Widerstand lauten in diesem Fall

$$I_1 = G_1 \cdot U_1$$
$$I_2 = G_2 \cdot U_2$$
$$I_3 = G_3 \cdot U_3.$$

Aus der Knotenregel folgt

$$I = I_1 + I_2 + I_3$$
$$= G_1 \cdot U_1 + G_2 \cdot U_2 + G_3 \cdot U_3.$$

Ferner gilt $U_1 = U_2 = U_3 = U$ und somit

$$I = (G_1 + G_2 + G_3) \cdot U.$$

Dies ist das ohmsche Gesetz für einen Widerstand mit dem Leitwert

$$G = G_1 + G_2 + G_3.$$

Die Parallelschaltung dreier Widerstände kann also durch einen einzigen Widerstand ersetzt werden. Dessen Leitwert ergibt sich aus der Summe der Leitwerte der Teilwiderstände (Abb. 3.8).

Dieses Resultat lässt sich auf eine beliebige Anzahl Widerstände erweitern.

▶ **Parallelschaltung von Widerständen**
    Werden n Widerstände mit den Leitwerten G_1, G_2, ... G_n parallel geschaltet, so
    ist der Leitwert G der Parallelschaltung gleich der Summe der Leitwerte der Teilwiderstände,

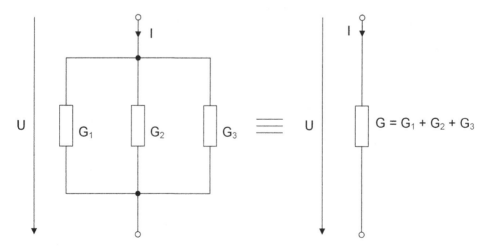

Abb. 3.8 Bei Parallelschaltung addieren sich die Leitwerte

$$G = \sum_{i=1}^{n} G_i = G_1 + G_2 + \cdots + G_n.$$

Für den Gesamtwiderstand R einer Parallelschaltung von n Widerständen erhält man also.

$$R = \frac{1}{G} = \frac{1}{G_1 + G_2 + \cdots + G_n} = \frac{1}{\frac{1}{R_1} + \frac{1}{R_2} + \cdots + \frac{1}{R_n}}.$$

Ein häufig auftretender Fall ist die Parallelschaltung zweier Widerstände R_1 und R_2. Diese lassen sich durch einen Widerstand mit dem Wert

$$R = \frac{1}{\frac{1}{R_1} + \frac{1}{R_2}}$$

beziehungsweise

$$R = \frac{R_1 \cdot R_2}{R_1 + R_2}$$

ersetzen.

3.6   Stromteiler

Bei einer Parallelschaltung von zwei Widerständen (vgl. Abb. 3.9) wird der Gesamtstrom I auf zwei Teilströme I_1 und I_2 aufgeteilt. Daher ist für eine solche Schaltung der Begriff Stromteiler gebräuchlich.

Für die Parallelschaltung lautet das ohmsche Gesetz

$$I = (G_1 + G_2) \cdot U$$

und deshalb

$$U = \frac{I}{G_1 + G_2}.$$

Da $U_1 = U_2 = U$ gilt, kann damit z. B. der Strom I_2 einfach berechnet werden

$$I_2 = U_2 \cdot G_2 = U \cdot G_2 = \frac{I}{G_1 + G_2} \cdot G_2.$$

Man erhält schliesslich die Stromteilerformel

$$I_2 = \frac{G_2}{G_1 + G_2} \cdot I$$

Abb. 3.9 Stromteiler

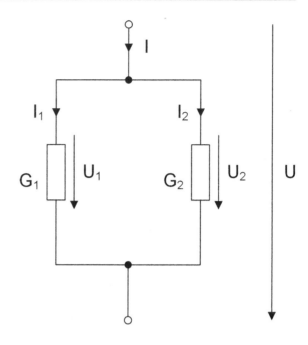

oder, unter Verwendung der Widerstandswerte,

$$I_2 = \frac{\frac{1}{R_2}}{\frac{1}{R_1} + \frac{1}{R_2}} \cdot I = \frac{R_1}{R_1 + R_2} \cdot I.$$

3.7   Spannungsmessung

Die elektrische Spannung ist eine Grösse, die zwischen zwei Punkten einer Schaltung definiert ist. Folglich wird das Spannungsmessgerät, wie in Abb. 3.10 gezeigt, zwischen den beiden Punkten angeschlossen. Dadurch wird die zu messende Schaltung verändert, es fliesst ein neuer Strom I_{mess} durch das Spannungsmessgerät. Damit dieser unerwünschte Effekt möglichst klein bleibt, sollte der innere Widerstand des Spannungsmessgeräts möglichst hoch sein.

Ein Spannungsmessgerät oder Voltmeter kann Spannungen bis zu einem gewissen maximalen Wert messen. Will man höhere Spannungen messen, so muss die Messspannung zuerst mit einem Spannungsteiler auf einen kleineren Wert geteilt werden. Wie Abb. 3.11 zeigt, gibt es dazu grundsätzlich zwei Möglichkeiten. Ist der innere Widerstand des Voltmeters genügend hoch ($R_i \gg R_2$), so kann einfach ein Spannungsteiler vorgeschaltet werden. Das hochohmige Voltmeter belastet den Spannungsteiler kaum. Die zweite Möglichkeit besteht darin, den Innenwiderstand des Voltmeters direkt als Teil

Abb. 3.10 Messung der
Spannung U_{AB}

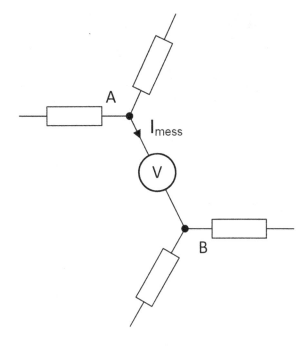

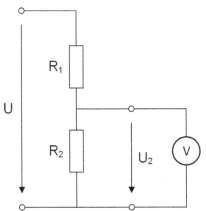

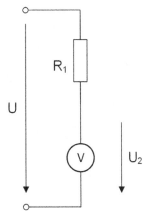

Hochohmiges Voltmeter:

$$U_2 = \frac{R_2}{R_1 + R_2} \cdot U$$

Voltmeter mit Innenwiderstand R_i:

$$U_2 = \frac{R_i}{R_1 + R_i} \cdot U$$

Abb. 3.11 Erweiterung des Messbereichs bei einem Voltmeter

des Spannungsteilers zu benutzen. Dazu muss natürlich der Innenwiderstand des Voltmeters bekannt sein.

Beispiel

Ein LCD-Voltmeter mit einem Messbereich von 200 mV soll zum Messen von Spannungen bis 20 V benutzt werden. Der Innenwiderstand des LCD-Voltmeters kann als unendlich hoch angenommen werden. Dimensionieren Sie den entsprechenden Spannungsteiler, falls der Eingangswiderstand der Schaltung 1 MΩ betragen soll.

Das LCD-Voltmeter belastet den Spannungsteiler nicht. Dies bedeutet, dass die Beziehung

$$U_2 = \frac{R_2}{R_1 + R_2} \cdot U$$

gilt. Bei einer Messspannung von U = 20 V soll die Spannung über dem LCD-Voltmeter U_2 = 0,2 V betragen. Damit ergibt sich die Bedingung

$$0.2\text{V} = \frac{R_2}{R_1 + R_2} \cdot 20\text{V}$$

oder

$$\frac{R_2}{R_1 + R_2} = 0.01,$$

was schliesslich zur Gleichung

$$R_1 = 99 \cdot R_2$$

führt. Der Eingangswiderstand der Schaltung ergibt sich aus der Reihenschaltung der beiden Widerstände R_1 und R_2

$$R_1 + R_2 = 1 \text{ M}\Omega.$$

Aus den beiden letzten Beziehungen folgt schliesslich

$$R_1 = 990 \text{ k}\Omega$$
$$R_2 = 10 \text{ k}\Omega. \blacktriangleleft$$

3.8   Strommessung

Für die Strommessung wird das Messgerät in einen Zweig der Schaltung eingefügt (Abb. 3.12). Durch den Spannungsabfall ΔU_{mess} über dem Messgerät werden die Verhältnisse verändert und das Messresultat verfälscht. Um diesen Effekt möglichst klein zu halten, muss der innere Widerstand des Strommessgeräts möglichst klein sein.

Ähnlich wie bei der Spannungsmessung kann bei der Strommessung der Messbereich erweitert werden (Abb. 3.13). Zu diesem Zweck wird zum Messgerät ein Widerstand parallel geschaltet und so ein Stromteiler realisiert.

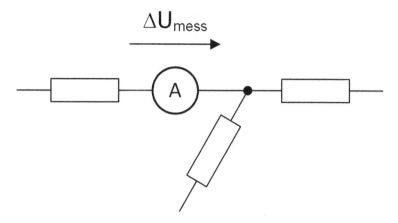

Abb. 3.12 Strommessung

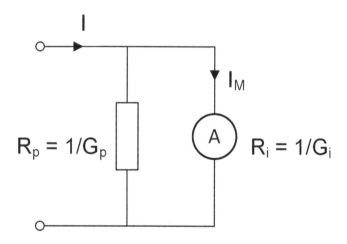

Abb. 3.13 Erweiterung des Messbereichs eines Ampèremeters

Bezeichnet man den inneren Widerstand des Amperemeters mit $R_i = 1/G_i$, so folgt aus der Stromteilerformel

$$I_M = \frac{G_i}{G_p + G_i} \cdot I.$$

Dies bedeutet, dass nur ein Teil des Gesamtstroms I durch das Amperemeter fliesst.

Beispiel

Mit einem Messinstrument mit dem Vollausschlag $I_{M,max} = 50\,\mu A$ und dem Innen-widerstand $R_i = 1\,k\Omega$ sollen Ströme bis $I_{max} = 1\,mA$ gemessen werden. Welcher Widerstand R_p muss zum Instrument parallel geschaltet werden?

Durch Auflösen der Stromteilerformel ergibt sich

$$G_p = G_i \cdot \left(\frac{I - I_M}{I_M} \right).$$

Bei einem Messstrom von $I = I_{max} = 1$ mA soll der Strom durch das Instrument $I_M = I_{M,max} = 50\ \mu A$ betragen. Damit resultiert

$$G_p = 19\ \text{mS}$$

oder

$$R_p = \frac{1}{G_p} = 52.6\ \Omega. \blacktriangleleft$$

Lineare Zweipole

4

▶ Ein Zweipol ist jede elektrische Schaltung mit zwei Anschlüssen (Abb. 4.1). Man spricht aber auch von einem Zweipol, wenn in einer Schaltung mit mehr als zwei Anschlüssen nur deren zwei von Interesse sind. Bei linearen Zweipolen gilt das Superpositionsprinzip, welches besagt, dass die Wirkung von mehreren Quellen als Summe der Wirkungen der einzelnen Quellen ermittelt werden kann. Interessiert nur das Verhalten an den Klemmen, so können solche Zweipole entweder durch eine reale Spannungs- oder durch eine reale Stromquelle beschrieben werden.

4.1 Generator- und Verbraucher-Zählpfeilsystem

Es gibt grundsätzlich zwei Möglichkeiten, die Spannungs- und Strompfeile an einem Zweipol einzuzeichnen. Entweder haben die Zählpfeile für Spannung und Strom dieselbe oder aber entgegengesetzte Richtung.

Betrachten wir zuerst den Fall, dass beide Zählpfeile die gleiche Richtung aufweisen. Ist das Produkt

$$P = U \cdot I$$

positiv, so nimmt der Zweipol Leistung auf. Deshalb bezeichnet man diesen Fall als Verbraucher-Zählpfeilsystem. Die gewohnte Formulierung des ohmschen Gesetzes

$$U = R \cdot I$$

gilt nur für einen Widerstand mit Verbraucher-Zählpfeilsystem.

Sind die Zählpfeile in entgegengesetzter Richtung gewählt, so bedeutet ein positives Produkt

© Springer Fachmedien Wiesbaden GmbH, ein Teil von Springer Nature 2021
M. Hufschmid, *Grundlagen der Elektrotechnik*,
https://doi.org/10.1007/978-3-658-30386-0_4

Abb. 4.1 Zweipol

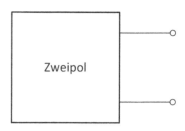

Verbraucher-Zählpfeilsystem:
Spannungs- und Strompfeil
haben dieselbe Richtung

Generator-Zählpfeilsystem:
Spannungs- und Strompfeil
haben entgegengesetzte
Richtung

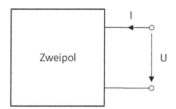

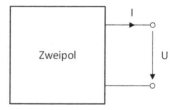

Aus P = U·I > 0 folgt, dass
der Zweipol Leistung
verbraucht.

Aus P = U·I > 0 folgt, dass
der Zweipol Leistung abgibt.

Abb. 4.2 Vergleich Verbraucher- und Generator-Zählpfeilsystem

$$P = U \cdot I,$$

dass der Zweipol Leistung abgibt. Konsequenterweise spricht man in diesem Fall von einem Generator-Zählpfeilsystem. Das ohmsche Gesetz lautet dann

$$U = -R \cdot I.$$

Die Abb. 4.2 verdeutlicht diese Zusammenhänge nochmals.

4.2   Ideale Spannungsquelle

Eine ideale Spannungsquelle ist ein Zweipol, bei dem die Spannung zwischen den Anschlüssen unabhängig vom Strom ist. Die Abb. 4.3 zeigt zwei gebräuchliche Symbole für ideale Spannungsquellen.

Abb. 4.3 Schaltbild der
idealen Spannungsquelle

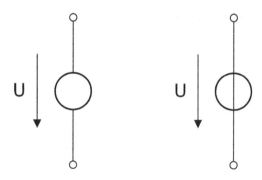

Abb. 4.4 Kennlinie der
idealen Spannungsquelle

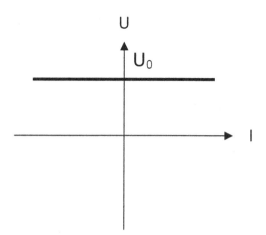

Das Verhalten eines elektrischen Zweipols kann auch graphisch dargestellt werden, indem die Spannung in Abhängigkeit des Stroms in einem kartesischen Koordinatensystem aufgezeichnet wird. Eine solche Darstellung heisst Spannungs-Strom-Kennlinie des Zweipols. Da bei einer idealen Spannungsquelle die Spannung nicht vom Strom abhängt, ist die entsprechende Kennlinie eine horizontale Gerade (Abb. 4.4).

4.3   Reale Spannungsquelle

Bei einer realen Spannungsquelle, z. B. einer Batterie, nimmt die Klemmenspannung mit zunehmenden Strom ab. In erster Näherung kann dieses Verhalten durch eine ideale Spannungsquelle mit Innenwiderstand nachgebildet werden. Das entsprechende Ersatzschaltbild ist in Abb. 4.5 zu sehen.

Beachten Sie, dass wir für den Zweipol ein Generator-Pfeilsystem gewählt haben. Die Maschenregel liefert die Beziehung

$$-U_q + U_R + U = 0,$$

Abb. 4.5 Ersatzschaltbild
einer realen Spannungsquelle
mit Innenwiderstand

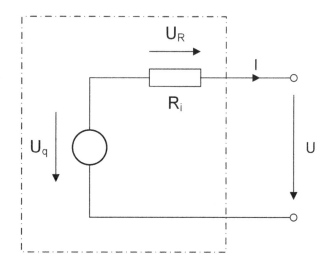

respektive

$$U = U_q - U_R.$$

Der Spannungsabfall U_R über dem Innenwiderstand R_i ergibt sich aus dem ohmschen
Gesetz

$$U_R = R_i \cdot I,$$

womit letztendlich die Beziehung folgt

$$U = U_q - R_i \cdot I.$$

Im unbelasteten Fall ($I = 0$) ist die Ausgangsspannung U gleich der Quellenspannung
U_q. Mit zunehmendem Strom I nimmt die Ausgangsspannung linear ab.

Zeichnet man den Zusammenhang zwischen U und I graphisch auf, so erhält man die
in Abb. 4.6 gezeigte Gerade mit der Steigung $-R_i$.

Das Ersatzschaltbild mit idealer Quelle und Innenwiderstand bedeutet nicht notwendigerweise, dass der Zweipol im Innern auch so aufgebaut ist. Es beschreibt jedoch
den Zusammenhang zwischen Ausgangsspannung und -strom des Zweipols und ist deshalb ein geeignetes Hilfsmittel zur Visualisierung des Verhaltens.

Schliesst man die Klemmen der realen Spannungsquelle kurz, so gilt U = 0. Es fliesst
in dem Fall ein Kurzschlussstrom von

$$I_k = \frac{U_q}{R_i}.$$

Aus der Messung der Leerlaufspannung U_q und des Kurzschlussstroms I_k kann der
Innenwiderstand der realen Spannungsquelle direkt berechnet werden

$$R_i = \frac{U_q}{I_k}.$$

Abb. 4.6 Kennlinie einer
realen Spannungsquelle

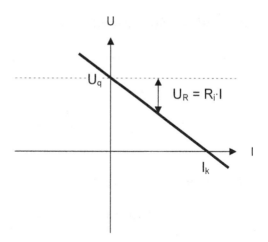

Häufig kann der Kurzschlussversuch nicht durchgeführt werden, da dadurch die Spannungsquelle überlastet würde. Kennt man jedoch U und I für zwei verschiedene Belastungsfälle, so können damit die interessierenden Grössen U_q und R_i bestimmt werden.

Beispiel

Bei einer realen Spannungsquelle werden die Klemmenspannung U und der Klemmenstrom I unter zwei verschiedenen Belastungen gemessen. Aus den Grössen $U^{(1)}$, $I^{(1)}$ und $U^{(2)}$, $I^{(2)}$ sollen U_q und R_i bestimmt werden.

Die allgemeine Beziehung

$$U = U_q - R_i \cdot I$$

muss für beide Belastungsfälle erfüllt sein, woraus folgt

$$U^{(1)} = U_q - R_i \cdot I^{(1)}$$

und

$$U^{(2)} = U_q - R_i \cdot I^{(2)}.$$

Die Subtraktion der beiden Gleichungen liefert

$$U^{(1)} - U^{(2)} = R_i \cdot \left(I^{(2)} - I^{(1)}\right)$$

oder

$$R_i = \frac{U^{(1)} - U^{(2)}}{I^{(2)} - I^{(1)}} = -\frac{U^{(1)} - U^{(2)}}{I^{(1)} - I^{(2)}}.$$

Die Quellenspannung U_q ergibt sich anschliessend aus

$$U_q = U^{(1)} + R_i \cdot I^{(1)}. \blacktriangleleft$$

4.4   Ideale Stromquelle

Eine ideale Stromquelle ist ein Zweipol, der einen Strom liefert, welcher unabhängig von
der Spannung ist. In der Abb. 4.7 sind zwei gebräuchliche Symbole für ideale Stromquellen wiedergegeben.

Da der Strom nicht von der Spannung abhängt, ist die Spannungs-Strom-Kennlinie,
wie in Abb. 4.8 gezeigt, eine vertikale Gerade.

4.5   Reale Stromquelle.

Bei realen Stromquellen ist der Strom abhängig von der anliegenden Spannung und
zwar nimmt der Strom mit zunehmender Spannung ab. Dieses Verhalten kann durch eine
ideale Stromquelle mit parallel geschaltetem Innenwiderstand nachgebildet werden. Die
Abb. 4.9 zeigt das dazugehörige Ersatzschaltbild.

Abb. 4.7 Schaltbild einer
idealen Stromquelle

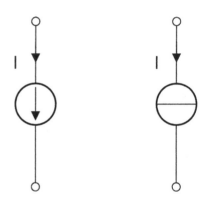

Abb. 4.8 Kennlinie einer
idealen Stromquelle

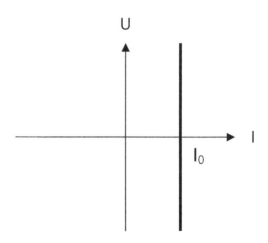

Abb. 4.9 Ersatzschaltbild
einer realen Stromquelle

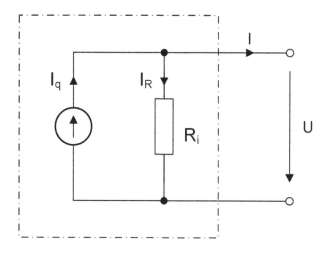

Wiederum wurde für den Zweipol das Generator-Zählpfeilsystem gewählt. Die Knotenregel liefert die Beziehung

$$I_q = I_R + I$$

oder

$$I = I_q - I_R.$$

Der Strom I_R lässt sich mit Hilfe des ohmschen Gesetzes berechnen

$$I_R = \frac{U}{R_i}$$

und man erhält

$$I = I_q - \frac{U}{R_i}.$$

Zeichnet man diesen Zusammenhang graphisch auf, so erhält man die in Abb. 4.10 gezeigte Gerade.

Im Kurzschlussfall gilt $U = 0$, der Zweipol liefert einen Ausgangsstrom von I_q. Arbeitet der Zweipol im Leerlaufbetrieb, so fliesst kein Strom, d. h. $I = 0$. An den Klemmen des Zweipols stellt sich dann eine Leerlaufspannung von

$$U_0 = R_i \cdot I_q$$

ein.

Durch Messen des Kurzschlussstroms I_q und der Leerlaufspannung U_0 kann der Innenwiderstand R_i der realen Stromquelle einfach bestimmt werden

$$R_i = \frac{U_0}{I_q}.$$

Abb. 4.10 Kennlinie einer
realen Stromquelle

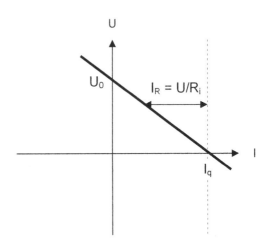

4.6   Umwandlung zwischen realer Spannungs- und Stromquelle

Bei einem Zweipol interessiert nur der Zusammenhang zwischen der Spannung an den Klemmen und dem Strom durch den Zweipol. Nicht von Interesse ist jedoch, wie der Zweipol im Innern aufgebaut ist. Vergleicht man die Kennlinie der realen Spannungsquelle mit derjenigen der realen Stromquelle, erkennt man, dass grundsätzlich kein Unterschied besteht. Das gleiche Verhalten kann also entweder mit einer realen Spannungsquelle oder einer realen Stromquelle nachgebildet werden. Es ist daher unerheblich, welches Ersatzschaltbild verwendet wird.

Wir wollen im Folgenden untersuchen, welche Zusammenhänge zwischen den Grössen U_q und $R_{i,\text{Spannungsquelle}}$ einerseits und I_q und $R_{i,\text{Stromquelle}}$ andererseits gelten müssen, damit sich beide Ersatzschaltungen gleich verhalten.

Für die reale Spannungsquelle wurde früher die Beziehung

$$U = U_q - R_{i,\text{Spannungsquelle}} \cdot I$$

hergeleitet. Löst man diese Gleichung nach I auf, so erhält man

$$I = \frac{U_q - U}{R_{i,\text{Spannungsquelle}}} = \frac{U_q}{R_{i,\text{Spannungsquelle}}} - \frac{U}{R_{i,\text{Spannungsquelle}}}.$$

Vergleicht man dies mit der Strom-Spannungs-Beziehung der realen Stromquelle,

$$I = I_q - \frac{U}{R_{i,\text{Spannungsquelle}}},$$

so wird klar, dass sich beide Ersatzschaltungen gleich verhalten, falls

$$I_q = \frac{U_q}{R_i}$$

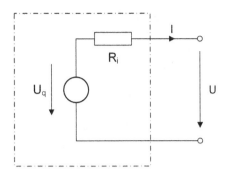 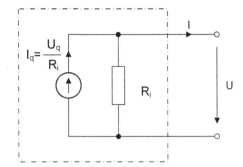

Abb. 4.11 Äquivalente Ersatzschaltungen

und

$$R_{i,\text{Spannungsquelle}} = R_{i,\text{Stromquelle}}$$

gilt.

Bezüglich des Verhaltens an den Anschlussklemmen besteht in diesem Fall kein Unterschied zwischen den beiden Schaltungen in Abb. 4.11. Sie verhalten sich nach aussen hin gleich. Das bedeutet aber auch, dass wir bei Bedarf die eine Ersatzschaltung in die andere umwandeln dürfen, ohne dass sich etwas für den Rest des Netzwerks ändern würde.

4.7 Quellen-Ersatzzweipole

Gemäss Definition ist bei einem linearen Zweipol der Zusammenhang zwischen Spannung und Strom linear, was mathematisch durch die Beziehung

$$U = \alpha \cdot I + \beta$$

beschrieben wird. Dabei sind α und β zwei beliebige Konstanten. Stellt man diesen Zusammenhang in einem kartesischen Koordinatensystem graphisch dar, so erhält man wie in Abb. 4.12 eine Gerade.

Wird die Konstante α durch $-R_i$ und die Konstante β durch U_q ersetzt, so resultiert

$$U = -R_i \cdot I + U_q,$$

was man unschwer als Spannungs-Strom-Beziehung einer realen Spannungsquelle mit der Quellenspannung U_q und dem Innenwiderstand R_i erkennt. Daraus kann man schliessen, dass das Verhalten eines beliebigen linearen Zweipols durch eine reale Spannungsquelle nachgebildet werden kann.

Die Geradengleichung

$$U = \alpha \cdot I + \beta$$

Abb. 4.12 Allgemeine
Kennlinie eines linearen
Zweipols

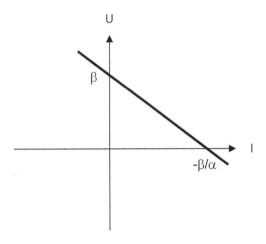

kann auch nach dem Strom I aufgelöst werden,

$$I = \frac{U}{\alpha} - \frac{\beta}{\alpha}.$$

Ersetzt man α wiederum durch $-R_i$ und kürzt man $-\beta/\alpha$ durch I_q ab, so erhält man

$$I = -\frac{U}{R_i} + I_q,$$

was der Strom-Spannungs-Beziehung einer realen Stromquelle mit Quellenstrom I_q und Innenwiderstand R_i entspricht. Offensichtlich lässt sich das Verhalten eines beliebigen linearen Zweipols auch durch eine reale Stromquelle nachbilden.

Wir merken uns:

▶   Das Verhalten von beliebigen linearen Zweipolen kann entweder durch eine reale Spannungsquelle oder durch eine reale Stromquelle nachgebildet werden.

Solange nur das Verhalten an den Klemmen von Interesse ist, kann also jeder beliebige lineare Zweipol entweder durch eine Spannungsquelle oder eine Stromquelle mit Innenwiderstand ersetzt werden. Zweipole, welche sich nach aussen hin gleich verhalten, nennt man äquivalent (gleichwertig). Dies bedeutet jedoch nicht, dass sie im Innern gleich aufgebaut sein müssen. Insbesondere kann der Leistungsumsatz im Innern des Zweipols ganz unterschiedlich sein. Bei der Spannungsquellenersatzschaltung liefert die interne Spannungsquelle im Leerlaufbetrieb keine Leistung. Verwendet man für denselben Zweipol eine Stromquellenersatzschaltung, so muss die interne Stromquelle im Leerlaufbetrieb Leistung abgeben.

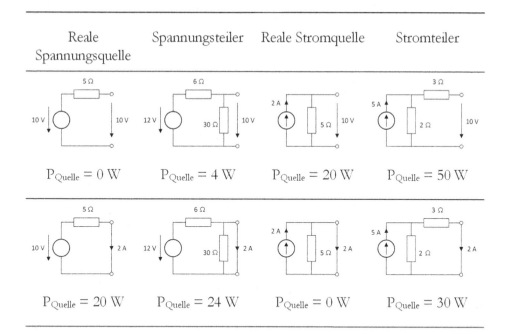

Abb. 4.13   Äquivalente Zweipole

Beispiel

Die in Abb. 4.13 wiedergegebenen Zweipole sind alle äquivalent, d. h. das Verhalten bezüglich ihrer Klemmen ist bei allen gleich. Dies erkennt man unter anderem daran, dass die Leerlaufspannungen und Kurzschlussströme alle identisch sind. Hingegen ist die Leistung, welche die interne Quelle abgibt, jeweils unterschiedlich. Es sei darauf hingewiesen, dass die Zweipole sowohl im Leerlauf- wie auch im Kurzschlussbetrieb keine Leistung nach aussen abgeben! ◄

4.8   Wirkungsgrad

Aufgrund von unvermeidlichen Verlusten kann bei einem technischen System nicht die ganze zugeführte Leistung genutzt werden. Bei einer Glühlampe wird beispielsweise ein grosser Teil der zugeführten Leistung nicht in Form von Licht abgestrahlt sondern in Wärme umgewandelt. Der Wirkungsgrad gibt an, wie gut die insgesamt zugeführte Leistung in genutzte Leistung umgesetzt werden kann.

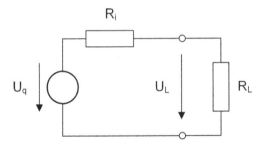

Abb. 4.14 Leistungsanpassung

▶ **Definition des Wirkungsgrads**

$$\eta = \frac{\text{genutzte Leistung}}{\text{insgesamt zugeführte Leistung}}$$

Da kein System mehr Leistung abgeben kann, als ihm zugeführt wird, ist der Wirkungsgrad immer kleiner oder höchstens gleich 1. Der Wirkungsgrad wird häufig in Prozent
angegeben.

Beispiel

Ein HiFi-Verstärker zieht aus dem Netz ($U_{\text{Netz}} = 230\,\text{V}$) einen Strom von $I_{\text{Netz}} = 2\,\text{A}$.
Dabei gibt er eine Musikleistung von $P_{\text{Musik}} = 250\,\text{W}$ an die beiden Lautsprecher ab.
Wie gross ist der entsprechende Wirkungsgrad?

Dem Verstärker wird eine Leistung von

$$P_{\text{zugeführt}} = U_{\text{Netz}} \cdot I_{\text{Netz}} = 460\,\text{W}$$

zugeführt. Davon werden $P_{\text{Musik}} = 250\,\text{W}$ genutzt. Der Rest wird in Wärme
umgewandelt. Es resultiert ein Wirkungsgrad von

$$\eta = \frac{P_{\text{Musik}}}{P_{\text{zugeführt}}} = 0.54 \,\hat{=}\, 54\,\%. \quad ◀$$

4.9   Leistungsanpassung

Die Leistung, welche ein Zweipol an seinen Klemmen abgibt, ergibt sich
aus der Klemmenspannung U und dem Strom I durch den Zweipol. Falls ein
Generatorzählpfeilsystem gewählt wurde, gilt

$$P = U \cdot I.$$

Im Leerlaufbetrieb (I = 0) und im Kurzschlussfall (U = 0) ist sie also immer gleich null. Zwischen diesen beiden Extremfällen existiert ein Belastungsfall, bei dem die vom Zweipol abgegebene Leistung maximal wird.

In Bezug auf das Verhalten des Zweipols an den Klemmen spielt die Wahl der Ersatzschaltung keine Rolle. Wir wählen die Spannungsquellenersatzschaltung.

Die Spannung U_L über dem Lastwiderstand R_L berechnet sich mit der Spannungsteilerformel zu

$$U_L = \frac{R_L}{R_i + R_L} \cdot U_q.$$

Damit resultiert für die Leistung P am Lastwiderstand

$$P = \frac{U_L^2}{R_L} = \frac{\left(\frac{R_L}{R_i + R_L} \cdot U_q\right)^2}{R_L} = \frac{R_L}{(R_i + R_L)^2} \cdot U_q^2.$$

Diese Leistung hängt im Wesentlichen vom Verhältnis

$$\kappa = \frac{R_L}{R_i}$$

zwischen Innen- und Lastwiderstand ab

$$P = \frac{U_q^2}{R_i} \cdot \frac{\frac{R_L}{R_i}}{\left(1 + \frac{R_L}{R_i}\right)^2} = \frac{U_q^2}{R_i} \cdot \frac{\kappa}{(1 + \kappa)^2}.$$

Wie die Abb. 4.15 zeigt, ist die abgegebene Leistung genau dann maximal, falls $\kappa = 1$ ist, d. h. falls der Lastwiderstand gerade gleich dem Innenwiderstand der Quelle ist. Der Fall

$$R_i = R_L$$

wird Leistungsanpassung genannt. Selbstverständlich lässt sich der optimale Wert von κ auch analytisch bestimmen, indem die Ableitung der Leistung gleich null gesetzt wird

$$\frac{d}{d\kappa}P = \frac{U_q^2}{R_i} \cdot \frac{1 - \kappa}{(1 + \kappa)^3} \overset{!}{=} 0,$$

woraus

$$\kappa = 1$$

resultiert.

Wir fassen zusammen.

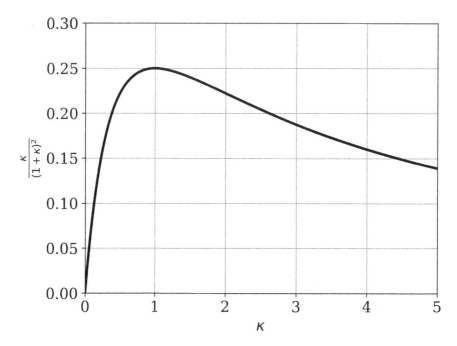

Abb. 4.15 Abgegebene Leistung in Funktion von κ

▶ **Wichtig**
   Die Leistung, welche ein linearer Zweipol an den Lastwiderstand abgibt, ist
   maximal, wenn der Lastwiderstand R_L gleich dem Innenwiderstand R_i des Zweipols ist. Sie beträgt in diesem Fall

$$P_{\max} = \frac{U_q^2}{4 \cdot R_i}.$$

4.10 Messung von Widerständen

Der elektrische Widerstand eines Zweipols ist definiert als Quotient aus Spannung und
Strom

$$R = \frac{U}{I}.$$

Er kann also grundsätzlich durch Messen dieser beiden Grössen bestimmt werden. Wie
in Abb. 4.16 gezeigt, gibt es dazu zwei Möglichkeiten. Wären die Messgeräte ideal, so
würde es keine Rolle spielen, welche Messschaltung verwendet würde.

   In der Realität besitzt das Voltmeter jedoch keinen unendlich hohen Innenwiderstand,
was zur Folge hat, dass ein kleiner Strom I_V durch das Voltmeter fliesst. In der linken
Messschaltung zeigt das Ampèremeter deshalb einen zu grossen Strom an, der daraus

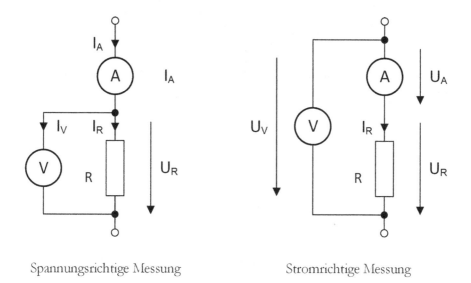

Spannungsrichtige Messung   Stromrichtige Messung

Abb. 4.16 Spannungs- und stromrichtige Messung

errechnete Widerstandswert wird zu klein. Das Voltmeter zeigt bei dieser Schaltung die Spannung über dem Widerstand an, weshalb man von einer spannungsrichtigen Messung spricht. Ist der Innenwiderstand des Voltmeters viel grösser als der zu bestimmende Widerstand, so kann der Strom I_V vernachlässigt werden. In diesem Fall liefert die spannungsrichtige Messung nahezu das korrekte Resultat.

Desgleichen ist der Innenwiderstand eines Ampèremeters nicht gleich null. Ein Strom durch das Ampèremeter hat demnach einen Spannungsabfall U_A zur Folge. In der rechten Messschaltung misst das Voltmeter deshalb eine zu grosse Spannung, der Widerstandswert wird zu gross. Das Ampèremeter zeigt bei dieser Schaltung den Strom durch den Widerstand, weshalb man von einer stromrichtigen Messung spricht. Ist der Innenwiderstand des Ampèremeters viel kleiner als der zu bestimmende Widerstand, so kann der Spannungsabfall U_A vernachlässigt werden. In diesem Fall liefert die stromrichtige Messung nahezu das korrekte Resultat.

Wir merken uns:

▶   Zur Bestimmung sehr grosser Widerstände ist die stromrichtige Messung geeignet. Ist dagegen der zu messende Widerstand sehr klein, so sollte die spannungsrichtige Messung angewendet werden.

Sind die Innenwiderstände der Messgeräte bekannt, so kann der Fehler korrigiert werden. Bei der spannungsrichtigen Messung gilt gemäss Knotenregel

$$I_A = I_R + I_V$$

und der Strom I_V durch das Voltmeter lässt sich mit Hilfe des ohmschen Gesetzes berechnen

$$I_V = \frac{U_V}{R_{i,\text{Voltmeter}}}.$$

Somit kann der Strom I_R durch den Widerstand aus den gemessenen Grössen ermittelt werden

$$I_R = I_A - I_V = I_A - \frac{U_V}{R_{i,\text{Voltmeter}}}.$$

Bei der stromrichtigen Messung resultiert aus der Maschenregel

$$U_V = U_R + U_A,$$

wobei für U_A gilt

$$U_A = R_{i,\text{Voltmeter}} \cdot I_A.$$

Für die Spannung über dem Widerstand erhält man

$$U_R = U_V - U_A = U_V - R_{i,\text{Ampèremeter}} \cdot I_A.$$

4.11   Linearität

Zwischen zwei Grössen x und y besteht ein linearer Zusammenhang, wenn deren Abhängigkeit durch die lineare Funktion

$$y = a \cdot x + b$$

beschrieben werden kann. Die Parameter a und b dürfen dabei weder von x noch von y abhängen. Zeichnet man die Beziehung in einem kartesischen Koordinatensystem graphisch auf, so erhält man eine Gerade.

Wir sprechen von einem linearen Netzwerk, wenn zwischen zwei beliebigen Strömen oder Spannungen eine linearer Zusammenhang besteht. Eine elektrische Schaltung, die nur ohmsche Widerstände und unabhängige Spannungs- und Stromquellen enthält, ist linear[1]. Dies liegt einerseits daran, dass der Zusammenhang zwischen Spannung und Strom bei den Widerständen und Quellen linear ist:

- Ohmscher Widerstand

$$U = R \cdot I$$

- Ideale Spannungsquelle

$$U = U_0$$

---

[1]Tatsächlich gilt diese Aussage auch, wenn die Schaltung zusätzlich Kapazitäten, Induktivitäten, Gegeninduktivitäten und linear gesteuerte Quellen enthält.

- Ideale Stromquelle

$$I = I_0$$

- Reale Spannungsquelle

$$U = U_q - R_i \cdot I$$

- Reale Stromquelle

$$I = I_q - \frac{U}{R_i}$$

Andererseits liefern auch die Kirchhoffschen Gleichungen lineare Beziehungen. Das Netzwerk wird also durch ein System von linearen Gleichungen beschrieben. Durch Umformen und Auflösen von linearen Gleichungssystemen entstehen immer wieder lineare Gleichungen. Jede Spannung und jeder Strom kann also grundsätzlich als lineare Funktion einer beliebig anderen Spannung oder eines beliebig anderen Stroms wiedergegeben werden.

Beispiel

Das Netzwerk in Abb. 4.17 wird durch die folgenden linearen Gleichungen beschrieben.

$$\begin{aligned}
I_1 + I_q &= I_2 \\
U_q &= U_1 + U_2 \\
U_1 &= R_1 \cdot I_1 \\
U_2 &= R_2 \cdot I_2
\end{aligned}$$

Durch Auflösen dieses Gleichungssystems nach einer beliebigen Spannung oder einem beliebigen Strom resultiert immer ein linearer Zusammenhang,

Abb. 4.17 Beispiel zum Thema lineare Zusammenhänge

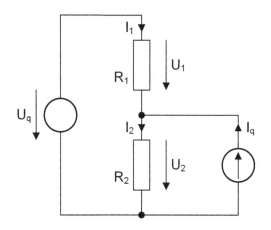

$$U_1 = \frac{R_1}{R_1+R_2} \cdot U_q - \frac{R_1 \cdot R_2}{R_1+R_2} \cdot I_q$$

$$U_2 = \frac{R_2}{R_1+R_2} \cdot U_q + \frac{R_1 \cdot R_2}{R_1+R_2} \cdot I_q$$

$$I_1 = \frac{U_q}{R_1+R_2} - \frac{R_2}{R_1+R_2} \cdot I_q$$

$$I_2 = \frac{U_q}{R_1+R_2} + \frac{R_1}{R_1+R_2} \cdot I_q. \quad \blacktriangleleft$$

4.12 Superpositionsprinzip (Überlagerungsprinzip)

In einem linearen Netzwerk besteht zwischen beliebigen Strömen und Spannungen immer ein linearer Zusammenhang. Enthält ein Netzwerk mehrere Quellen, so hängt insbesondere jede Spannung und jeder Strom im Netzwerk linear von den Quellenspannungen und -strömen ab.

Als Beispiel nehmen wir an, ein Netzwerk enthalte die Spannungsquellen U_{q1} und U_{q2} sowie die Stromquelle I_{q3}. Diese Quellen sind die Ursache dafür, dass irgendwo im Netzwerk der Strom I_x fliesst. Den interessierenden Strom I_x bezeichnen wir als Wirkung der Quellen. Aufgrund der Linearität muss ein linearer Zusammenhang zwischen den Quellengrössen und dem Strom bestehen

$$I_x = c_1 \cdot U_{q1} + c_2 \cdot U_{q2} + c_3 \cdot I_{q3}.$$

Wird die Spannungsquelle U_{q2} durch einen Kurzschluss ($U_{q2}=0$) und die Stromquelle durch einen Leerlauf ($I_{q3}=0$) ersetzt, so erhält man den Anteil von I_x, der durch die Spannungsquelle U_{q1} verursacht wird

$$I_x^{(1)} = c_1 \cdot U_{q1}.$$

Um den Anteil von I_x zu berechnen, der durch die Spannungsquelle U_{q2} verursacht wird, muss U_{q1} kurzgeschlossen und I_{q3} unterbrochen werden

$$I_x^{(2)} = c_2 \cdot U_{q2}.$$

Schliesslich erhält man den durch den Quellenstrom I_{q3} verursachten Anteil, indem die beiden Spannungsquellen kurzgeschlossen werden

$$I_x^{(3)} = c_3 \cdot I_{q3}.$$

Der gesuchte Strom I_x ergibt sich zum Schluss als Summe der drei Teilwirkungen

$$I_x = \underbrace{I_x^{(1)}}_{\text{Durch } U_{q1} \text{ verursacht}} + \underbrace{I_x^{(2)}}_{\text{Durch } U_{q2} \text{ verursacht}} + \underbrace{I_x^{(3)}}_{\text{Durch } I_q \text{ verursacht}}$$

$$= c_1 \cdot U_{q1} + c_2 \cdot U_{q2} + c_3 \cdot I_{q3}.$$

Allgemein gilt folgendes:

▶ **Superpositionsprinzip**
  Wir betrachten ein lineares Netzwerk mit mehreren Quellen. Die Wirkung
  (Spannung oder Strom), welche durch eine einzelne Quelle verursacht wird,
  kann bestimmt werden, indem die anderen Quellen gleich null gesetzt werden.
  Die gesamte Wirkung ergibt sich schliesslich aus der Summe der Teilwirkungen.

Diese Gesetzmässigkeit wird als Superpositions- oder Überlagerungsprinzip bezeichnet.
Sie folgt direkt aus der Linearität des Netzwerks.

Konkret muss zum Bestimmen einer beliebigen Wirkung (Spannung oder Strom) wie
folgt vorgegangen werden.

1. Mit Ausnahme einer Spannungs- oder einer Stromquelle werden alle Spannungsquellen kurzgeschlossen und alle Stromquellen unterbrochen.
2. Die Teilwirkung, welche durch die im Netzwerk verbliebene Quelle verursacht wird,
   wird berechnet.
3. Die Schritte 1. und 2. werden wiederholt, bis die Teilwirkungen aller Quellen bekannt
   sind.
4. Die gesuchte Wirkung ergibt sich als Summe aller Teilwirkungen.

Beispiel

Wir betrachten das Beispiel in Abb. 4.18. Die Spannung U soll mit Hilfe des Superpositionsprinzips berechnet werden.

Das Netzwerk enthält zwei Quellen. Um den Anteil an der Spannung U zu
bestimmen, der durch U_{q1} verursacht wird, wird die Quelle U_{q2} kurzgeschlossen. Man
erhält die Schaltung in Abb. 4.19.

Für die Teilspannung $U^{(1)}$ resultiert

$$U^{(1)} = \frac{R_2 \cdot R_3}{R_1 \cdot R_2 + R_1 \cdot R_3 + R_2 \cdot R_3} \cdot U_{q1}.$$

Die durch die Quelle U_{q2} verursachte Teilspannung wird durch Kurzschliessen der
Quelle U_{q1} berechnet (Abb. 4.20).

Für die Teilspannung $U^{(2)}$ resultiert

$$U^{(2)} = \frac{R_1 \cdot R_3}{R_1 \cdot R_2 + R_1 \cdot R_3 + R_2 \cdot R_3} \cdot U_{q2}.$$

Die gesuchte Spannung U ergibt sich zuletzt als Summe der beiden Teilspannungen

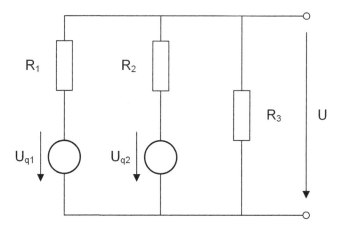

Abb. 4.18 Beispiel zum Superpositionsprinzip

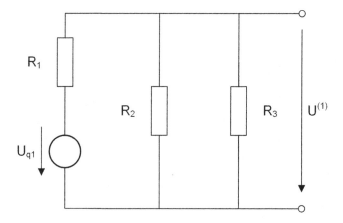

Abb. 4.19 Erste Teilschaltung

$$U = U^{(1)} + U^{(2)} = \frac{R_2 \cdot R_3 \cdot U_{q1} + R_1 \cdot R_3 \cdot U_{q2}}{R_1 \cdot R_2 + R_1 \cdot R_3 + R_2 \cdot R_3} . \blacktriangleleft$$

Der Vollständigkeit halber sei erwähnt, dass das Superpositionsprinzip auch für andere physikalische Systeme Gültigkeit besitzt. Es lautet dann wie folgt.

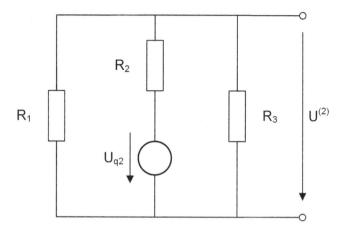

Abb. 4.20 Zweite Teilschaltung

▶ **Wichtig**

Superpositionsprinzip

In einem physikalischen System, in dem die Wirkungen linear von den Ursachen abhängen, kann zunächst die Wirkung nur einer Ursache ermittelt werden. Die totale Wirkung aller Ursachen ergibt sich dann als Summe der Einzelwirkungen.

4.13 Bestimmung des Innenwiderstands eines Zweipols

Wir betrachten ein lineares Netzwerk mit M Spannungsquellen U_{q1} bis U_{qM} und N Stromquellen I_{q1} bis I_{qN}. Aufgrund der Linearität muss die Spannung U an den Klemmen in einem linearen Zusammenhang mit allen Quellengrössen und mit dem Ausgangsstrom I stehen

$$U = \underbrace{\alpha_1 \cdot U_{q1} + \cdots + \alpha_M \cdot U_{qM} + \beta_1 \cdot I_{q1} + \cdots + \beta_N \cdot I_{qN}}_{\text{unabhängig vom Ausgangsstrom I}} + R_i \cdot I.$$

Die Grössen α_1 bis α_M sind irgendwelche dimensionslosen Konstanten. Die Konstanten β_1 bis β_N besitzen die Dimension Ohm. Die Proportionalitätskonstante R_i zwischen der Klemmenspannung U und dem Ausgangsstrom I ist der Innenwiderstand des Netzwerks.

Schliesst man alle Spannungsquellen im Netzwerk kurz ($U_{q1} = U_{q2} = \ldots = U_{qM} = 0$) und unterbricht man alle Stromquellen ($I_{q1} = I_{q2} = \ldots I_{qN} = 0$), so folgt

$$U = R_i \cdot I.$$

Das Netzwerk verhält sich somit wie ein ohmscher Widerstand mit dem Wert R_i. Aus dieser Erkenntnis resultiert eine Methode zur Bestimmung des Innenwiderstands eines Netzwerks.

▶   Um den Innenwiderstand eines linearen Netzwerks zu bestimmen werden
       alle internen Spannungsquellen überbrückt und alle internen Stromquellen
       unterbrochen. Der Ersatzwiderstand der verbliebenen Schaltung ist gleich
       dem Innenwiderstand des Netzwerks.

Beispiel

Der Innenwiderstand und die Leerlaufspannung des in Abb. 4.21 gegebenen Zweipols sind zu bestimmen. Durch welche Ersatzschaltung kann das Verhalten des Zweipols nachgebildet werden?

Zur Bestimmung des Innenwiderstands werden alle Spannungsquellen kurzgeschlossen und alle Stromquellen entfernt. Wie Abb. 4.22 zeigt, kann die verbliebene Schaltung durch einen Widerstand von 900Ω ersetzt werden. Der Innenwiderstand des Zweipols beträgt demnach $R_i = 900 Ω$.

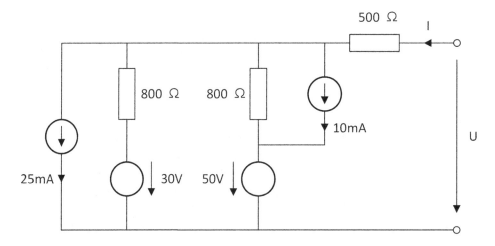

Abb. 4.21 Beispiel zur Bestimmung des Innenwiderstands

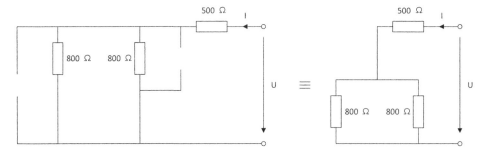

Abb. 4.22 Spannungsquellen kurzgeschlossen, Stromquellen offen

Die Leerlaufspannung U_0 des Zweipols kann mit Hilfe des Überlagerungsprinzips ermittelt werden. Die Anteile der einzelnen Quellen erhält man, indem die jeweils anderen Quellen gleich null gesetzt werden (vgl. Abb. 4.23). Die Leerlaufspannung ergibt sich im Endeffekt aus der Summe der Teilspannungen

$$U_0 = U_{01} + U_{02} + U_{03} + U_{04} = 26 \text{ V}.$$

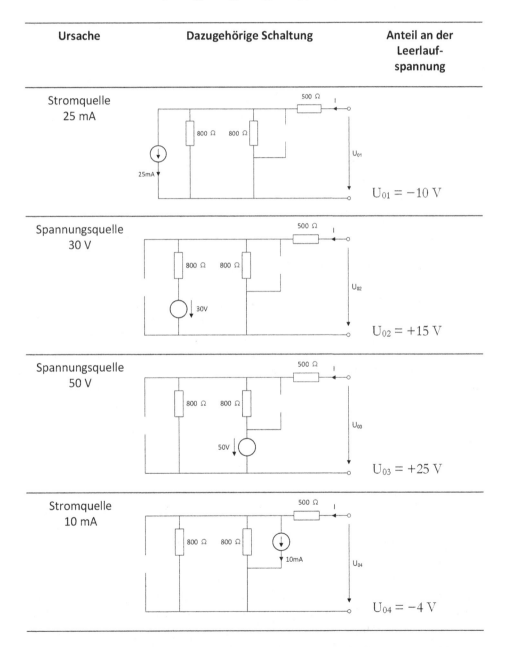

Abb. 4.23 Berechnung der Teilspannungen

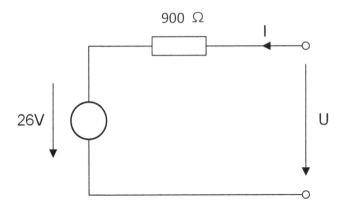

Abb. 4.24 Äquivalente Ersatzschaltung

Der gegebene Zweipol besitzt also einen Innenwiderstand von 900 Ω und eine Leerlaufspannung von 26 V. Genau gleiche Eigenschaften weist die Ersatzschaltung in Abb. 4.24 auf. Diese reale Spannungsquelle verhält sich bezüglich ihrer Klemmen gleich wie der gegebene Zweipol. ◄

4.14 Belasteter Zweipol: Graphische Lösung

Wird ein Zweipol, der durch seine Spannungs-Stromkennlinie gegeben ist, mit einem Widerstand R belastet, so können Spannung und Strom an dessen Klemmen graphisch bestimmt werden.

Im Beispiel in Abb. 4.25 wurde für den Zweipol das Generator-Zählpfeilsystem, für den Widerstand das Verbraucher-Zählpfeilsystem gewählt. Unter dieser Voraussetzung gilt

$$U = U_R.$$

und

$$I = I_R.$$

Die U-I-Kennlinie eines beliebigen (nicht notwendigerweise linearen) Zweipols gibt den Zusammenhang zwischen der Spannung U an den Klemmen und dem Strom I durch den Zweipol wieder. Entsprechend gibt die Widerstandskennlinie den Zusammenhang zwischen der Spannung U_R über dem Widerstand und dem Strom I_R durch den Widerstand wieder.

Möchte man nun bestimmen, welche Spannung U_0 und welcher Strom I_0 sich an den Klemmen einstellt, wenn der durch die Kennlinie gegebene Zweipol mit dem Widerstand R belastet wird, so kann dies dadurch geschehen, dass der Schnittpunkt der beiden Kennlinien ermittelt wird (Abb. 4.26).

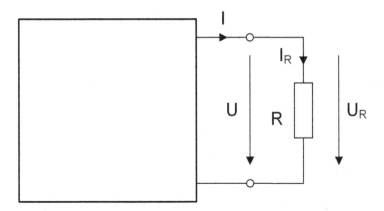

Abb. 4.25 Zweipol wird mit Widerstand R belastet

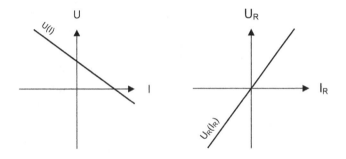

Kennlinie des Zweipols   Kennlinie des Widerstands

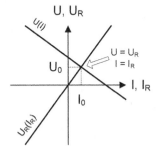

Bestimmung des Arbeitspunktes durch Schneiden der beiden Geraden

Abb. 4.26 Graphische Lösung

Die beschriebene graphische Lösung ist vor allem interessant, wenn der Zweipol nicht mehr linear ist.

4.15   Nichtlineare Zweipole

Viele interessante Bauelemente der Elektronik besitzen keine lineare Strom-Spannungs-Kennlinie. Der Zusammenhang ist vielmehr durch eine beliebige Funktion $I = f(U)$ gegeben. Während lineare Schaltung leicht zu berechnen sind, müssen Schaltungen mit nichtlinearen Bauelementen oft graphisch oder numerisch analysiert werden.

Halbleiterdioden sind Bauelemente, deren Leitfähigkeit von der Polarität der angelegten Spannung abhängt. Solange der mit Anode bezeichnete Anschluss positiver als der mit Kathode bezeichnete Anschluss ist, leitet die Diode gut[2]. Im umgekehrten Fall fliesst nur ein sehr kleiner Sperrstrom. Beim Überschreiten einer maximalen Sperr-spannung steigt der Sperrstrom jedoch wieder steil an. Die Kennlinie in Abb. 4.27 zeigt deutlich, dass Dioden keine linearen Bauelemente sind.

Die Strom-Spannungs-Kennlinie einer Glühlampe (Abb. 4.28) ist ebenfalls keine Gerade. Das Verhältnis von Spannung zu Strom ist nicht konstant, sondern nimmt mit wachsender Spannung zu. Ist die Spannung klein, so leuchtet das Lämpchen nur schwach. Der Glühdraht ist relativ kalt und leitet den Strom deshalb besser. Der Wider-stand des Drahts steigt mit zunehmender Temperatur an. Die Glühlampe ist also kein ohmscher Widerstand.

Es existieren sogar Bauelemente, bei denen die Beziehung zwischen Strom und Spannung nicht eindeutig ist. Ein Beispiel ist die in Abb. 4.29 gezeigte Tunneldiode, bei welcher für drei unterschiedliche Spannungen jeweils der gleiche Strom fliesst.

Bei Schaltungen, die nichtlineare Bauelemente enthalten, ist es nicht mehr mög-lich, das Netzwerk durch ein System von lauter linearen Gleichungen zu beschreiben. Aus diesem Grund gelingt es gewöhnlich nicht, solche Schaltungen geschlossen zu analysieren. Man ist gezwungen, graphische oder numerische Lösungsverfahren anzu-wenden.

Beispiel

Die Abb. 4.30 zeigt ein Beispiel einer nichtlinearen Schaltung. Eine reale Spannungs-quelle wird mit einer Diode zusammengeschaltet. Gesucht ist der Strom I durch die Diode.

Die Maschenregel liefert die Beziehung

$$U_q = U_R + U$$

---

[2]Genau genommen besteht ein exponentieller Zusammenhang zwischen dem Strom durch die Diode und der Spannung über der Diode.

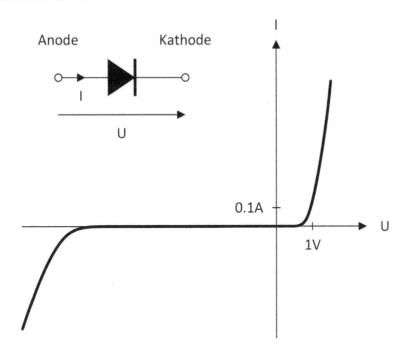

Abb. 4.27 Kennlinie einer Halbleiterdiode

und mit dem ohmschen Gesetz folgt

$$U_q = R_i \cdot I + U.$$

Bei der realen Spannungsquelle lautet der Zusammenhang zwischen Strom I und Spannung U demnach wie folgt

$$I = \frac{U_q - U}{R_i}.$$

Stellt man diesen Zusammenhang wie in Abb. 4.31 graphisch dar, so erhält man eine Gerade. Deren Steigung und Ordinatenabschnitt sind von den Daten der realen Spannungsquelle abhängig und man nennt sie deshalb Quellengerade.

Bei der Diode ist der Zusammenhang zwischen der Spannung U und Strom I durch die nichtlineare Kennlinie I = f(U) gegeben.

Der Strom, den die reale Spannungsquelle liefert, ist gleich dem Strom, der durch die Diode fliesst. Ferner ist die Spannung an den Klemmen der realen Spannungsquelle gleich der Spannung über der Diode. Der gesuchte Strom, ergibt sich demnach aus dem Schnittpunkt der Quellengerade mit der Diodenkennlinie. Dieser Punkt wird Arbeitspunkt der Schaltung genannt.

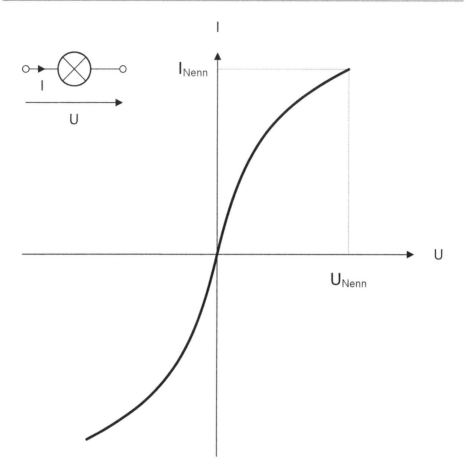

Abb. 4.28 Kennlinie einer Glühlampe

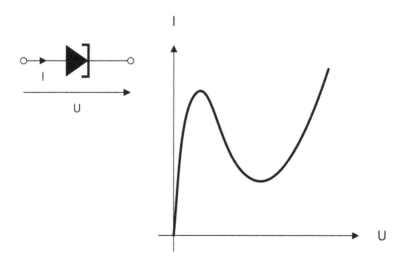

Abb. 4.29 Kennlinie einer Tunneldiode

Abb. 4.30 Beispiel einer
Schaltung mit nichtlinearem
Bauteil

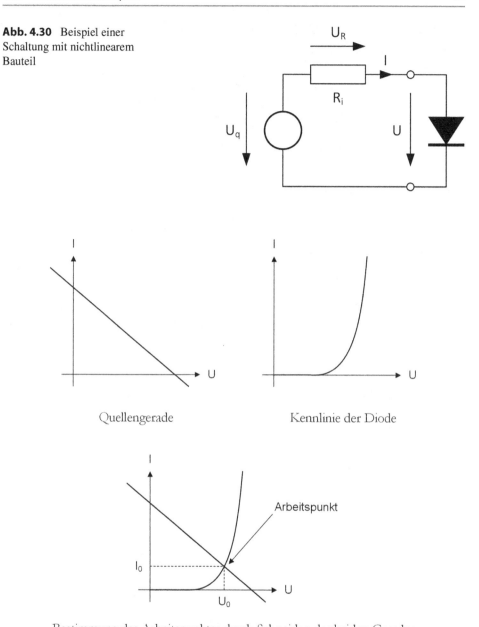

Bestimmung des Arbeitspunktes durch Schneiden der beiden Geraden

Abb. 4.31 Graphische Lösung zur Bestimmung des Arbeitspunkts

Wir betrachten nochmals die Schaltung aus Abb. 4.30. Diesmal ist die Dioden-kennlinie als Funktion gegeben

$$I = 20 \cdot 10^{-15} \text{A} \cdot \left(e^{\frac{U}{26\,\text{mV}}} - 1 \right).$$

Zudem seien die Parameter der Quelle bekannt

$$U_q = 10 \text{ V}$$
$$R_i = 1 \text{ k}\Omega,$$

woraus folgt

$$I = \frac{U_q - U}{R_i} = 10 \text{ mA} - \frac{U}{1 \text{ k}\Omega}.$$

Durch Gleichsetzen der Ströme erhält man die Beziehung

$$20 \cdot 10^{-15} \text{A} \cdot \left(e^{\frac{U}{26\,\text{mV}}} - 1 \right) = 10 \text{ mA} - \frac{U}{1 \text{ k}\Omega}.$$

Diese Gleichung lässt sich nicht geschlossen lösen. Mit dem Taschenrechner lässt sich jedoch numerisch eine Lösung bestimmen,

$$U_0 = 0.6985 \text{ V},$$

woraus für den Strom folgt

$$I_0 = 9.301 \text{ mA.} \blacktriangleleft$$

Umwandlungen

5

In manchen Fällen ist es von Vorteil, elektrische Netzwerke mit mehr als zwei Anschlüssen so umzuwandeln, dass sie sich nach aussen hin gleich verhalten. Ein Beispiel dafür ist die Umwandlung von Stern- in Dreieckschaltungen oder umgekehrt. Sehr hilfsreich erweist sich in gewissen Situationen auch die Möglichkeit, Spannungs- oder Stromquellen in einem Netzwerk verschieben zu können.

5.1 Stern-Dreieck-Umwandlung

Die Abb. 5.1 zeigt sowohl eine Stern- als auch eine Dreieckschaltung mit jeweils drei Klemmen. Wir wollen untersuchen, welche Beziehungen zwischen den Widerständen R_1, R_2 und R_3 einerseits und R_a, R_b und R_c andererseits gelten müssen, damit sich die beiden Schaltungen nach aussen hin gleich verhalten.

Damit sich die beiden Dreipole gleich verhalten, müssen die Ersatzwiderstände zwischen den Punkten a, b und c jeweils gleich sein. Daraus ergeben sich die folgenden Bedingungen.

Widerstand zwischen a und b:

$$\frac{R_3 \cdot (R_1 + R_2)}{R_3 + R_1 + R_2} = R_a + R_b$$

Widerstand zwischen b und c:

$$\frac{R_1 \cdot (R_2 + R_3)}{R_1 + R_2 + R_3} = R_b + R_c$$

© Springer Fachmedien Wiesbaden GmbH, ein Teil von Springer Nature 2021
M. Hufschmid, *Grundlagen der Elektrotechnik*,
https://doi.org/10.1007/978-3-658-30386-0_5

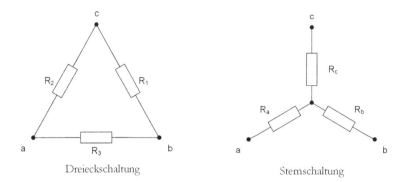

Abb. 5.1 Stern- und Dreieckschaltung

Widerstand zwischen a und c:

$$\frac{R_2 \cdot (R_1 + R_3)}{R_2 + R_1 + R_3} = R_a + R_c$$

Werden die erste und die dritte Gleichung addiert und die zweite subtrahiert, so resultiert

$$\frac{R_3 \cdot (R_1 + R_2) - R_1 \cdot (R_2 + R_3) + R_2 \cdot (R_1 + R_3)}{R_1 + R_2 + R_3} = R_a + R_b - R_b - R_c + R_a + R_c$$

$$\frac{R_1 \cdot R_3 + R_2 \cdot R_3 - R_1 \cdot R_3 + R_1 \cdot R_2 + R_2 \cdot R_3}{R_1 + R_2 + R_3} = 2 \cdot R_a$$

$$\frac{2 \cdot R_2 \cdot R_3}{R_1 + R_2 + R_3} = 2 \cdot R_a$$

und schliesslich

$$R_a = \frac{R_2 \cdot R_3}{R_1 + R_2 + R_3}. \tag{5.1}$$

Der Widerstand R_a, der am Punkt a der Sternschaltung angeschlossen ist, berechnet sich also gemäss der Regel

$$\text{Sternwiderstand} = \frac{\text{Produkt der anliegenden Dreieckswiderstände}}{\text{Summe der Dreieckswiderstände}}.$$

Aus Symmetriegründen gilt dies sinngemäss auch für die beiden anderen Sternwiderstände, d. h.

$$R_b = \frac{R_1 \cdot R_3}{R_1 + R_2 + R_3} \tag{5.2}$$

und

$$R_c = \frac{R_1 \cdot R_2}{R_1 + R_2 + R_3}. \tag{5.3}$$

Die drei Formeln Gl. 5.1, Gl. 5.2 und Gl. 5.3 beschreiben, wie eine gegebene Dreieck-schaltung in eine äquivalente Sternschaltung umgewandelt werden kann. Selbstverständ-lich ist es umgekehrt auch möglich, eine Stern- in eine Dreieckschaltung umzuwandeln. Um die entsprechenden Formeln herzuleiten, ist es jedoch von Vorteil, die Bedingungen anders zu formulieren. Wir berechnen sowohl bei der Stern-, als auch bei der Dreieck-schaltung den Leitwert zwischen einem Punkt und den beiden anderen Punkten, die wir zu diesem Zweck zusammenschalten. Sollen sich die beiden Schaltungen gleich ver-halten, so müssen die Leitwerte jeweils gleich sein.

Leitwert zwischen a und b/c:

$$G_2 + G_3 = \frac{G_a \cdot (G_b + G_c)}{G_a + G_b + G_c}$$

Leitwert zwischen b und a/c:

$$G_1 + G_2 = \frac{G_b \cdot (G_a + G_c)}{G_a + G_b + G_c}$$

Leitwert zwischen c und a/b:

$$G_1 + G_2 = \frac{G_c \cdot (G_a + G_b)}{G_a + G_b + G_c}$$

Werden die zweite und die dritte Gleichung addiert und die erste subtrahiert, so resultiert

$$-G_2 - G_3 + G_1 + G_3 + G_1 + G_2 = \frac{-G_a \cdot (G_b + G_c) + G_b \cdot (G_a + G_c) + G_c \cdot (G_a + G_b)}{G_a + G_b + G_c}$$

$$2 \cdot G_1 = \frac{-G_a \cdot G_b - G_a \cdot G_c + G_a \cdot G_b + G_b \cdot G_c + G_a \cdot G_c + G_b \cdot G_c}{G_a + G_b + G_c}$$

$$2 \cdot G_1 = \frac{2 \cdot G_b \cdot G_c}{G_a + G_b + G_c}$$

und schliesslich

$$G_1 = \frac{G_b \cdot G_c}{G_a + G_b + G_c}. \tag{5.4}$$

Der Leitwert G_1 zwischen den Punkten b und c der Dreieckschaltung, berechnet sich also wie folgt

$$\text{Dreiecksleitwert} = \frac{\text{Produkt der anliegenden Sternleitwerte}}{\text{Summe der Sternleitwerte}}.$$

Aus Symmetriegründen gilt dies sinngemäss auch für die beiden anderen Dreiecksleit-werte, d. h.

$$G_2 = \frac{G_a \cdot G_c}{G_a + G_b + G_c} \tag{5.5}$$

und

$$G_3 = \frac{G_a \cdot G_b}{G_a + G_b + G_c}.$$ (5.6)

Aus Gl. 5.4, Gl. 5.5 und Gl. 5.6 zur Berechnung der Leitwerte lassen sich bei Bedarf auch wieder die Beziehungen zwischen den Widerstandswerten herleiten, z. B.

$$\frac{1}{R_1} = \frac{\frac{1}{R_b} \cdot \frac{1}{R_c}}{\frac{1}{R_a} + \frac{1}{R_b} + \frac{1}{R_c}} = \frac{R_a}{R_a \cdot R_b + R_a \cdot R_c + R_b \cdot R_c},$$

beziehungsweise

$$R_1 = \frac{R_a \cdot R_b + R_a \cdot R_c + R_b \cdot R_c}{R_a}$$

und, wiederum aus Symmetriegründen,

$$R_2 = \frac{R_a \cdot R_b + R_a \cdot R_c + R_b \cdot R_c}{R_b}$$

sowie

$$R_3 = \frac{R_a \cdot R_b + R_a \cdot R_c + R_b \cdot R_c}{R_c}.$$

5.2   Vor- und Nachteile der Netzumwandlung

Durch Umwandlung eines Sterns in ein Dreieck oder umgekehrt kann in gewissen Fällen das Netzwerk vereinfacht werden. Es ist jedoch zu beachten, dass die Umwandlung nur gleichwertig ist in Bezug auf die Anschlusspunkte. Ströme im Innern des Dreipols können so nicht direkt berechnet werden.

Beispiel

Wir betrachten das Beispiel in Abb. 5.2. Durch die Umwandlung des oberen Dreiecks in einen Stern, wird das linke Netzwerk so vereinfacht, dass die Ströme I, I_4 und I_5 ohne Mühe bestimmt werden können. Die Ströme I_1, I_2 und I_3 treten im rechten Netzwerk jedoch nicht mehr auf. Sie müssen indirekt ermittelt werden, beispielsweise indem die Spannungen U_1 und U_2 berechnet werden.

Der gesamte zur Spannungsquelle parallel geschaltete Widerstand errechnet sich zu

$$((1\Omega + 0.2\Omega)//(6\Omega + 0.6\Omega)) + 0.6\Omega = 1.615\Omega.$$

Damit ergibt sich für den Strom I

$$I = \frac{1V}{1.615\Omega} = 0.619\,A.$$

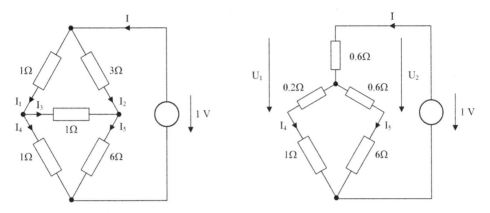

Abb. 5.2 Beispiel zur Umwandlung von Dreieck- in Sternschaltung

Mit Hilfe der Stromteilerformel erhält man

$$I_4 = \frac{6.6\Omega}{1.2\Omega + 6.6\Omega} \cdot I = 0.524\,A$$

und

$$I_5 = \frac{1.2\Omega}{1.2\Omega + 6.6\Omega} \cdot I = 0.095\,A.$$

Die Spannungen U_1 und U_2 lassen sich nun einfach berechnen, man erhält

$$U_1 = 0.6\Omega \cdot I + 0.2\Omega \cdot I_4 = 0.476\,V$$

und

$$U_2 = 0.6\Omega \cdot I + 0.6\Omega \cdot I_5 = 0.428\,V.$$

Abschliessend lassen sich damit die Ströme I_1, I_2 und I_3 bestimmen,

$$I_1 = \frac{U_1}{1\Omega} = 0.476\,A, I_2 = \frac{U_2}{3\Omega} = 0.143\,A \quad \text{und} \quad I_3 = \frac{U_2 - U_1}{1\Omega} = -0.048\,A. \blacktriangleleft$$

5.3   Spannungsquellenverschiebung

Werden mehrere gleiche Spannungsquellen an einem Punkt zusammengeschaltet, so sind die Spannungsdifferenzen zwischen den Aussenpunkten alle gleich null. Die Aussenpunkte können folglich miteinander verbunden werden, ohne dass sich etwas ändern würde. Wie Abb. 5.3 zeigt, verhält sich ein solcher Mehrpol wie ein grosser Knoten.

Diese Tatsache kann ausgenützt werden, um in einem Netzwerk Spannungsquellen zu verschieben. Ein Knoten, an dem die fragliche Spannungsquelle angeschlossen ist, wird durch den beschriebenen Mehrpol ersetzt. Dabei wird die Spannung U_0 so gewählt,

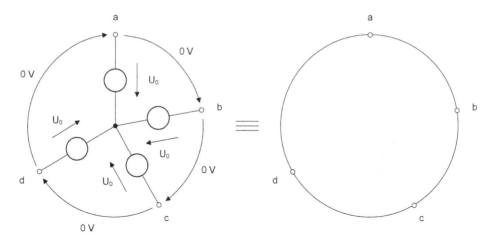

Abb. 5.3 Spannungsquellenverschiebung

dass sie die ursprüngliche Spannungsquelle kompensiert. Dadurch fällt die ursprünglich im Netzwerk vorhandene Spannungsquelle weg. Stattdessen tauchen in den Nachbarzweigen neue Spannungsquellen mit umgekehrter Polarität auf. Man spricht von einer Spannungsquellenverschiebung. Ein Beispiel dazu ist in Abb. 5.4 gezeigt.

Wir merken uns:

▶ **Spannungsquellenverschiebung**

Eine ideale Spannungsquelle, die an einem Knoten angeschlossen ist, kann durch einen Kurzschluss ersetzt werden, wenn stattdessen in allen anderen am Knoten anschliessenden Zweigen Spannungsquellen mit gleicher Quellenspannung aber entgegengesetzter Polarität eingefügt werden.

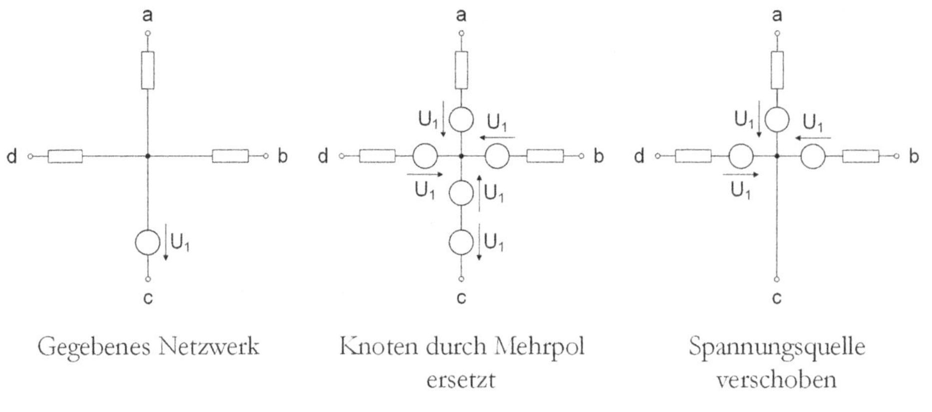

| Gegebenes Netzwerk | Knoten durch Mehrpol ersetzt | Spannungsquelle verschoben |

Abb. 5.4 Beispiel zur Spannungsquellenverschiebung

Das Potential des betroffenen Knotens wird durch die Verschiebung der Spannungsquelle um den Betrag der Quellenspannung verändert.

5.4   Stromquellenverschiebung

Werden, wie in Abb. 5.5, lauter gleiche Stromquellen zu einem Ring verbunden, so fliesst an den Verbindungsstellen kein Strom nach aussen. Der Einbau eines solchen Rings in eine Masche eines Netzwerks beeinflusst die Schaltung daher nicht.

Diese Tatsache kann dazu verwendet werden, Stromquellen in einem Netzwerk zu verschieben. Parallel zu einer Masche, in der sich die fragliche Stromquelle befindet, wird ein Ring aus lauter gleichen Stromquellen geschaltet. Der Quellenstrom I_0 wird dabei so gewählt, dass er den Strom der ursprünglich gegebenen Quelle kompensiert. Dadurch fällt die ursprünglich im Netzwerk vorhandene Stromquelle weg. Stattdessen tauchen in den anderen Zweigen der Masche neue Stromquellen auf. Man spricht von einer Stromquellenverschiebung. Ein Beispiel dazu ist in Abb. 5.6 gezeigt.

Wir merken uns:

▶ **Stromquellenverschiebung**

Eine ideale Stromquelle, welche in einer Masche des Netzwerks liegt, kann durch einen Leerlauf ersetzt werden, wenn stattdessen parallel zu allen anderen Zweigen der Masche Stromquellen mit gleichem Quellenstrom aber entgegengesetzter Polarität eingefügt werden.

Der Strom im Zweig, in dem sich die ursprünglich gegebene Quelle befand, wird durch die Verschiebung um den Betrag des Quellenstroms verändert.

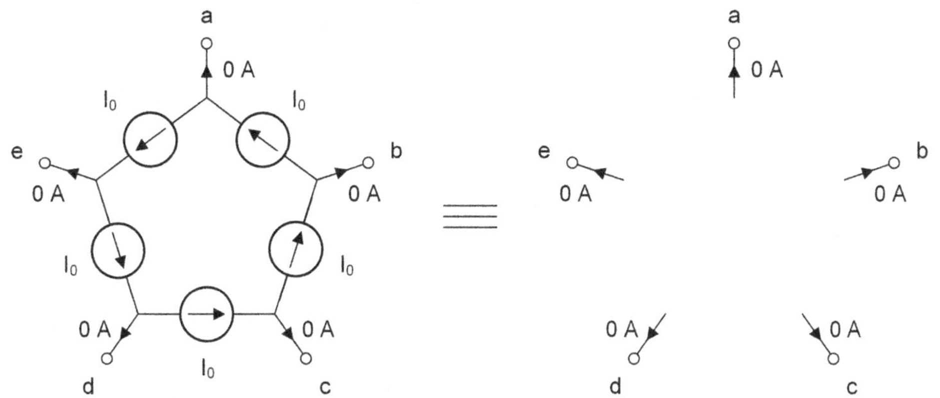

Abb. 5.5 Stromquellenverschiebung

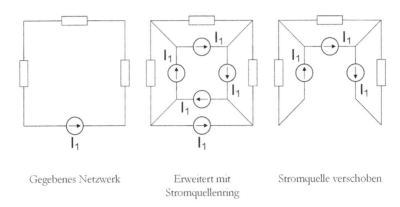

Gegebenes Netzwerk   Erweitert mit   Stromquelle verschoben
                            Stromquellenring

Abb. 5.6 Beispiel zur Stromquellenverschiebung

Beispiel

Vom gegebenen Zweipol in Abb. 5.7 ist die Spannungsquellenersatzschaltung
gesucht.

Die Spannungsquelle kann nicht direkt in eine Stromquelle umgewandelt werden,
da in ihrem Zweig kein Widerstand liegt. In einem ersten Schritt wird die Spannungsquelle deshalb in zwei benachbarte Zweige verschoben (Abb. 5.8). Nun können die
beiden Spannungsquellen in Stromquellen umgewandelt und mit den schon vorhandenen Stromquellen zusammengefasst werden (Abb. 5.9). In einem letzten Schritt
werden die beiden verbliebenen Stromquellen in Spannungsquellen umgewandelt und
diese anschliessend zusammengefasst (Abb. 5.10). ◄

Abb. 5.7 Beispiel zur
Quellenverschiebung

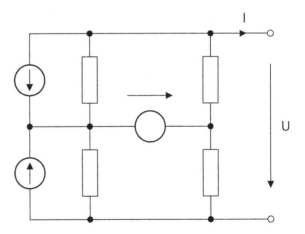

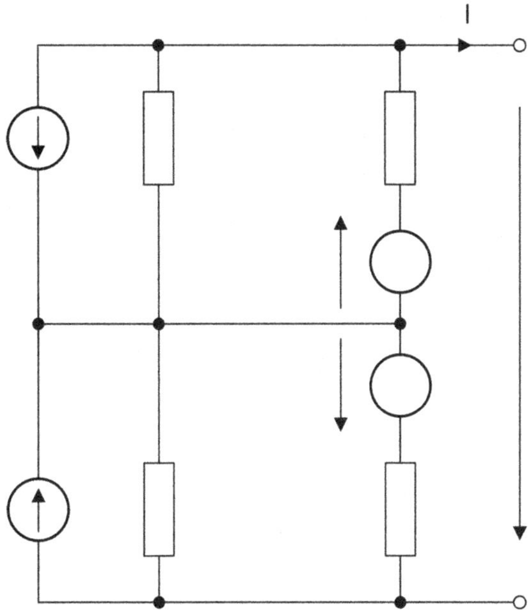

Abb. 5.8 Verschiebung der
Spannungsquelle

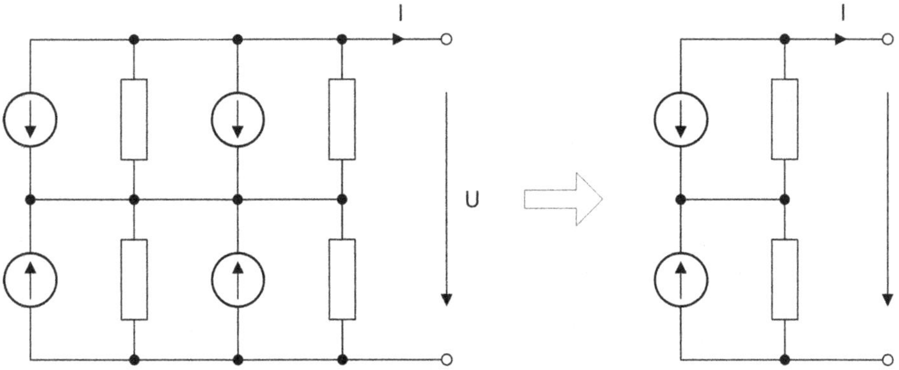

Abb. 5.9 Umwandlung von Spannungs- in Stromquellen

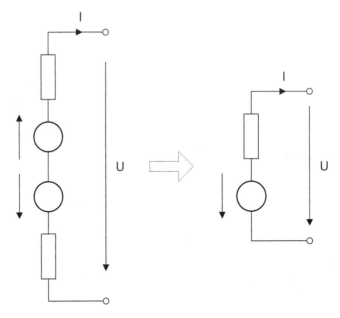

Abb. 5.10 Umwandlung der Strom- in Spannungsquellen und Zusammenfassung

Systematische Verfahren zur Analyse von linearen Netzwerken

6

▶ Die Zweigstromanalyse, die Maschenstromanalyse und die Knotenpotentialanalyse sind Verfahren zur systematischen Analyse von linearen Netzwerken.
Nach genau definierten Regeln werden lineare Gleichungssysteme aufgestellt,
woraus anschliessend die Ströme und Spannungen des Netzwerkes berechnet
werden können. Damit eignen sich diese Verfahren für die computergestützte
Analyse von Netzwerken. Sie bieten aber auch wertvolle Unterstützung bei
der händischen Erstellung von Gleichungen, die das Verhalten des Netzwerks beschreiben. Die Behandlung idealer Spannungs- oder Stromquellen
erfordert jedoch eine gewisse Sorgfalt.

Um elektrische Netzwerke zu analysieren, werden im Prinzip drei Arten von
Beziehungen benutzt:

- Jeder Knoten eines Netzwerks liefert aufgrund des ersten Kirchhoffschen Gesetzes
  eine lineare Beziehung zwischen den Zweigströmen des Netzwerks. In einer
  Schaltung mit k Knoten ist die k-te Knotengleichung jedoch immer von den
  $k-1$ schon aufgestellten Gleichungen abhängig. Es können also lediglich $k-1$ linear
  unabhängige Knotengleichungen gefunden werden.
- Das zweite Kirchhoffsche Gesetz liefert für jede Masche eine lineare Beziehung
  zwischen den Spannungen im Netzwerk. Um voneinander unabhängige Maschengleichungen zu erhalten, müssen die verwendeten Maschen nach Aufstellen
  der entsprechenden Gleichung jeweils in Gedanken aufgetrennt werden. Eine
  weitere Masche darf diese Trennstelle nicht mehr enthalten. Fährt man auf diese
  Weise fort, bis keine Maschen mehr gebildet werden können, erhält man lauter
  linear unabhängige Maschengleichungen. Verwendet man lauter Maschen, die im
  Innern keine Zweige enthalten, so ist die Forderung nach unabhängigen Maschen-

M. Hufschmid, *Grundlagen der Elektrotechnik*,
https://doi.org/10.1007/978-3-658-30386-0_6

gleichungen automatisch erfüllt. Die Anzahl unabhängiger Maschen eines Netzwerks bezeichnen wir mit m.

- Für jeden der z Zweige des Netzwerks ist schliesslich der Zusammenhang zwischen dem Zweigstrom und der Spannung über dem Zweig durch den im Zweig enthaltenen Zweipol gegeben. In einem linearen Netzwerk müssen auch diese Zusammenhänge linear sein. Enthält ein Zweig lediglich einen Widerstand, so ist der Zusammenhang durch das ohmsche Gesetz gegeben.

Da in einem linearen Netzwerk alle genannten Beziehungen linear sind, kann das Netzwerk durch ein System von linearen Gleichungen beschrieben werden. Bei den systematischen Verfahren werden diese Gleichungen nach genau festgelegten Regeln aufgestellt. Deshalb eignen sich solche Verfahren auch für die Analyse von Schaltungen mit Hilfe des Computers.

Bei der Wahl eines systematischen Verfahrens zur Berechnung von linearen Netzwerken stellt sich zunächst die Frage, welche Grössen als Unbekannte verwendet werden sollen. Im Allgemeinen sind dies die z Zweigströme (oder auch die z Spannungen über den Zweigen). Um diese berechnen zu können, werden z linear unabhängige Gleichungen benötigt. Häufig sind jedoch nicht die Grössen aller Zweige von Interesse. In diesem Fall ist es in der Regel möglich mit weniger Gleichungen auszukommen. Beispielsweise können für die m unabhängigen Maschen des Netzwerks die Maschengleichungen aufgestellt werden. Dabei werden die in den Maschen fliessenden Ströme als Unbekannte verwendet. Die Zweigströme sind entweder mit den derart berechneten Maschenströmen identisch oder sie können durch Addition oder Subtraktion einfach daraus berechnet werden. Eine andere Möglichkeit ist das Aufstellen der $k-1$ unabhängigen Knotengleichungen. In diesem Fall sind die unbekannten Grössen die auf den k-ten Knoten bezogenen Knotenspannungen. Die Spannungen über den Zweigen ergeben sich aus der Differenz dieser Knotenspannungen.

6.1   Zweigstromanalyse

Beim Zweigstromverfahren werden mit Hilfe der Knoten- und Maschengleichungen direkt die Ströme in den Zweigen der Schaltung berechnet. Dabei wird wie folgt vorgegangen:

▶   **Zweigstromanalyse**
1. Die Zweigströme werden in die Schaltung eingetragen und mit einer willkürlich gewählten Zählrichtung versehen. Diese z Zweigströme sind die gesuchten Grössen.
2. Die $k-1$ unabhängigen Knotengleichungen werden aufgestellt. Unabhängige Stromquellen werden nicht als Zweige betrachtet. Sie werden jedoch beim Aufstellen der Knotengleichungen berücksichtigt.

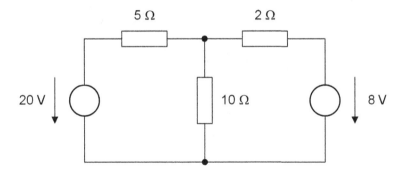

Abb. 6.1 Beispiel zur Zweigstromanalyse

3. Es werden m unabhängige Maschen definiert, deren Umlaufrichtung wird willkürlich festgelegt. Die Definition der unabhängigen Maschen geschieht dabei nach dem oben besprochenen Verfahren.
4. Ergeben die $k - 1$ Knoten- und die m Maschengleichungen z Gleichungen, so kann dieses Gleichungssystem nun nach den z unbekannten Zweigströmen aufgelöst werden.

Beispiel

Alle Zweigströme der Schaltung in Abb. 6.1 sollen bestimmt werden.

1. Die drei Zweigströme werden bezeichnet. Dabei wird ihre Zählrichtung willkürlich festgelegt (Abb. 6.2).
2. Die Schaltung enthält $k = 2$ Knoten. Deshalb erhält man nur eine unabhängige Knotengleichung, beispielsweise

$$I_1 - I_2 - I_3 = 0.$$

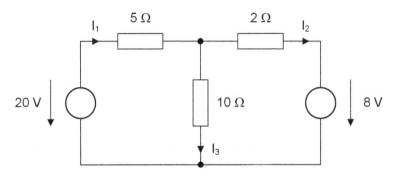

Abb. 6.2 (Willkürliche) Festlegung der Zählrichtungen

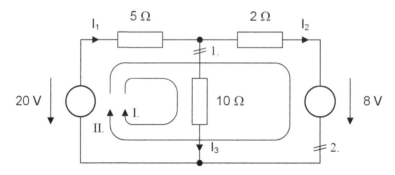

Abb. 6.3 Definition der Maschen

3. Nun werden unabhängige Maschen wie folgt festgelegt (vgl. Abb. 6.3): Die
   Masche I. wird eingezeichnet und die Schaltung in Gedanken an der Stelle 1. aufgetrennt. Eine zweite Masche (II.) wird definiert. Nachdem nun bei 2. nochmals
   aufgetrennt wurde, können keine weiteren Maschen mehr gefunden werden. Die
   Umlaufrichtungen der beiden Maschen werden willkürlich gewählt. Die beiden
   unabhängigen Maschen liefern die Maschengleichungen

$$5\,\Omega \cdot I_1 + 10\,\Omega \cdot I_3 = 20\,\text{V}$$
$$5\,\Omega \cdot I_1 + 2\,\Omega \cdot I_2 = 20\,\text{V} - 8\,\text{V}.$$

4. Die Knotengleichung sowie die beiden Maschengleichungen ergeben zusammen
   drei lineare Gleichungen zur Berechnung der drei unbekannten Zweigströme

$$I_1 - I_2 - I_3 = 0$$
$$5\,\Omega \cdot I_1 + 10\,\Omega \cdot I_3 = 20\,\text{V}$$
$$5\,\Omega \cdot I_1 + 2\,\Omega \cdot I_2 = 12\,\text{V}.$$

Die Lösung dieses Gleichungssystems liefert schliesslich

$$I_1 = 2\text{A}$$
$$I_2 = 1\text{A}$$
$$I_3 = 1\text{A}. \blacktriangleleft$$

Die Zweigstromanalyse ist im Allgemeinen nicht sehr effizient, da die Anzahl
Gleichungen in den meisten Fällen unhandlich gross wird. Zudem müssen sowohl
Knoten-, als auch Maschengleichungen aufgestellt werden. Deshalb ist es schwierig, einfache Regeln zum Aufstellen der Gleichungen zu formulieren. Sie hat jedoch den Vorteil,
dass man als Resultat direkt alle Zweigströme des Netzwerks erhält.

Abb. 6.4 Maschenströme (I_I, I_{II}, I_{III}) und Zweigströme (I_1 bis I_6)

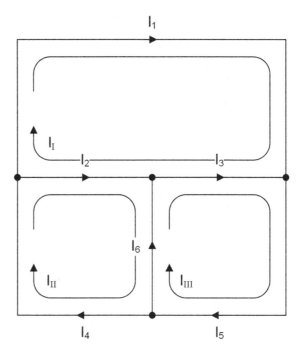

6.2 Maschenstromanalyse

Die Anzahl unabhängiger Maschen eines Netzwerks ist kleiner als die Anzahl der Zweige. Es wäre deshalb von Vorteil, wenn man nur die m Maschengleichungen der unabhängigen Maschen verwenden müsste. Dies bedingt jedoch, dass man mit lediglich m unbekannten Grössen auskommt. Zu diesem Zweck wird jeder Masche ein Maschenstrom zugeordnet, welcher in der betreffenden Masche im Kreis fliesst. Ein Maschenstrom fliesst also nur in einer einzigen Masche. Die Ströme in den Zweigen ergeben sich aus der Überlagerung der Maschenströme.

Beispiel

Das in Abb. 6.4 dargestellte Netzwerk besitzt $z = 6$ Zweige, $k = 4$ Knoten und $m = 3$ unabhängige Maschen. Die Zweigströme wurden mit I_1, I_2, ..., I_6 bezeichnet. Für jede Masche denkt man sich einen Maschenstrom, welcher nur die betreffende Masche durchfliesst. Diese geschlossenen Maschenströme werden mit I_I, I_{II} und I_{III} bezeichnet. Zwischen den Zweigströmen und den Maschenströmen bestehen die folgenden Zusammenhänge:

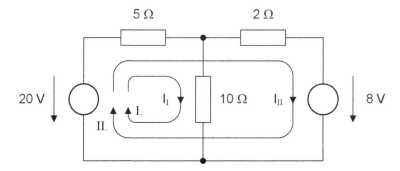

Abb. 6.5 Beispiel zur Maschenstromanalyse

$$I_1 = I_{\mathrm{I}}$$
$$I_2 = -I_{\mathrm{I}} + I_{\mathrm{II}}$$
$$I_3 = -I_{\mathrm{I}} + I_{\mathrm{III}}$$
$$I_4 = I_{\mathrm{II}}$$
$$I_5 = I_{\mathrm{III}}$$
$$I_6 = -I_{\mathrm{II}} + I_{\mathrm{III}}$$

Die Zweigströme können also einfach aus den Maschenströmen berechnet werden. Es genügt demnach, wenn die drei Maschenströme bestimmt werden. Dazu müssen lediglich die drei Maschengleichungen aufgestellt und gelöst werden. ◀

Bei der Maschenstromanalyse werden nur Maschengleichungen aufgestellt. Aus diesen Grund müssen Stromquellen zunächst in äquivalente Spannungsquellen umgewandelt werden. Bei idealen Stromquellen ist dies nicht möglich. Häufig gelingt es jedoch, solche idealen Stromquellen zu verschieben und danach in Spannungsquellen umzuwandeln. Wir werden später eine Erweiterung des Maschenstromverfahrens vorstellen, welche die Behandlung von idealen Stromquellen erlaubt.

Beispiel

Das Beispiel in Abb. 6.5 soll mit Hilfe der Maschenstromanalyse untersucht werden.

Das Netzwerk enthält zwei unabhängige Maschen, in denen die Maschenströme I_{I} und I_{II} kreisen. Die Maschengleichungen liefern die beiden Beziehungen.

Masche I:

$$5\,\Omega \cdot (I_{\mathrm{I}} + I_{\mathrm{II}}) + 10\,\Omega \cdot I_{\mathrm{I}} - 20\,\mathrm{V} = 0$$

Masche II:

$$5\,\Omega \cdot (I_{\mathrm{I}} + I_{\mathrm{II}}) + 2\,\Omega \cdot I_{\mathrm{II}} + 8\,\mathrm{V} - 20\,\mathrm{V} = 0$$

Daraus resultiert das Gleichungssystem

Tab. 6.1 Bedeutung der Koeffizienten des Gleichungssystems

R_{11}:	Die Summe aller Widerstände, welche in der Masche I vom Strom I_I durchflossen werden. Da der Maschenstrom I_I immer dieselbe Richtung hat wie der Umlaufsinn der Masche I, sind alle Beiträge positiv
R_{12}:	Die Summe aller Widerstände, welche in der Masche I vom Strom I_{II} durchflossen werden. In unserem Beispiel haben der Strom I_{II} und der Umlaufsinn der Masche I die gleiche Richtung. Deshalb erscheint der $5\,\Omega$-Widerstand mit positivem Vorzeichen. Haben Strom und Umlaufsinn entgegengesetzte Richtung, so muss der entsprechende Widerstand negativ gezählt werden
R_{21}:	Die Summe aller Widerstände, welche in der Masche II vom Strom I_I durchflossen werden. Für das Vorzeichen gilt die gleiche Regel wie beim Koeffizienten R_{12}
R_{22}:	Die Summe aller Widerstände, welche in der Masche II vom Strom I_{II} durchflossen werden. Da Maschenstrom und Umlaufsinn immer gleichgerichtet sind, sind alle Beiträge positiv
U_{01}:	Negative Summe aller Spannungsquellen der Masche I. Für die Summenbildung werden die Quellen positiv gezählt, wenn deren Zählrichtung gleich dem Umlaufsinn der Masche ist
U_{02}:	Negative Summe aller Spannungsquellen der Masche II

$$(5\,\Omega + 10\,\Omega) \cdot I_I + 5\,\Omega \cdot I_{II} = 20\,\text{V}$$
$$5\,\Omega \cdot I_I + (5\,\Omega + 2\,\Omega) \cdot I_{II} = 12\,\text{V}$$

mit der Lösung

$$I_I = 1\,\text{A}$$
$$I_{II} = 1\,\text{A}.$$

Der Strom, den die linke Spannungsquelle liefern muss, resultiert aus der Summe der beiden Maschenströme. ◄

Wir untersuchen nun genauer, wie die Maschengleichungen entstehen. Interessant ist vor allem, wie die Koeffizienten des Gleichungssystems

$$R_{11} \cdot I_I + R_{12} \cdot I_{II} = U_{01}$$
$$R_{21} \cdot I_I + R_{22} \cdot I_{II} = U_{02}$$

zustande kommen. Dabei haben die einzelnen Koeffizienten die in Tab. 6.1 zusammengefasste Bedeutung.

Diese Aussagen sollen anhand eines weiteren Beispiels erläutert werden.

Beispiel

Wir betrachten eine einzelne Masche eines Netzwerks (Abb. 6.6) und untersuchen, wie die dazugehörige Maschengleichung aufgestellt wird.

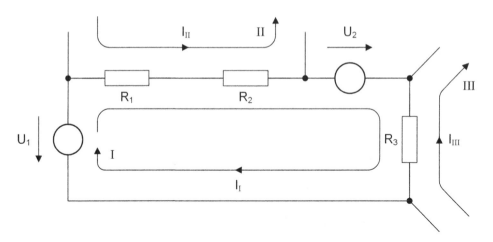

Abb. 6.6 Weiteres Beispiel zur Maschenstromanalyse

Die Gleichung der Masche I ist sicher von der Form

$$R_{11} \cdot I_{\mathrm{I}} + R_{12} \cdot I_{\mathrm{II}} + R_{13} \cdot I_{\mathrm{III}} = U_{01}.$$

Um die Maschengleichung aufzustellen, betrachten wir vorerst nur den Einfluss des Maschenstroms I_{I}. Dieser Strom durchfliesst alle Widerstände der Masche und führt so zu einem gesamthaften Spannungsabfall von

$$R_1 \cdot I_{\mathrm{I}} + R_2 \cdot I_{\mathrm{I}} + R_3 \cdot I_{\mathrm{I}} = (R_1 + R_2 + R_3) \cdot I_{\mathrm{I}}.$$

Die Wirkung des Stroms I_{I} wird in der Maschengleichung durch den Koeffizienten R_{11} beschrieben. Offenbar enthält R_{11} die Summe aller Widerständer der Masche

$$R_{11} = R_1 + R_2 + R_3.$$

Nun untersuchen wir, welchen Einfluss der Strom I_{II} auf die Spannungen der Masche I hat. Dieser Strom fliesst durch die Widerstände R_1 und R_2 und bewirkt dadurch einen Spannungsabfall, der die gleiche Richtung aufweist wie der Umlaufsinn der Masche I. Es ergibt sich folgender Beitrag zur Maschengleichung

$$R_1 \cdot I_{\mathrm{II}} + R_2 \cdot I_{\mathrm{II}} = (R_1 + R_2) \cdot I_{\mathrm{II}}.$$

Der Koeffizient R_{12} enthält folglich alle Widerstände der Masche I, durch welche der Strom I_{II} fliesst

$$R_{12} = R_1 + R_2.$$

Schliesslich betrachten wir die Wirkung des Stroms I_{III} auf die Masche I. Dieser Strom durchfliesst den Widerstand R_3 und bewirkt dadurch einen Spannungsabfall, dessen Richtung aber entgegengesetzt der Umlaufrichtung der Masche I liegt. Es ergibt sich deshalb ein negativer Beitrag

$$-R_3 \cdot I_{\mathrm{III}}.$$

Der Koeffizient R_{13} enthält die Widerstände der Masche I, durch welche der Strom I_{III} fliesst. Da aber die Masche I und die Masche III entgegengesetzte Umlaufrichtungen aufweisen, muss das negative Vorzeichen verwendet werden

$$R_{13} = -R_3.$$

Selbstverständlich müssen zu guter Letzt auch noch die Spannungsquellen berücksichtigt werden, da diese jedoch nicht von den unbekannten Maschenströmen abhängen, werden sie als Konstanten behandelt und auf die rechte Seite der Maschengleichung gestellt. Wie gewohnt ergibt sich deren Beitrag aus der vorzeichenbehafteten Summe aller Spannungsquellen der Masche,

$$-U_1 + U_2,$$

was auf der rechten Seite des Gleichungssystems zu der Konstanten

$$U_{01} = U_1 - U_2$$

führt. ◀

Aus den gemachten Überlegungen lassen sich die folgenden Regeln zum Aufstellen der Maschengleichungen ableiten:

▶ **Aufstellen der Maschengleichungen**
1. Durch Anwendung der früher erwähnten Methode werden die unabhängigen Maschen des Netzwerks festgelegt. Jeder unabhängigen Masche wird ein geschlossener Maschenstrom zugeordnet. Diese Maschenströme bilden die Unbekannten des Gleichungssystems. Ist nur ein Zweigstrom von Interesse, so wird mit Vorteil darauf geachtet, dass der gesuchte Zweigstrom gerade einem Maschenstrom entspricht. Zu diesem Zweck wird die erste Masche so gewählt, dass sie den gesuchten Zweigstrom enthält. Anschliessend wird der betreffende Zweig des Netzwerks in Gedanken aufgetrennt. Die weiteren Maschen können danach wie gewohnt definiert werden.
2. Die Einträge der Koeffizientenmatrix[1] resultieren aus den folgenden Regeln:

---

[1]Da beim Maschenstromverfahren alle Einträge der Koeffizientenmatrix die Einheit Ohm besitzen, spricht man auch von der Widerstandsmatrix des Netzwerks.

In der Hauptdiagonalen der Matrix ergeben sich die Einträge aus der Summe aller Widerstände der entsprechenden Masche. Das Element R_{11} enthält also die Summe aller Widerstände der ersten Masche, das Element R_{22} alle Widerstände der zweiten Masche, usw.

In den restlichen Elementen der Matrix sind die Widerstände enthalten, die in den gemeinsamen Zweigen zweier Maschen vorkommen. So enthält beispielsweise das Element R_{12} alle Widerstände, welche sowohl in der ersten als auch in der zweiten Masche enthalten sind. Haben die beiden Maschenströme die gleiche Richtung, so wird das positive Vorzeichen verwendet. Sind die Richtungen der Maschenströme entgegengesetzt, so erscheint der betreffende Widerstand mit negativem Vorzeichen. Der Aufwand halbiert sich, wenn man beachtet, dass die Matrix symmetrisch ist, d. h. dass $R_{ij} = R_{ji}$ gilt.

3. Der Konstantenvektor der Gleichung enthält die negative Summe aller Quellenspannungen der Maschen. Eine Quellenspannung wird bei der Summenbildung positiv gezählt, wenn ihr Zählpfeil mit dem Umlaufsinn der Masche übereinstimmt, andernfalls wird sie negativ gezählt.

Für ein Netzwerk mit drei unabhängigen Maschen erhält man demnach das in Tab. 6.2 gezeigte Schema.

Beispiel

Im Netzwerk aus Abb. 6.7 soll der Strom, den die Quelle liefern muss, mit Hilfe des Maschenstromverfahrens berechnet werden.

1. In einem ersten Schritt werden die unabhängigen Maschen definiert (vgl. Abb. 6.8). Da der Strom durch die Quelle gesucht ist, wird darauf geachtet, dass der Quellenstrom gerade einem Maschenstrom entspricht.

2. Nun werden die Einträge der Koeffizientenmatrix bestimmt. In der Hauptdiagonalen wird für jede Masche die Summe aller Widerstände der Masche eingetragen.

$$\mathbf{R} = \begin{bmatrix} 1\Omega + 5\Omega + 2\Omega & \dots & \dots \\ \dots & 4\Omega + 2\Omega + 5\Omega & \dots \\ \dots & \dots & 2\Omega + 8\Omega + 2\Omega \end{bmatrix}$$

Die restlichen Elemente der Matrix enthalten jeweils diejenigen Widerstände, welche zwei Maschen angehören. Der 5Ω-Widerstand befindet sich beispielsweise sowohl in der Masche I als auch in der Masche II. Er taucht deshalb in der ersten Zeile und zweiten Spalte sowie in der zweiten Zeile und ersten Spalte der Koeffizientenmatrix auf. Die Maschenströme I_I und I_{II} durchfliessen den 5Ω-Widerstand in entgegengesetzten Richtungen, weshalb das negative Vorzeichen verwendet wird.

Tab. 6.2 Schema zum Aufstellen der Gleichungen am Beispiel eines Netzwerkes mit drei unabhängigen Maschen

I_I	I_{II}	I_{III}	
Summe aller Widerstände der Masche I	Summe aller Widerstände, die in Masche I und Masche II enthalten sind. Mit Vorzeichen!	Summe aller Widerstände, die in Masche I und Masche III enthalten sind. Mit Vorzeichen!	-(Summe aller Spannungsquellen der Masche I)
Summe aller Widerstände, die in Masche II und Masche I enthalten sind. Mit Vorzeichen!	Summe aller Widerstände der Masche II	Summe aller Widerstände, die in Masche II und Masche III enthalten sind. Mit Vorzeichen!	-(Summe aller Spannungsquellen der Masche II)
Summe aller Widerstände, die in Masche III und Masche I enthalten sind. Mit Vorzeichen!	Summe aller Widerstände, die in Masche III und Masche II enthalten sind. Mit Vorzeichen!	Summe aller Widerstände der Masche III	-(Summe aller Spannungsquellen der Masche III)

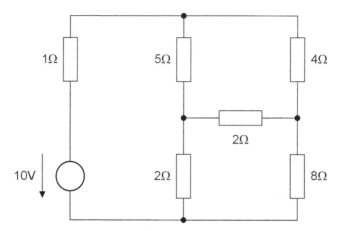

Abb. 6.7 Beispiel zum Maschenstromverfahren

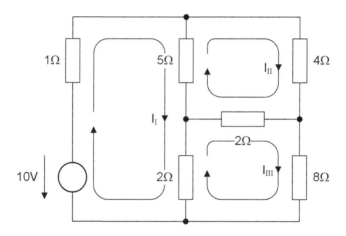

Abb. 6.8 Definition der unabhängigen Maschen

$$\mathbf{R} = \begin{bmatrix} 1\Omega + 5\Omega + 2\Omega & -5\Omega & -2\Omega \\ -5\Omega & 4\Omega + 2\Omega + 5\Omega & -2\Omega \\ -2\Omega & -2\Omega & 2\Omega + 8\Omega + 2\Omega \end{bmatrix}$$

3. Der Konstantenvektor enthält für jede Masche die negative Summe der Spannungsquellen. In unserem Beispiel enthält nur die Masche I eine Quelle. Da der Zählpfeil nicht dem Umlaufsinn der Masche entspricht, erscheint die Quellenspannung mit negativem Vorzeichen in der Maschengleichung. Da der Konstantenvektor jedoch auf der rechten Seite des Gleichheitszeichens steht, wird das Vorzeichen nochmals gekehrt, der Eintrag in den Konstantenvektor ist also positiv.

$$\mathbf{u} = \begin{bmatrix} 10\,\text{V} \\ 0 \\ 0 \end{bmatrix}$$

Dieses Vorgehen führt letztendlich auf das Gleichungssystem

$$\begin{bmatrix} 8 & -5 & -2 \\ -5 & 11 & -2 \\ -2 & -2 & 12 \end{bmatrix} \cdot \begin{bmatrix} I_{\text{I}} \\ I_{\text{II}} \\ I_{\text{III}} \end{bmatrix} = \begin{bmatrix} 10 \\ 0 \\ 0 \end{bmatrix}$$

mit der Lösung

$$\begin{bmatrix} I_{\text{I}} \\ I_{\text{II}} \\ I_{\text{III}} \end{bmatrix} = \begin{bmatrix} 2 \\ 1 \\ 0{,}5 \end{bmatrix}.$$

Der gesuchte Quellenstrom entspricht dem Maschenstrom I_{I} und beträgt somit 2 A. ◄

6.2.1 Behandlung von Stromquellen

Da bei der Maschenanalyse grundsätzlich Maschengleichungen aufgestellt werden, stellen Stromquellen ein Problem dar. Die Spannung über einer Stromquelle steht nicht in einem festen Zusammenhang mit dem Strom sondern ist von der Beschaltung der Quelle abhängig. Für die Behandlung von Stromquellen bei der Maschenanalyse stehen uns verschiedene Möglichkeiten zur Verfügung.

- Umwandlung einer Strom- in eine Spannungsquelle (vgl. Abb. 6.9). Dies ist jedoch nur möglich, falls sich parallel zur Stromquelle ein Widerstand befindet. Ideale Stromquellen können nicht ohne weiteres in äquivalente Spannungsquellen umgewandelt werden. Es ist dabei zu beachten, dass sich durch diese Umwandlung der Strom durch den Widerstand ändert. Obwohl sich die beiden nachfolgenden Zweipole bezüglich ihrer Anschlussklemmen identisch verhalten, ist der Strom durch den Widerstand R nicht derselbe.
- Enthält das Netzwerk ideale Stromquellen ohne Parallelwiderstand, so kann, wie in Abb. 6.10 gezeigt, versucht werden, die Stromquelle in der betreffenden Masche zu verschieben. Häufig lassen sich dann die verschobenen Stromquellen in Spannungsquellen umwandeln. Durch die Verschiebung der Stromquelle ändert sich der Strom in demjenigen Zweig, welcher die ideale Stromquelle enthält. Bei der Umwandlung der verschobenen Stromquellen in Spannungsquellen ändern sich die Ströme, die in den jeweiligen Widerständen fliessen. Dies ist zu beachten, falls einer dieser Ströme eine gesuchte Grösse ist.

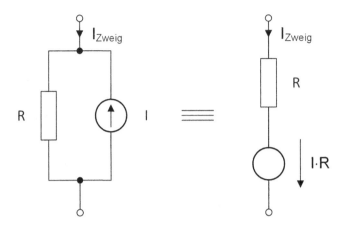

Abb. 6.9 Umwandlung einer Strom- in eine Spannungsquelle

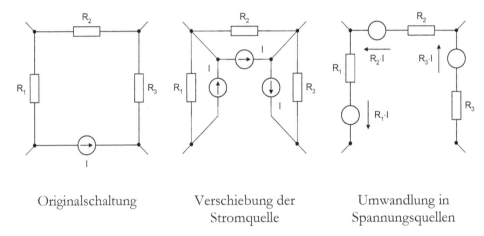

Originalschaltung   Verschiebung der   Umwandlung in
                           Stromquelle   Spannungsquellen

Abb. 6.10 Verschiebung der Stromquelle und Umwandlung in Spannungsquellen

- Bei idealen Stromquellen ohne Parallelwiderstand besteht ausserdem die Möglichkeit, einen Widerstand R_∞ zur Quelle parallel zu schalten. Dadurch wird eine Umwandlung in eine Spannungsquelle ermöglicht. An geeigneter Stelle wird dann der Grenzübergang $R_\infty \to \infty$ gemacht.
- Schliesslich existiert auch die Möglichkeit, ideale Stromquellen direkt beim Aufstellen der Gleichungen zu berücksichtigen. Dabei muss wie folgt vorgegangen werden: Die Quellenströme werden als zusätzliche (bekannte) Maschenströme definiert. Das heisst, die Maschen werden so gewählt, dass die Quellenströme gerade einem Maschenstrom entsprechen. Das Gleichungssystem wird danach in gewohnter Art und Weise aufgestellt. Probleme gibt es dabei lediglich bei denjenigen Maschen,

welche eine ideale Stromquelle enthalten, da die Spannung über diesen Quellen nicht bekannt ist. Nicht alle Maschenströme sind jedoch tatsächlich unbekannt. Deshalb müssen auch nicht alle Maschengleichungen verwendet werden, es können einige Gleichungen ignoriert werden. Mit Vorteil lässt man gerade diejenigen Maschengleichungen weg, welche die unbekannten Spannungen über den Stromquellen enthalten.

Beispiel

Das in Abb. 6.11 gezeigte Netzwerk mit zwei idealen Spannungsquellen soll mittels der Maschenstromanalyse untersucht werden. Die Maschen wurden so gewählt, dass die Ströme der idealen Stromquellen gerade einem Maschenstrom entsprechen

$$I_I = 1\text{A},$$
$$I_{II} = 4\text{A}.$$

Dennoch tun wir vorerst so, als ob dies echte Unbekannte wären. Um das Prinzip zu erklären, bezeichnen wird die Spannungen über den Stromquellen mit U_I und U_{II}. Wir werden jedoch später sehen, dass dies eigentlich unnötig ist.

Nun stellen wir wie gewohnt die Koeffizientenmatrix und den Konstantenvektor auf:

	I_I	I_{II}	I_{III}	I_{IV}	
Masche I	$3 \cdot R$	0	0	$-3 \cdot R$	$-U_I$
Masche II	0	$6 \cdot R$	$6 \cdot R$	0	$-U_{II}$
Masche III	0	$6 \cdot R$	$8 \cdot R$	$-R$	0
Masche IV	$-3 \cdot R$	0	$-R$	$5 \cdot R$	0

Da nur zwei der vier Maschenströme tatsächlich unbekannt sind, können wir zwei der vier Gleichungen ignorieren. Mit Vorteil lassen wir die beiden ersten Gleichungen weg, da diese die unbekannten Spannungen U_I und U_{II} enthalten. Da die Quellenströme I_I und I_{II} bekannt sind, bringen wir sie auf die rechte Seite der Gleichung.

	I_{III}	I_{IV}	
Masche III	$8 \cdot R$	$-R$	$-6 \cdot R \cdot I_{II}$
Masche IV	$-R$	$5 \cdot R$	$3 \cdot R \cdot I_I$

Die Auflösung dieses Gleichungssystems ergibt

$$I_{III} = -3\text{A}$$
$$I_{IV} = 0\text{A}.$$

Selbstverständlich hätte man sich von Beginn weg das Aufstellen der beiden ersten Maschengleichungen sparen können. ◄

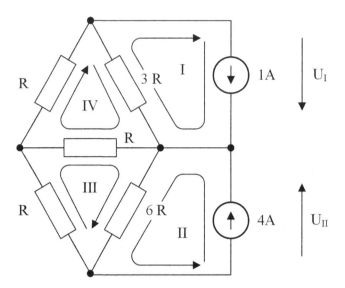

Abb. 6.11 Beispiel

Beispiel

Die Spannung U_0 in der Schaltung aus Abb. 6.12 soll mit Hilfe des Maschenstromverfahrens berechnet werden.

Die Schwierigkeit besteht darin, dass das Netzwerk eine ideale Stromquelle enthält, die nicht ohne weiteres in eine Spannungsquelle umgewandelt werden kann. Um dieses Problem zu umgehen, wird vorerst ein zusätzlicher Widerstand R_∞ parallel zur Stromquelle eingeführt (Abb. 6.13).

Damit dieser neue Widerstand die Schaltung nicht verändert, muss er unendlich gross sein. Daran werden wir uns an geeigneter Stelle erinnern. Im Moment ermöglicht dieser Widerstand eine Umwandlung der Strom- in eine Spannungsquelle (Abb. 6.14).

Bei der Wahl der Maschen wurde darauf geachtet, dass die gesuchte Spannung U_0 einfach aus einem Maschenstrom berechnet werden kann. Unter Anwendung der gewohnten Regeln werden nun die Widerstandsmatrix und der Konstantenvektor aufgestellt.

	I_I	I_{II}	I_{III}	
Masche I	$5 \cdot R$	$2 \cdot R$	$-R$	U_q
Masche II	$2 \cdot R$	$4 \cdot R$	R	U_q
Masche III	$-R$	R	$2 \cdot R + R_\infty$	$I_q \cdot R_\infty$

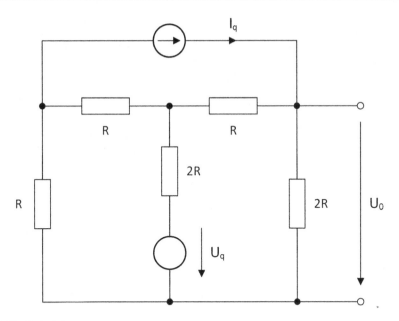

Abb. 6.12 Beispiel

Einzig die dritte Maschengleichung enthält den Widerstand R_∞. Um den Grenzübergang $R_\infty \to \infty$ machen zu können, wird die dritte Maschengleichung durch R_∞ dividiert.

	I_I	I_{II}	I_{III}	
Masche I	$5 \cdot R$	$2 \cdot R$	$-R$	U_q
Masche II	$2 \cdot R$	$4 \cdot R$	R	U_q
Masche III	$-\dfrac{R}{R_\infty}$	$\dfrac{R}{R_\infty}$	$2 \cdot \dfrac{R}{R_\infty} + 1$	I_q

Wächst nun R_∞ über alle Massen an, so ergibt sich schliesslich das folgende Schema.

	I_I	I_{II}	I_{III}	
Masche I	$5 \cdot R$	$2 \cdot R$	$-R$	U_q
Masche II	$2 \cdot R$	$4 \cdot R$	R	U_q
Masche III	0	0	1	I_q

Die dritte Gleichung sagt aus, dass der Maschenstrom I_{III} gleich dem Quellenstrom I_q ist, eine Tatsache, die eigentlich von vornherein klar war. Die Auflösung des Gleichungssystems nach dem Maschenstrom I_I liefert das Resultat

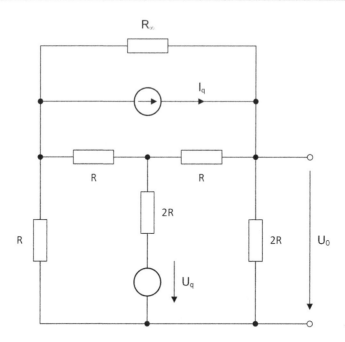

Abb. 6.13 Einfügen eines Widerstands R_∞

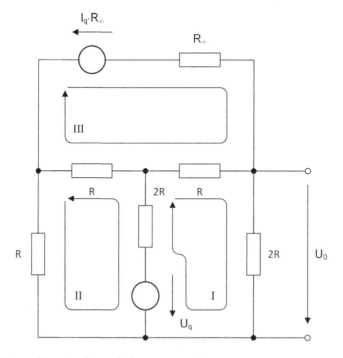

Abb. 6.14 Umwandlung der Strom- in Spannungsquellen

$$I_I = \frac{U_q}{8 \cdot R} + \frac{3 \cdot I_q}{8},$$

woraus für die gesuchte Spannung U_0 folgt

$$U_0 = 2 \cdot R \cdot I_I = \frac{U_q}{4} + \frac{3 \cdot I_q \cdot R}{4}. \blacktriangleleft$$

6.3 Knotenpotentialanalyse

In grösseren Netzwerken ist die Anzahl Knoten in der Regel kleiner als die Anzahl unabhängiger Maschen. Die Knotenpotentialanalyse, bei welcher die Spannungen an den Knoten die Unbekannten bilden, liefert deshalb im Vergleich zum Maschenstromverfahren ein Gleichungssystem mit weniger Gleichungen.

Wir betrachten ein Netzwerk mit k Knoten. Ein Knoten wird üblicherweise als Bezugspunkt (Masse) gewählt. Ihm wird die Spannung 0 V zugeordnet. Die Spannungen zwischen den restlichen $k - 1$ Knoten und dem Bezugsknoten sind die Unbekannten der Knotenpotentialanalyse. Die erforderlichen Gleichungen erhält man aus den Knotengleichungen, welche für jeden der restlichen Knoten aufgestellt werden. Man erhält ein lineares Gleichungssystem

$$\mathbf{G} \cdot \mathbf{u} = \mathbf{i}$$

mit $k - 1$ Unbekannten. Dabei ist $\mathbf{u}$ ein Vektor, welcher die unbekannten Knotenspannungen enthält. Da die Knotengleichungen Beziehungen zwischen den Strömen des Netzwerks liefern, sind auch die Einträge in den Konstantenvektor $\mathbf{i}$ Ströme. Die Koeffizienten der Matrix $\mathbf{G}$ beschreiben den Zusammenhang zwischen den Knotenspannungen und den Strömen im Netzwerk, sie besitzen deshalb die Einheit $1/\Omega = 1$ S.

Wir betrachten nun den in Abb. 6.15 dargestellten, einzelnen Knoten (①) eines Netzwerks. Dieser Knoten ist mit seinen Nachbarknoten (②, ③, ④, ⑤) über Zweige verbunden, die beispielsweise Widerstände oder Stromquellen enthalten (Spannungsquellen lassen wir für den Moment ausser Acht).

Zählt man Ströme, welche in einen Knoten hineinfliessen negativ[2], so lautet die Knotengleichung für den Knoten ①

$$-I_a - I_b - I_c - I_d = 0.$$

---

[2]Selbstverständlich ist diese Wahl willkürlich. Würden die in den Knoten hineinfliessenden Ströme positiv gezählt, erhielte man nicht genau die unten angegebenen Regeln für das Aufstellen der Matrix $\mathbf{G}$ und des Vektors $\mathbf{i}$. Im Endeffekt würde dieses geänderte Gleichungssystem freilich die gleichen Werte für die Knotenspannungen liefern.

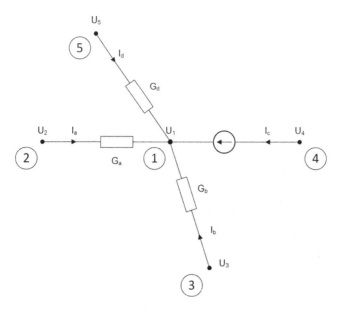

Abb. 6.15 Zum Aufstellen der Knotengleichung bei der Knotenpotentialanalyse

Mit Ausnahme des ohnehin bekannten Quellenstroms I_c können diese Ströme durch die Knotenspannungen U_1, U_2, U_3, U_4 und U_5 ausgedrückt werden. Dazu werden die angegebenen Leitwerte G_a, G_b und G_d verwendet

$$I_a = G_a \cdot (U_2 - U_1),$$
$$I_b = G_b \cdot (U_3 - U_1),$$
$$I_d = G_d \cdot (U_5 - U_1).$$

Damit resultiert für die Knotengleichung

$$-G_a \cdot (U_2 - U_1) - G_b \cdot (U_3 - U_1) - I_c - G_d \cdot (U_5 - U_1) = 0$$

oder, sortiert nach den Unbekannten U_1, U_2, U_3, U_4 und U_5,

$$\underbrace{(G_a + G_b + G_d)}_{G_{11}} \cdot U_1 \underbrace{- G_a}_{G_{12}} \cdot U_2 \underbrace{- G_b}_{G_{13}} \cdot U_3 \underbrace{- G_d}_{G_{15}} \cdot U_5 = \underbrace{I_c}_{I_{01}} \, .$$

Es fällt auf, dass der Koeffizient G_{11} die Summe aller Leitwerte enthält, welche am Knoten ① angeschlossen sind. Die übrigen Koeffizienten enthalten die Leitwerte derjenigen Zweige, die den Knoten ① mit dem entsprechendem Nachbarknoten verbinden und zwar mit negativem Vorzeichen. Der in den Knoten ① hineinfliessende Quellenstrom I_c erscheint als Konstante I_{01} auf der rechten Seite des Gleichungssystems.

Abb. 6.16 Definition der
Knotenpotentiale

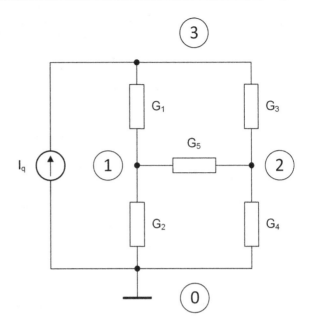

Nun betrachten wir das in Abb. 6.16 dargestellte Beispiel eines Netzwerks mit
$k = 4$ Knoten. Der Knoten ⓪ sei der Bezugspunkt und habe folglich die Spannung
$U_0 = 0$ V. Die Spannungen der anderen Knoten bilden die Unbekannten. Diese werden
mit U_1, U_2 und U_3 bezeichnet.

Für jeden Knoten wird die Knotengleichung formuliert, indem die negative Summe
aller in den Knoten hineinfliessenden Ströme gleich null gesetzt wird.

Knoten ①:

$$-G_1 \cdot (U_3 - U_1) - G_2 \cdot (0 - U_1) - G_5 \cdot (U_2 - U_1) = 0$$

Knoten ②:

$$-G_3 \cdot (U_3 - U_2) - G_4 \cdot (0 - U_2) - G_5 \cdot (U_1 - U_2) = 0$$

Knoten ③:

$$-G_1 \cdot (U_1 - U_3) - G_3 \cdot (U_2 - U_3) - I_q = 0$$

Sortiert nach den unbekannten Spannungen U_1, U_2 und U_3 ergibt sich das Gleichungssystem

$$
\begin{aligned}
(G_1 + G_2 + G_5) \cdot U_1 - G_5 \cdot U_2 - G_1 \cdot U_3 &= 0 \\
-G_5 \cdot U_1 + (G_3 + G_4 + G_5) \cdot U_2 - G_3 \cdot U_3 &= 0 \\
-G_1 \cdot U_1 - G_3 \cdot U_2 + (G_1 + G_3) \cdot U_3 &= I_q.
\end{aligned}
$$

Genau wie bei der Maschenstromanalyse wird bei der Knotenpotentialanalyse ein Schema aufgestellt. Dies hat die Form.

	U_1	U_2	U_3	
Knoten ①	G_{11}	G_{12}	G_{13}	I_{01}
Knoten ②	G_{21}	G_{22}	G_{23}	I_{02}
Knoten ③	G_{31}	G_{32}	G_{33}	I_{03}

Für das vorangegangene Beispiel würden sich also die folgenden Einträge ergeben:

$$G_{11} = G_1 + G_2 + G_5 \quad G_{22} = G_3 + G_4 + G_5 \quad G_{33} = G_1 + G_3$$
$$G_{12} = G_{21} = -G_5 \quad G_{13} = G_{31} = -G_1 \quad G_{23} = G_{32} = -G_3$$
$$I_{01} = 0\,\text{A} \quad\quad I_{02} = 0\,\text{A} \quad\quad I_{03} = I_q$$

Daraus lassen sich einfache Regeln für das Finden der Koeffizienten und Konstanten ableiten.

- Diagonalelemente G_{ii}: Summe aller Leitwerte, welche am Knoten i angeschlossen sind.
- Nicht-Diagonalelemente G_{ij}: Negative Summe der Leitwerte derjenigen Zweige, welche den Knoten i mit dem Knoten j verbinden.
- Konstanten I_{0i}: Summe aller Quellenströme, welche in den Knoten i hineinfliessen.

Abschliessend kann das Vorgehen bei der Knotenpotentialanalyse wie folgt zusammengefasst werden.

▶ **Knotenpotentialanalyse**

1. Bezeichnen Sie die Knoten des Netzwerks. Ein Knoten wird als Bezugspunkt ausgewählt und hat folglich die Spannung 0 V. Den restlichen Knoten wird eine Knotenspannung zugeordnet. Diese Knotenspannungen bilden die Unbekannten des Gleichungssystems.

2. Die Einträge der Koeffizientenmatrix resultieren aus den folgenden Regeln:
   In der Hauptdiagonalen der Matrix ergeben sich die Einträge aus der Summe aller Leitwerte, welche am Knoten angeschlossen sind. Das Element G_{11} enthält also die Summe aller Leitwerte, die am ersten Knoten angeschlossen sind, das Element G_{22} alle Leitwerte, die am zweiten Knoten angeschlossen sind, usw.
   Die restlichen Einträge der Matrix enthalten diejenigen Leitwerte, die sich in den Verbindungszweigen zu den Nachbarknoten befinden und zwar mit negativem Vorzeichen. So enthält beispielsweise das Element G_{12} alle Leitwerte, welche sich im Verbindungszweig zwischen dem ersten und dem zweiten Knoten befinden.

3. Der Konstantenvektor der Gleichung enthält die Summe aller Quellenströme, die in den betreffenden Knoten hineinfliessen. Ein Quellenstrom
   enthält ein positives Vorzeichen, wenn er in den Knoten hineinfliesst, ein
   Minuszeichen, wenn er herausfliesst.

Beispiel

Die Knotenspannungen des Netzwerks in Abb. 6.17 sollen mit Hilfe der Knotenpotentialanalyse berechnet werden. Das Netzwerk enthält vier Knoten, welche mit ⓪,
①, ② und ③ bezeichnet sind. Der Knoten ⓪ ist der Bezugsknoten. Beim Aufstellen des
Schemas muss beachtet werden, dass Leitwerte und nicht etwa Widerstandswerte verwendet werden. Mit den oben beschriebenen Regeln ergibt sich:

	U_1	U_2	U_3	
Knoten ①	$\dfrac{1}{2\Omega}+\dfrac{1}{2\Omega}+\dfrac{1}{5\Omega}$	$-\dfrac{1}{2\Omega}$	$-\dfrac{1}{5\Omega}$	0 A
Knoten ②	$-\dfrac{1}{2\Omega}$	$\dfrac{1}{2\Omega}+\dfrac{1}{4\Omega}+\dfrac{1}{8\Omega}$	$-\dfrac{1}{4\Omega}$	0 A
Knoten ③	$-\dfrac{1}{5\Omega}$	$-\dfrac{1}{4\Omega}$	$\dfrac{1}{1\Omega}+\dfrac{1}{4\Omega}+\dfrac{1}{5\Omega}$	10 A

Dieses Gleichungssystem liefert für die Knotenspannungen die Werte $U_1 = 3$ V,
U2 = 4 V und U3 = 8 V. ◄

Abb. 6.17 Beispiel zur
Knotenpotentialanalyse

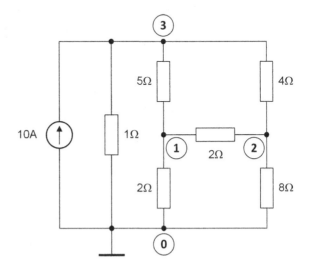

6.3.1 Behandlung von Spannungsquellen.

Die Knotenpotentialanalyse beruht auf Knotengleichungen. Diese Gleichungen geben Beziehungen zwischen den Strömen wieder. Ideale Spannungsquellen stellen dabei ein Problem dar, da der Strom nicht in einem eindeutigen Zusammenhang mit der Spannung steht, sondern vielmehr von der äusseren Beschaltung abhängt. Die Behandlung von Spannungsquellen erfordert deshalb spezielle Methoden.

- Umwandlung einer Spannungs- in eine Stromquelle (Abb. 6.18). Dies ist direkt nur möglich, falls sich in Serie zur Spannungsquelle ein Widerstand befindet. Ideale Spannungsquellen mit Innenwiderstand $R_i = 0\,\Omega$ können nicht ohne weiteres in äquivalente Stromquellen umgewandelt werden. Es ist dabei zu beachten, dass sich durch diese Umwandlung die Spannung über dem Widerstand ändert. Obwohl sich die beiden nachfolgenden Zweitore bezüglich ihrer Anschlussklemmen identisch verhalten, ist die Spannung über dem Widerstand R nicht dieselbe.
- Enthält das Netzwerk ideale Spannungsquellen ohne Seriewiderstand, so kann versucht werden, die Spannungsquelle durch einen Knoten zu verschieben (Abb. 6.19). Häufig lassen sich dann die verschobenen Spannungsquellen in Stromquellen umwandeln. Durch die Verschiebung der Spannungsquelle ändert sich die Knotenspannung desjenigen Knotens, durch den die Spannungsquelle verschoben wird. Bei der Umwandlung der verschobenen Spannungsquellen in Stromquellen ändern sich die Spannungen über den jeweiligen Widerständen. Dies ist zu beachten, falls einer dieser Spannungen eine gesuchte Grösse ist.

- Bei idealen Spannungsquellen ohne Seriewiderstand besteht ausserdem die Möglichkeit, einen Widerstand R_0 in Serie zur Quelle zu schalten. Dadurch wird eine Umwandlung in eine Stromquelle ermöglicht. An geeigneter Stelle wird dann der Grenzübergang $R_0 \to 0\,\Omega$ gemacht.

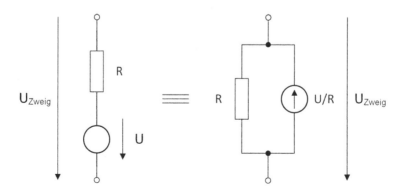

Abb. 6.18 Umwandlung von Spannungs- in Stromquellen

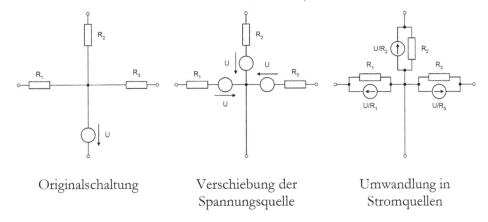

Originalschaltung   Verschiebung der   Umwandlung in
                           Spannungsquelle   Stromquellen

Abb. 6.19 Verschiebung einer Spannungsquelle und Umwandlung in Stromquelle

- Schliesslich existiert jedoch auch die Möglichkeit, ideale Spannungsquellen direkt
  beim Aufstellen der Gleichungen zu berücksichtigen. Diese Methode ist besonders
  dann mit Vorteil anzuwenden, wenn ein Anschluss der betreffenden Spannungsquelle
  auf Masse liegt (respektive wenn die Masse so gewählt wurde, dass dies der Fall
  ist). In diesem Fall entspricht die Quellenspannung gerade einer Knotenspannung.
  Der (unbekannte) Strom durch die Spannungsquelle wird zudem nur in einer einzigen Knotengleichung erscheinen. Diese Gleichung kann ignoriert werden, da eine
  Knotenspannung ja bekannt und folglich die Anzahl Unbekannter um eins niedriger
  ist.

Beispiel

Die Knotenspannungen der Schaltung in Abb. 6.20 sollen bestimmt werden. Ein
Anschluss der idealen Spannungsquelle liegt auf Masse. Damit ist das Potential des
Knotens ③ bekannt,

$$U_3 = 10\text{V}.$$

Beim Aufstellen der Knotengleichungen wird U_3 jedoch vorläufig wie eine
Unbekannte behandelt. Dafür tun wir so, als ob der Strom I_q durch die Spannungsquelle gegeben sei. Es ergibt sich folgendes Schema:

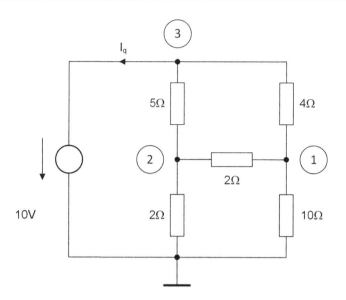

Abb. 6.20 Beispiel Knotenpotentialanalyse mit idealer Spannungsquelle

	U_1	U_2	U_3	
Knoten ①	$\dfrac{1}{2\Omega}+\dfrac{1}{4\Omega}+\dfrac{1}{10\Omega}$	$-\dfrac{1}{2\Omega}$	$-\dfrac{1}{4\Omega}$	0A
Knoten ②	$-\dfrac{1}{2\Omega}$	$\dfrac{1}{2\Omega}+\dfrac{1}{2\Omega}+\dfrac{1}{5\Omega}$	$-\dfrac{1}{5\Omega}$	0A
Knoten ③	$-\dfrac{1}{4\Omega}$	$-\dfrac{1}{5\Omega}$	$\dfrac{1}{4\Omega}+\dfrac{1}{5\Omega}$	$-I_q$

Für das Bestimmen der beiden unbekannten Spannungen U_1 und U_2 genügen zwei Gleichungen. Die dritte Gleichung, welche den unbekannten Quellenstrom I_q enthält, kann gestrichen werden. Da zudem die Spannung $U_3 = 10$ V bekannt ist, werden die entsprechenden Terme auf die rechte Seite des Gleichungssystems gebracht.

	U_1	U_2	
Knoten ①	$\dfrac{1}{2\Omega}+\dfrac{1}{4\Omega}+\dfrac{1}{10\Omega}$	$-\dfrac{1}{2\Omega}$	$\dfrac{1}{4\Omega}\cdot10\text{V}$
Knoten ②	$-\dfrac{1}{2\Omega}$	$\dfrac{1}{2\Omega}+\dfrac{1}{2\Omega}+\dfrac{1}{5\Omega}$	$\dfrac{1}{5\Omega}\cdot10\text{V}$

Die Auflösung dieses Gleichungssystems liefert das Resultat: $U_1 = 5{,}195$ V und $U_2 = 3{,}831$ V. ◄

Zeitabhängige Grössen

7

> ▶ **Trailer**
>
> Die bislang behandelten zeitlich konstanten Spannungen und Ströme werden in der Regel nur zur Energieversorgung eingesetzt. Sie sind jedoch nicht für die Datenübertragung oder Informationsverarbeitung geeignet. Eine Grösse kann nur dann Informationen enthalten, wenn sie im Laufe der Zeit variiert. Aus diesem Grund sind zeitabhängige Signale von grossem Interesse.
>
> Eine wichtige Klasse von zeitabhängigen Signalen sind die periodischen, die sich regelmässig wiederholen. Für solche Signale können aussagekräftige Parameter definiert und gemessen werden, z. B. der lineare Mittelwert, der gleichgerichtete Mittelwert oder der Effektivwert.
>
> Die sinusförmigen Signale sind zweifellos von grösster Bedeutung in der Elektrotechnik. Einerseits, weil fast jedes periodische Signal in eine Summe von sinusförmigen Signalen zerlegt werden kann, andererseits, weil ein sinusförmiges Signal durch nur drei Parameter vollständig beschrieben werden kann.

Während die zeitunabhängigen Gleichspannungen und -ströme mit Grossbuchstaben bezeichnet werden, werden für die Bezeichnung von zeitabhängigen Grössen in der Regel Kleinbuchstaben benutzt. Um die zeitliche Abhängigkeit zu betonen wird oft die Schreibweise

$$u(t)$$

beziehungsweise

$$i(t)$$

verwendet.

© Springer Fachmedien Wiesbaden GmbH, ein Teil von Springer Nature 2021
M. Hufschmid, *Grundlagen der Elektrotechnik*,
https://doi.org/10.1007/978-3-658-30386-0_7

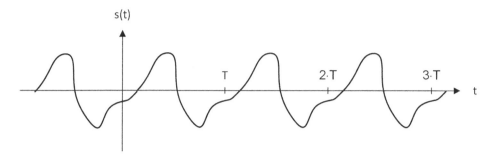

Abb. 7.1 Beispiel einer periodischen Funktion s(t)

7.1 Periodische Grössen

Vorgänge, die sich in regelmässigen Abständen wiederholen, heissen periodisch. Ein Beispiel ist in Abb. 7.1 zu sehen. Bezeichnet s(t) den zeitlichen Verlauf einer periodischen Grösse, so nimmt die Funktion s(t) nach Ablauf der Zeitdauer T jeweils wieder dieselben Werte an

$$s(t + T) = s(t).$$

Die Zeit T, nach der sich der periodische Vorgang wiederholt, wird als Periodendauer oder kurz als Periode bezeichnet. Den Kehrwert der Periodendauer

$$f = \frac{1}{T}$$

bezeichnet man als (Grund-)Frequenz des Vorgangs. Sie gibt an, wie viele Wiederholungen (Schwingungen) pro Sekunde stattfinden. Die Einheit der Frequenz ist 1/s, wobei stattdessen die Einheit Hertz[1], abgekürzt Hz, verwendet wird.

Aus der Tatsache, dass sich ein Vorgang mit der Periode T wiederholt, folgt selbstverständlich, dass er sich auch mit der Periode 2·T, 3·T, usw. wiederholt

$$s(t) = s(t + T) = s(t + 2 \cdot T) = s(t + 3 \cdot T) = \cdots.$$

Bei einer periodischen Grösse genügt es, diese während einer Periodendauer zu betrachten. Die danach folgenden Wiederholungen beinhalten keine neue Information und sind deshalb nicht von Interesse.

---

[1]Nach dem deutschen Physiker Heinrich Rudolf Hertz (1857 – 1894).

7.2   Mittelwert einer Funktion

Beispiel

Um von A nach B zu gelangen, fahren wir zunächst während 5 min auf der Hauptstrasse mit einer Geschwindigkeit von 45 km/h. Auf der anschliessenden 10 minütigen Autobahnfahrt beträgt die Geschwindigkeit 100 km/h. Schliesslich fahren wir während weiterer 3 min auf der Hauptstrasse mit einer Geschwindigkeit von 40 km/h (Abb. 7.2). Welches ist die durchschnittliche Geschwindigkeit?

Die durchschnittliche Geschwindigkeit ergibt sich aus dem Verhältnis von total zurückgelegtem Weg und der dazu benötigten Zeit

$$\text{Mittlere Geschwindigkeit} = \frac{\text{Total zurückgelegter Weg}}{\text{Benötigte Zeit}}.$$

Der zurückgelegte Weg ergibt sich aus der Summe der Wege aller Teilstrecken. Während einer Teilstrecke wird die Geschwindigkeit als konstant angenommen, der betreffende Weg resultiert also aus dem Produkt aus Zeit mal Geschwindigkeit und entspricht gerade der Fläche eines Rechtecks. Der gesamthaft zurückgelegte Weg entspricht demnach der Summe der drei Rechteckflächen oder, mit anderen Worten, der Gesamtfläche unter dem Geschwindigkeitsprofil.

Die mittlere Geschwindigkeit kann deshalb wahlweise mit der folgenden Beziehung bestimmt werden

$$\text{Mittlere Geschwindigkeit} = \frac{\text{Fläche unter dem zeitlichen Verlauf der Geschwindigkeit}}{\text{Benötigte Zeit}}.$$

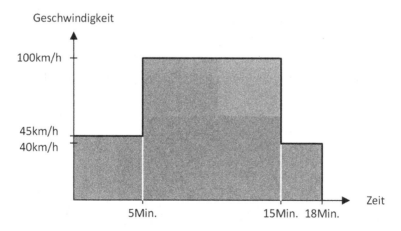

Abb. 7.2 Geschwindigkeit in Funktion der Zeit

Im vorliegenden Beispiel beträgt die Fläche unter der Geschwindigkeitskurve 22.42 km. Die benötigte Zeit sind 18 min oder 0.3 h. Damit ergibt sich eine mittlere Geschwindigkeit von 22.42 km/0.3 h = 74.72 km/h. ◀

Die soeben hergeleitete Beziehung kann allgemein angewandt werden, um den mittleren Wert oder den Mittelwert einer Funktion f(t) zu bestimmen. Damit dies allgemein funktioniert, müssen jedoch Flächen unter der Abszisse negativ gezählt werden!

$$\text{Mittelwert der Funktion f(t)} = \frac{\text{Fläche unter dem Graphen der Funktion zwischen } t_1 \text{ und } t_2}{\text{Zeitdifferenz } t_2 - t_1}$$

Bei periodischen Funktionen genügt es hierbei, die Funktion während einer Periodendauer zu betrachten.

Beispiel

Wir betrachten die Funktion

$$f(t) = (A \cdot \sin(t))^2 = A^2 \cdot \sin^2(t).$$

Da sich die Sinusfunktion bekanntlich mit der Periode $2 \cdot \pi$ wiederholt, ist auch die Funktion f(t) periodisch. Um den Mittelwert zu bestimmen, genügt es demnach, die Funktion f(t) im Intervall zwischen $t_1 = 0$ und $t_2 = 2 \cdot \pi$ zu betrachten. (Genau genommen würde es bei dieser speziellen Funktion sogar genügen, nur das Intervall zwischen 0 und π zu betrachten.)

Aus Symmetrieüberlegungen ist es offensichtlich, dass das in Abb. 7.3 schraffierte Flächenstück unter der Funktion f(t) gerade gleich der halben Fläche des gestrichelten Rechtecks ist. Damit ist im Intervall $0 \leq t \leq 2 \cdot \pi$ die Fläche unter der Funktion f(t) gegeben durch

$$\text{Fläche} = \frac{A^2 \cdot 2\pi}{2} = A^2 \cdot \pi.$$

Dividiert man diese Fläche durch die Zeitdifferenz $t_2 - t_1 = 2 \cdot \pi$, so erhält man den Mittelwert der Funktion f(t)

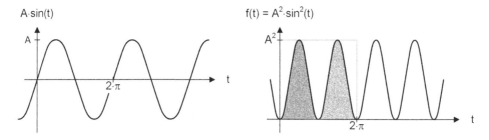

Abb. 7.3 Fläche unter der quadrierten Sinusfunktion

$$\overline{f(t)} = \frac{\text{Fläche}}{t_2 - t_1} = \frac{A^2 \cdot \pi}{2 \cdot \pi} = \frac{A^2}{2}.$$

Wie allgemein üblich, wurde hier zur Kennzeichnung des Mittelwerts ein Querstrich über der Funktion verwendet. ◄

7.3 Bestimmtes Integral

Die Berechnung des Mittelwerts einer Funktion f(t) verlangt also die Bestimmung der Fläche unter einer Kurve zwischen den Grenzen t_1 und t_2. In der Mathematik wird diese Fläche als bestimmtes Integral der Funktion f(t) im Intervall $t_1 \leq t \leq t_2$ bezeichnet. Dafür wird die Schreibweise

$$\int_{t_1}^{t_2} f(t)\, dt$$

verwendet. Der Mittelwert einer Funktion f(t) ist folglich durch den Ausdruck

$$\overline{f(t)} = \frac{1}{t_2 - t_1} \cdot \int_{t_1}^{t_2} f(t)\, dt$$

definiert.

Um das bestimmte Integral zu berechnen, muss zuerst eine Funktion F(t) gesucht werden, deren Ableitung nach t gleich der Funktion f(t) ist

$$F'(t) = f(t).$$

Man bezeichnet F(t) als Stammfunktion oder Integralfunktion von f(t). Das bestimmte Integral und damit die Fläche unter der Funktion f(t) im Intervall $t_1 \leq t \leq t_2$ kann dann mit der Beziehung

$$\text{Fläche unter } f(t) = \int_{t_1}^{t_2} f(t)\, dt = F(t_2) - F(t_1)$$

ermittelt werden.

Beispiel

Wir betrachten die in Abb. 7.4 dargestellte Sägezahnfunktion f(t). Die Funktion f(t) ist periodisch mit der Periode T. Um den Mittelwert zu bestimmen, genügt es deshalb, den Bereich $0 \leq t \leq T$ zu berücksichtigen. In diesem Bereich kann f(t) durch

$$f(t) = \frac{A}{T} \cdot t$$

Abb. 7.4 Sägezahnfunktion

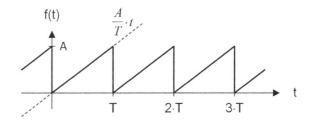

beschrieben werden. Man kann einfach überprüfen, dass

$$F(t) = \frac{A}{2 \cdot T} \cdot t^2$$

eine Stammfunktion von f(t) ist, indem man F(t) nach t ableitet

$$F'(t) = \frac{A}{2 \cdot T} \cdot 2 \cdot t = \frac{A}{T} \cdot t = f(t).$$

Somit ist im Intervall $0 \leq t \leq T$ die Fläche unter der Funktion f(t) gegeben durch

$$\text{Fläche unter } f(t) = \int\limits_0^T f(t)\, dt = F(T) - F(0) = \frac{A}{2 \cdot T} \cdot T^2 - \frac{A}{2 \cdot T} \cdot 0 = \frac{A}{2} \cdot T.$$

Dieses Resultat könnte man selbstverständlich auch durch geometrische Überlegungen erhalten.

Der Mittelwert der Funktion f(t) ist demnach

$$\overline{f(t)} = \frac{1}{T} \cdot \int\limits_0^T f(t)\, dt = \frac{1}{T} \cdot \frac{A}{2} \cdot T = \frac{A}{2}. \ \blacktriangleleft$$

7.4   Gleichrichtung

Zeitabhängige Spannungen oder Ströme können ihr Vorzeichen im Verlauf der Zeit ändern. Einige Anwendungen, z. B. gewisse Messinstrumente, setzen jedoch rein positive oder rein negative Grösse voraus. Mit Hilfe von Diodenschaltungen können Grössen mit wechselndem Vorzeichen gleichgerichtet werden.

Bei einer idealen Diode (Abb. 7.5) kann der Strom nur in einer Richtung fliessen. Ist die Spannung U_{AK} zwischen Anode und Kathode kleiner als null, sperrt die Diode.

Der in Abb. 7.6 dargestellte Einweggleichrichter besteht aus einer einzelnen, idealen Diode, welche nur die positiven Anteile der Eingangsspannung durchlässt. Die negativen Anteile des Eingangssignals werden gewissermassen abgeschnitten.

Abb. 7.5 Schaltbild einer
Halbleiterdiode

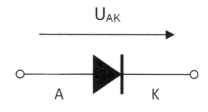

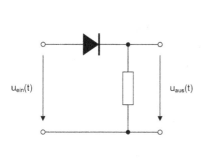

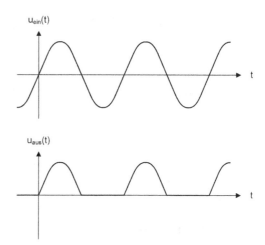

Abb. 7.6 Einweggleichrichter

Beim Brückengleichrichter in Abb. 7.7 werden vier Dioden so geschaltet, dass bei negativem Eingangssignal das Vorzeichen gekehrt wird, während positive Anteile ungehindert an den Ausgang gelangen. Bei positiver Eingangsspannung leiten die Dioden D_1 und D_3, die Dioden D_2 und D_4 sperren. Genau umgekehrt liegen die Verhältnisse bei negativer Eingangsspannung.

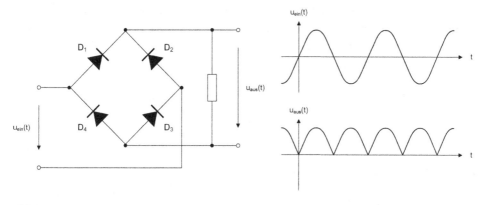

Abb. 7.7 Zweiweggleichrichter

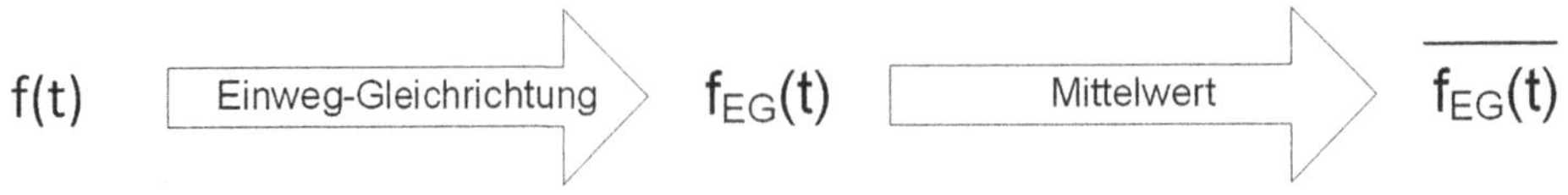

f(t)   Einweg-Gleichrichtung $f_{EG}(t)$ Mittelwert $\overline{f_{EG}(t)}$

Abb. 7.8 Berechnung des Einweg-Gleichrichtwerts

7.5   Einweg-Gleichrichtwert

Bei der Einweggleichrichtung der zeitlich veränderlichen Grösse f(t) werden negative Funktionswerte von f(t) gleich null gesetzt. Für das derart gebildete Ausgangssignal verwenden wir die Bezeichnung $f_{EG}(t)$. Der Mittelwert von $f_{EG}(t)$ wird als Einweg-Gleichrichtwert

$$\overline{f_{EG}(t)}$$

von f(t) bezeichnet. Das Vorgehen zum Berechnen des Einweg-Gleichrichtwerts ist in Abb. 7.8 zusammengefasst.

7.6   Gleichrichtmittelwert

Ein Brückengleichrichter bildet den Betrag |f(t)| der Eingangsgrösse f(t). Der Mittelwert von |f(t)| wird als Gleichrichtmittelwert bezeichnet. Für eine periodische Grösse berechnet sich der Gleichrichtmittelwert mit der Beziehung

$$\overline{|f(t)|} = \frac{1}{T} \cdot \int\limits_{\tau}^{\tau+T} |f(t)| \cdot dt.$$

Für die Berechnung des Mittelwerts kann der Startzeitpunkt τ beliebig gewählt werden. Entscheidend ist lediglich, dass für die Bestimmung der Fläche unter der Kurve |f(t)| genau eine Periode T berücksichtigt wird. Die Abb. 7.9 fasst die Schritte zur Berechnung des Gleichrichtmittelwerts zusammen.

f(t)   Betragsbildung |f(t)| Mittelwert $\overline{|f(t)|}$

Abb. 7.9 Berechnung des Gleichrichtwertes

Abb. 7.10 Zweipol mit zeitabhängiger Spannung u(t) und zeitabhängigem Strom i(t)

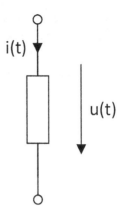

7.7 Mittelwert der Leistung

Betrachten wir den in Abb. 7.10 dargestellten Zweipol mit einer beliebigen, zeitabhängigen Spannung u(t) und einem beliebigen zeitabhängigen Strom i(t), so resultiert der zeitliche Verlauf der Leistung aus dem Produkt der beiden Grössen,

$$p(t) = u(t) \cdot i(t).$$

Man spricht in diesem Zusammenhang auch vom Momentanwert der Leistung oder von der Momentanleistung.

Handelt es sich bei dem Zweipol um einen ohmschen Widerstand R, so kann der Momentanwert der Leistung auch mit den Beziehungen

$$p(t) = \frac{u^2(t)}{R}$$

oder

$$p(t) = i^2(t) \cdot R$$

bestimmt werden.

Von grossem Interesse ist in der Regel der Mittelwert von p(t). Bei einem periodischen Verlauf errechnet sich dieser aus der bekannten Beziehung

$$P = \overline{p(t)} = \frac{1}{T} \cdot \int\limits_{\tau}^{\tau+T} p(t)\, dt.$$

Dabei ist τ ein willkürlich gewählter Anfangszeitpunkt. Wie gewohnt wird die Fläche unter dem Verlauf von p(t) während einer Periode T bestimmt. Diese Fläche wird anschliessend durch die Periodendauer T dividiert. Der zeitliche Mittelwert der Leistung wird auch als Wirkleistung bezeichnet.

Wird die Leistung in einem ohmschen Widerstand umgesetzt, so erhält man für die Wirkleistung den Ausdruck

$$P = \frac{1}{T} \cdot \int_{\tau}^{\tau+T} \frac{u^2(t)}{R} \, dt$$

oder wahlweise

$$P = \frac{1}{T} \cdot \int_{\tau}^{\tau+T} R \cdot i^2(t) \, dt.$$

7.8   Effektivwert

Ist der zeitliche Verlauf der Spannung u(t) über einem ohmschen Widerstand R bekannt, so kann mit Hilfe der Beziehung

$$P = \frac{1}{T} \cdot \int_{\tau}^{\tau+T} \frac{u^2(t)}{R} \, dt$$

$$= \frac{1}{R \cdot T} \cdot \int_{\tau}^{\tau+T} u^2(t) \, dt$$

die im Widerstand umgesetzte Leistung berechnet werden.

Liegt über dem gleichen Widerstand eine Gleichspannung U an, so berechnet sich die Leistung gemäss

$$P = \frac{U^2}{R}.$$

Die Gleichspannung U und die zeitlich veränderliche Spannung u(t) bewirken den gleichen mittleren Leistungsumsatz, falls gilt

$$\frac{U^2}{R} = \frac{1}{R \cdot T} \cdot \int_{\tau}^{\tau+T} u^2(t) \, dt$$

oder, nach U aufgelöst,

$$U = \sqrt{\frac{1}{T} \cdot \int_{\tau}^{\tau+T} u^2(t)\, dt}.$$

Diese Gleichspannung U, welche offensichtlich in Bezug auf die Leistung gleichwertig zur zeitabhängigen Spannung u(t) ist, wird als Effektivwert von u(t) bezeichnet. Für eine beliebige zeitlich veränderliche Grösse f(t) resultiert:

▶ **Effektivwert**
   Der Effektivwert einer zeitlich veränderlichen Grösse f(t) ist gegeben durch den Ausdruck

$$F = \sqrt{\frac{1}{T} \cdot \int_{\tau}^{\tau+T} f^2(t)\, dt}.$$

Dabei ist τ ein frei wählbarer Anfangszeitpunkt. Der Effektivwert F ist in Bezug auf die mittlere Leistung gleichwertig zur Grösse f(t).

7.9   Zusammenfassung: Mittelwerte periodischer Funktionen

In der Tab. 7.1 sind nochmals die verschiedenen Mittelwerte einer zeitlich veränderlichen Grösse f(t) zusammengefasst. Die angegebenen Formeln sind nur für periodische Grösse mit der Periodendauer T gültig.

Tab. 7.1 Verschiedene Mittelwerte von zeitlich veränderlichen Grössen

Bezeichnung	Formel	Physikalische Bedeutung
(Arithmetischer) Mittelwert	$\overline{f(t)} = \frac{1}{T} \cdot \int_{\tau}^{\tau+T} f(t)\, dt$	Gleichwertanteil (Gleichspannungsanteil, Gleichstromanteil)
Einweg-Gleichrichtwert	$\overline{f_{EG}(t)} = \frac{1}{T} \cdot \int_{\tau}^{\tau+T} f_{EG}(t)\, dt$	
Gleichrichtwert	$\overline{|f(t)|} = \frac{1}{T} \cdot \int_{\tau}^{\tau+T} |f(t)|\, dt$	
Effektivwert (Quadratischer Mittelwert)	$F = \sqrt{\frac{1}{T} \cdot \int_{\tau}^{\tau+T} f^2(t)\, dt}$	In Bezug auf die Wirkleistung zur Grösse f(t) äquivalent

Eine Grösse f(t), deren arithmetischer Mittelwert null ist, wird als reine Wechselgrösse (Wechselspannung, Wechselstrom) bezeichnet. Ist der Gleichwertanteil von null verschieden, spricht man von einer Mischgrösse. Man kann jede Grösse in einen Gleichwertanteil und eine reine Wechselgrösse zerlegen.

Bei der Bestimmung der Flächen, resp. der Berechnung der bestimmten Integrale, kann ein beliebiger Startwert τ gewählt werden. Entscheidend ist nur, dass das Integrationsintervall genau eine Periodendauer T umfasst.

7.10   Scheitel- und Formfaktor

Bei einer reinen Wechselspannung wird das Verhältnis von Spitzenwert $\hat{U}$ zu Effektivwert U als Scheitelfaktor (engl.: crest factor) bezeichnet,

$$\mathrm{SF} = \frac{\hat{U}}{U}.$$

Der Scheitelfaktor spielt in der Messtechnik eine bedeutende Rolle. Je höher der Scheitelfaktor ist, desto schwieriger ist die messtechnische Bestimmung des Effektivwerts. Eine grosse Relevanz hat er auch in der Sendetechnik. In der Regel muss ein Sender so ausgelegt werden, dass er auch den Spitzenwert noch linear verstärkt. Andererseits ist die mittlere Sendeleistung vom Effektivwert abhängig. Ein grosser Scheitelfaktor ist deshalb unerwünscht. Und nicht zuletzt ist der gleiche Effekt auch bei der Quantisierung von Signalen in einem Analog–Digital-Wandler von Bedeutung. Je grösser der Scheitelfaktor, desto schlechter ist das durch das Quantisierungsrauschen verursachte Signal-zu-Rauschverhältnis.

Das Verhältnis des Effektivwerts zum Gleichrichtmittelwert wird als Formfaktor

$$\mathrm{FF} = \frac{U}{\overline{|u(t)|}}$$

bezeichnet.

Bei einem Drehspulinstrument mit idealem Brückengleichrichter ist der Ausschlag des Zeigers proportional zum Gleichrichtmittelwert des Stroms. Ist der Formfaktor von u(t) bekannt, so kann daraus der Effektivwert bestimmt werden

$$U = \mathrm{FF} \cdot \overline{|u(t)|}.$$

Sowohl der Scheitelfaktor als auch der Formfaktor sind immer grösser oder gleich eins.

7.11   Sinusförmige Spannungen und Ströme

Eine sinusförmige Spannung ist von der Form

$$u(t) = \hat{U} \cdot \sin(\omega \cdot t + \varphi).$$

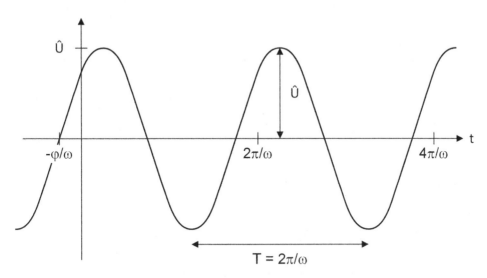

Abb. 7.11 Parameter eines sinusförmigen Signals

Die Bedeutung der einzelnen Parameter geht aus Abb. 7.11 hervor.

Û: Amplitude oder Scheitelwert der Spannung

Die sinusförmige Spannung u(t) schwankt zwischen dem Minimalwert $-\hat{U}$ und dem Maximalwert $+\hat{U}$. Ein negativer Wert von $\hat{U}$ bewirkt eine Spiegelung an der t-Achse.

ω: Kreisfrequenz

Gibt an, welchen Winkel (in Radiant) das Argument der Sinusfunktion pro Zeiteinheit durchläuft. Der zeitliche Verlauf der Spannung wiederholt sich mit der der Periodendauer T. Dies bedeutet, dass sich das Argument der Sinusfunktion in diesem Zeitraum um den Winkel $2 \cdot \pi$ verändert hat. Es gilt deshalb folgender Zusammenhang zwischen der Kreisfrequenz ω und der Periodendauer T

$$\omega \cdot T = 2 \cdot \pi$$

beziehungsweise

$$\omega = \frac{2 \cdot \pi}{T}.$$

Der Kehrwert der Periodendauer ist definiert als die Frequenz f der Schwingung. Somit gilt

$$\omega = 2 \cdot \pi \cdot f.$$

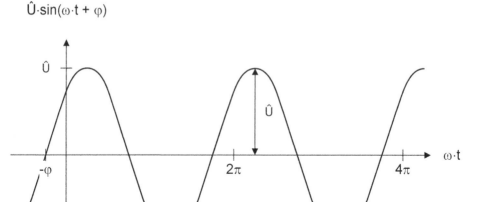

Abb. 7.12 Sinusförmiges Signal in Funktion von $\omega \cdot t$

φ: Phasenwinkel, Nullphasenwinkel

Beschreibt die Verschiebung der Sinusfunktion gegenüber dem Zeitnullpunkt. Ein positiver Phasenwinkel entspricht einer Verschiebung nach links.

Häufig wird der zeitliche Verlauf der Spannung nicht in Funktion der Zeit t sondern wie in Abb. 7.12 in Funktion von $\omega \cdot t$ aufgezeichnet. Dies hat den Vorteil, dass der Graph nicht mehr von der Kreisfrequenz ω abhängt.

Wie man sofort erkennt, ist der arithmetische Mittelwert einer sinusförmigen Spannung gleich null.

Der Gleichrichtwert einer Funktion u(t) wird durch eine zeitliche Verschiebung nicht geändert. Um den Gleichrichtwert einer sinusförmigen Spannung zu bestimmen, kann deshalb ohne Verlust der Allgemeinheit der Phasenwinkel $\varphi = 0$ gewählt werden (Abb. 7.13).

Es genügt offensichtlich, den Bereich $0 \le t \le \pi/\omega$ zu betrachten. In diesem Intervall ist die Funktion $\hat{U} \cdot \sin(\omega \cdot t)$ ohnehin positiv, die Betragsbildung kann also entfallen. Mit der Stammfunktion

$$U(t) = -\frac{\hat{U}}{\omega} \cdot \cos(\omega \cdot t)$$

resultiert für die schraffierte Fläche

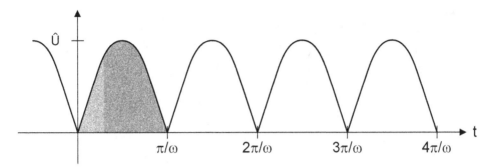

Abb. 7.13 Gleichgerichtetes Sinussignal

$$\int\limits_0^{\frac{\pi}{\omega}} \hat{U} \cdot \sin(\omega \cdot t)\, dt = U\left(\frac{\pi}{\omega}\right) - U(0)$$

$$= -\frac{\hat{U}}{\omega} \cdot \cos(\pi) + \frac{\hat{U}}{\omega} \cdot \cos(0)$$

$$= \frac{2 \cdot \hat{U}}{\omega}.$$

Damit ergibt sich für den Gleichrichtwert

$$\overline{|u(t)|} = \frac{\omega}{\pi} \cdot \int\limits_0^{\frac{\pi}{\omega}} \hat{U} \cdot \sin(\omega \cdot t)\, dt = \frac{\omega}{\pi} \cdot \frac{2 \cdot \hat{U}}{\omega} = \frac{2 \cdot \hat{U}}{\pi}.$$

Der Effektivwert der sinusförmigen Spannung

$$u(t) = \hat{U} \cdot \sin\left(\frac{2\pi}{T} \cdot t\right)$$

wird gemäss Definition mit der Beziehung

$$U = \sqrt{\frac{1}{T} \cdot \int\limits_0^T u^2(t)\, dt}$$

berechnet. Das bestimmte Integral entspricht der in Abb. 7.14 schraffierten Fläche. Diese ist halb so gross wie die Fläche des gestrichelten Rechtecks und beträgt somit

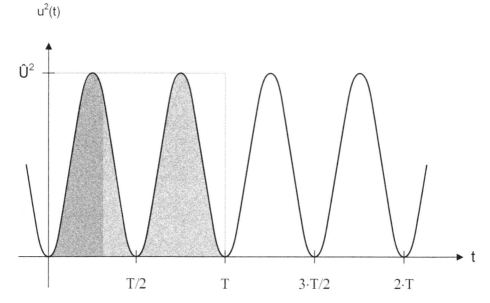

Abb. 7.14 Zur Berechnung des Effektivwerts einer sinusförmigen Spannung

$$\frac{\hat{U}^2 \cdot T}{2}.$$

Damit erhält man für den Effektivwert einer sinusförmigen Spannung

$$U = \sqrt{\frac{1}{T} \cdot \frac{\hat{U}^2 \cdot T}{2}}$$
$$= \frac{\hat{U}}{\sqrt{2}}.$$

In der Tab. 7.2 sind die wesentlichen Kenngrössen für sinusförmige Spannungen nochmals zusammengefasst.

Tab. 7.2 Kenngrössen von sinusförmigen Spannungen

Bezeichnung	Wert für eine sinusförmige Spannung
Mittelwert	$\overline{u(t)} = 0$
Gleichrichtwert	$\overline{|u(t)|} = \frac{2}{\pi} \cdot \hat{U} = 0.637 \cdot \hat{U}$
Effektivwert	$U = \frac{1}{\sqrt{2}} \cdot \hat{U} = 0.707 \cdot \hat{U}$
Scheitelfaktor	$\mathrm{SF} = \frac{\hat{U}}{U} = \sqrt{2} = 1.414$
Formfaktor	$\mathrm{FF} = \frac{U}{\overline{|u(t)|}} = \frac{\pi}{2 \cdot \sqrt{2}} = 1.111$

Abb. 7.15 Aufbau eines
Drehspulinstruments

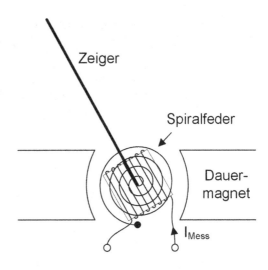

7.12   Messen von Wechselgrössen

7.12.1 Drehspulinstrument

In einem Drehspulinstrument befindet sich eine drehbare Spule in einem konstanten
Magnetfeld eines Dauermagneten (Abb. 7.15). Ein Messstrom, welcher durch die Spule
fliesst, erzeugt ebenfalls ein Magnetfeld. Aus der Wechselwirkung der beiden Magnetfelder resultiert eine Kraft, welche eine Drehbewegung der Spule bewirkt. Die Spann-
kraft einer Spiralfeder wirkt dieser Kraft entgegen, so dass sich schliesslich – abhängig
vom Strom – ein definierter Zeigerausschlag ergibt.

Der Zeigerausschlag ist grundsätzlich proportional zum Messstrom. Schnellen
Änderungen des Stroms vermag der Zeiger aufgrund seiner mechanischen Trägheit
jedoch nicht zu folgen, weshalb das Drehspulinstrument den zeitlichen Mittelwert des
Stroms anzeigt.

Bei reinem Wechselstrom ist der zeitliche Mittelwert laut Definition gleich null, man
beobachtet deshalb keinen Zeigerausschlag. Um Wechselströme messen zu können,
muss der Strom zuvor gleichgerichtet werden. Der Zeigerausschlag ist in diesem Fall
proportional zum zeitlichen Mittelwert des gleichgerichteten Stroms oder, mit andern
Worten, zum Gleichrichtwert.

In der Regel ist man weniger am Gleichrichtwert als vielmehr am Effektivwert des
Stroms interessiert. Ist der zeitliche Verlauf des Stroms bekannt, so können diese beiden
Grössen über den Formfaktor ineinander umgerechnet werden. Bei sinusförmigen
Grössen ist der Effektivwert beispielsweise um dem Faktor 1.11 grösser als der Gleich-
richtwert. Durch eine entsprechende Beschriftung der Skala kann daher erreicht werden,

dass das Drehspulinstrument den Effektivwert anzeigt. Da diese Skalierung vom Formfaktor abhängt, ist die Anzeige nur für sinusförmige Grössen[2] korrekt.

▶ Ein für sinusförmige Wechselgrössen geeichtes Drehspulinstrument zeigt das
   1.11-fache des Gleichrichtwerts an. Bei sinusförmigen Grössen entspricht
   diese Anzeige gerade dem Effektivwert der Messgrösse.

7.12.2 Dreheiseninstrument

In einem Dreheiseninstrument werden die Abstossungskräfte zwischen zwei
magnetisierten Eisenblättchen genutzt. Diese Kräfte sind proportional zum Quadrat des
Messstroms. Aus diesem Grund können reine Wechselgrössen ohne vorherige Gleichrichtung gemessen werden. Wiederum bewirkt die mechanische Trägheit des Zeigers
eine Mittelwertbildung. Der Zeigerausschlag ist demnach vom mittleren Wert des
quadrierten Messstroms

$$I^2 = \frac{1}{T} \cdot \int\limits_0^T i^2(t)\, dt$$

abhängig. Dies entspricht gerade dem Quadrat des Effektivwerts. Durch entsprechende
Beschriftung der Skala wird erreicht, dass das Dreheiseninstrument den Effektivwert der
Messgrösse anzeigt.

▶ Das Dreheiseninstrument zeigt – unabhängig vom zeitlichen Verlauf – den
   Effektivwert des Messstroms an.

7.12.3 Echte Effektivwertmessung (True RMS)

Zur echten, von der Kurvenform unabhängigen Messung des Effektivwerts kann die
Definitionsgleichung

$$F = \sqrt{\frac{1}{T} \cdot \int\limits_0^T f^2(t)\, dt}$$

---

[2]Die Anzeige ist nur dann für nichtsinusförmige Grössen korrekt, wenn diese zufällig den Formfaktor 1.11 aufweisen.

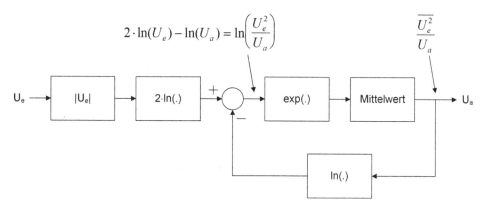

Abb. 7.16 Rechnerische Ermittlung des Effektivwerts

elektronisch nachgebildet werden. Entsprechende integrierte Schaltungen sind käuflich erhältlich. Wie Abb. 7.16 zeigt, wird die rechnerische Ermittlung des Effektivwerts dabei in der Regel mit Hilfe von Logarithmen durchgeführt.

Im eingeschwungenen Zustand ist U_a konstant. Daraus folgt

$$U_a = \frac{\overline{U_e^2}}{U_a},$$

beziehungsweise

$$U_a = \sqrt{\overline{U_e^2}},$$

was gerade dem Effektivwert der Eingangsspannung entspricht.

Elementare Zweipole

8

▶ Es gibt drei Zweipole, die in der Elektrotechnik eine zentrale Rolle spielen: der ohmsche Widerstand, die Induktivität und die Kapazität. Deren Verhalten wird jeweils durch eine Gleichung definiert, die den Zusammenhang zwischen den zeitlichen Verläufen von Spannung und Strom allgemeingültig beschreibt. Oft ist das Verhalten dieser Zweipole bei sinusförmiger Anregung von Interesse. Dieses lässt sich aus den Definitionsgleichungen herleiten.

8.1 Definitionen

Die Schaltbilder der elementaren Zweipole ohmscher Widerstand, Induktivität und Kapazität sind in Abb. 8.1 abgebildet.

8.1.1 Ohmscher Widerstand

▶ **Ohmscher Widerstand**
Ein ohmscher Widerstand ist definiert als Zweipol, bei dem die Spannung u(t) und der Strom i(t) zueinander proportional sind. Es gilt demnach die Beziehung

$$u(t) = R \cdot i(t),$$

welche für beliebige zeitliche Verläufe Gültigkeit hat. Die Proportionalitätskonstante R wird als Widerstandswert bezeichnet und hat die Dimension 1 Ohm.

Abgesehen von wenigen Aussnahmen ist der Widerstandswert R positiv, woraus folgt, dass Spannung und Strom zu allen Zeiten das gleiche Vorzeichen besitzen. Die Momentanleistung

© Springer Fachmedien Wiesbaden GmbH, ein Teil von Springer Nature 2021
M. Hufschmid, *Grundlagen der Elektrotechnik*,
https://doi.org/10.1007/978-3-658-30386-0_8

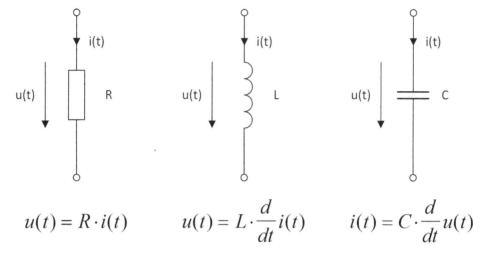

$$u(t) = R \cdot i(t) \qquad u(t) = L \cdot \frac{d}{dt} i(t) \qquad i(t) = C \cdot \frac{d}{dt} u(t)$$

Abb. 8.1 Schaltbilder von ohmschem Widerstand (R), Induktivität (L) und Kapazität (C)

$$p(t) = u(t) \cdot i(t) = \frac{u^2(t)}{R} = i^2(t) \cdot R$$

nimmt in diesem Fall keine negativen Werte an und damit ist auch der zeitliche Mittelwert der Leistung, die sogenannte Wirkleistung, immer grösser oder gleich null.

8.1.2 Induktivität

▶ **Induktivität**
Ein Zweipol, bei dem die Spannung proportional zur zeitlichen Ableitung des Stroms ist, wird als Induktivität bezeichnet. Es gilt also die Beziehung

$$u(t) = L \cdot \frac{d}{dt} i(t).$$

Der Proportionalitätsfaktor L, welcher ebenfalls Induktivität genannt wird, hat die Dimension

$$[L] = \frac{V \cdot s}{A} = \Omega \cdot s,$$

wofür man zu Ehren des US-amerikanischen Physikers Joseph Henry (1797–1878) die Abkürzung

$$1\,\Omega \cdot s = 1\,\text{Henry} = 1\,\text{H}$$

verwendet.

Die Spannung über einer Induktivität ist von der zeitlichen Änderung des Stroms abhängig. Bei konstantem Strom, $i(t) = I_0$, ist die Spannung über der Induktivität gleich null. Je schneller der Strom $i(t)$ ändert, desto grösser ist die Spannung $u(t)$. Eine sprunghafte Änderung des Stroms würde eine unendlich hohe Spannung voraussetzen, was in der Realität ausgeschlossen ist.

Ist der zeitliche Verlauf der Spannung gegeben, so kann der Strom mit der Beziehung

$$i(t) = \frac{1}{L} \cdot \int_0^t u(\tau)\, d\tau + i(0)$$

gefunden werden[1]. Dazu ist die Kenntnis des zum Zeitpunkt $t = 0$ in der Induktivität fliessenden Stroms $i(0)$ notwendig. Das bestimmte Integral

$$\int_0^t u(\tau)\, d\tau$$

bezeichnet die Fläche unter dem zeitlichen Verlauf der Spannung $u(\tau)$ zwischen den Grenzen $\tau = 0$ und $\tau = t$.

Passive Bauelemente, die sich im Wesentlichen wie eine Induktivität verhalten, werden als Spulen bezeichnet.

8.1.3 Kapazität

▶ **Kapazität**

Ist bei einem Zweipol der Strom proportional zur zeitlichen Ableitung der Spannung, so spricht man von einer Kapazität. Es gilt in diesem Fall

$$i(t) = C \cdot \frac{d}{dt} u(t).$$

Der Proportionalitätsfaktor C, welcher ebenfalls Kapazität genannt wird, hat die Dimension

$$[C] = \frac{A \cdot s}{V} = \frac{s}{\Omega},$$

---

[1]Wir haben uns hier die Freiheit genommen, den zeitlichen Verlauf der Spannung mit $u(\tau)$ zu bezeichnen. Dadurch wird eine Verwechslung zwischen der Integrationsvariablen τ und der Integrationsgrenze t vermieden. Für die Integration ist es ganz offensichtlich gleichgültig, ob der zeitliche Verlauf der Spannung mit $u(t)$, $u(\tau)$ oder beispielsweise auch mit $u(\heartsuit)$ bezeichnet wird.

wofür man zu Ehren des englischen Physikers Michael Faraday (1791–1867) die
Abkürzung

$$1 \, \frac{\text{s}}{\Omega} = 1 \, \text{Farad} = 1 \, \text{F}$$

verwendet.

Der Strom durch die Kapazität ist von der zeitlichen Änderung der Spannung abhängig.
Bei konstanter Spannung, $u(t) = U_0$, ist der Strom durch die Kapazität gleich null. Je
schneller die Spannung $u(t)$ ändert, desto grösser ist der Strom $i(t)$. Eine sprunghafte
Änderung der Spannung würde einen unendlich hohen Strom voraussetzen, was in der
Realität ausgeschlossen ist.

Ist der zeitliche Verlauf des Stroms gegeben, so kann die Spannung mit der Beziehung

$$u(t) = \frac{1}{C} \cdot \int_0^t i(\tau) \, d\tau + u(0)$$

gefunden werden. Dazu ist die Kenntnis des zum Zeitpunkt $t = 0$ über der Kapazität
anliegenden Spannung $u(0)$ notwendig. Das bestimmte Integral

$$\int_0^t i(\tau) \, d\tau$$

bezeichnet die Fläche unter dem zeitlichen Verlauf des Stroms $i(\tau)$ zwischen den
Grenzen $\tau = 0$ und $\tau = t$.

Passive Bauelemente, die sich im Wesentlichen wie eine Kapazität verhalten, werden
als Kondensator bezeichnet.

8.2   Verhalten bei sinusförmigen Spannungen und Strömen

8.2.1   Ohmscher Widerstand

Bei einem ohmschen Widerstand unterscheiden sich Spannung und Strom nur durch den
Faktor R. Bei einem sinusförmigen Verlauf der Spannung

$$u(t) = \hat{U} \cdot \sin(\omega \cdot t)$$

ist deshalb auch der Strom sinusförmig und beträgt

$$\begin{aligned}
i(t) &= \frac{u(t)}{R} \\
&= \frac{\hat{U} \cdot \sin(\omega \cdot t)}{R} \\
&= \hat{I} \cdot \sin(\omega \cdot t).
\end{aligned}$$

Abb. 8.2 Verlauf von
Spannung, Strom und
Leistung bei einem ohmschen
Widerstand

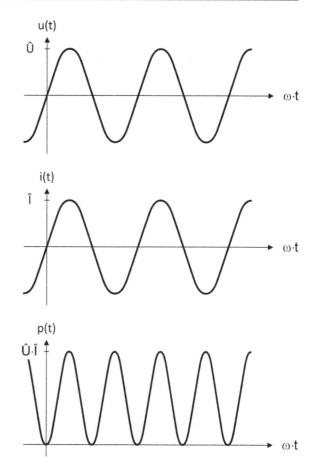

Für den zeitlichen Verlauf der Leistung resultiert

$$
\begin{aligned}
p(t) &= u(t) \cdot i(t) \\
&= \hat{U} \cdot \hat{I} \cdot \sin^2(\omega \cdot t) \\
&= \tfrac{\hat{U} \cdot \hat{I}}{2} \cdot [1 - \cos(2 \cdot \omega \cdot t)].
\end{aligned}
$$

Bei der zeitlichen Mittelwertbildung fällt der Term cos $(2{\cdot}\omega{\cdot}t)$ weg. Für die Wirkleistung
ergibt sich demnach

$$
P = \frac{\hat{U} \cdot \hat{I}}{2} = U \cdot I = \frac{U^2}{R} = I^2 \cdot R,
$$

wobei $U = \hat{U}/\sqrt{2}$ und $I = \hat{I}/\sqrt{2}$ die jeweiligen Effektivwerte bezeichnen.

Die zeitlichen Verläufe von Spannung, Strom und Momentanleistung über einem
ohmschen Widerstand sind in Abb. 8.2 dargestellt.

Das Verhalten des ohmschen Widerstands bei sinusförmiger Anregung kann wie folgt
zusammengefasst werden.

▶ **Ohmscher Widerstand bei sinusförmiger Anregung**

Die Phasendifferenz zwischen Spannung und Strom ist gleich null. Die beiden Kurven unterscheiden sich nur in ihren Amplituden.

Das Verhältnis der Amplituden (und Effektivwerte) von Spannung und Strom ist gegeben durch den Widerstandswert

$$R = \frac{\hat{U}}{\hat{I}} = \frac{U}{I}.$$

Dieses Verhältnis ist nicht von der Frequenz abhängig.

Im Widerstand wird eine Wirkleistung

$$P = \frac{\hat{U} \cdot \hat{I}}{2} = U \cdot I = \frac{U^2}{R} = I^2 \cdot R$$

in Wärme umgewandelt.

8.2.2 Induktivität

Ist bei einer Induktivität der Strom durch

$$i(t) = \hat{I} \cdot \sin(\omega \cdot t)$$

gegeben, so kann die entsprechende Spannung mit Hilfe der Definitionsformel bestimmt werden

$$\begin{aligned}
u(t) &= L \cdot \tfrac{d}{dt} i(t) \\
&= \omega \cdot L \cdot \hat{I} \cdot \cos(\omega \cdot t) \\
&= \omega \cdot L \cdot \hat{I} \cdot \sin\left(\omega \cdot t + \tfrac{\pi}{2}\right) \\
&= \hat{U} \cdot \sin\left(\omega \cdot t + \tfrac{\pi}{2}\right).
\end{aligned}$$

In Bezug auf den Strom ist die Spannung offensichtlich um π/2 oder eine Viertel Periode nach links verschoben. Da der Spannungsverlauf sein Maximum jeweils früher erreicht, spricht man von einer um π/2 vorauseilenden Spannung. Es muss hier aber betont werden, dass diese Aussage nur bei sinusförmigen Spannungen und Strömen Sinn macht!

Das Verhältnis zwischen den Amplituden von Spannung und Strom

$$Z_L = \frac{\hat{U}}{\hat{I}} = \omega \cdot L$$

wird als Scheinwiderstand der Induktivität bezeichnet. Dieser nimmt proportional zur Kreisfrequenz ω = 2·π·f zu.

Wie gewohnt erhält man die Momentanleistung aus dem Produkt von Spannung und Strom

$$
\begin{aligned}
p(t) &= u(t) \cdot i(t) \\
&= \hat{U} \cdot \sin\left(\omega \cdot t + \tfrac{\pi}{2}\right) \cdot \hat{I} \cdot \sin(\omega \cdot t) \\
&= \tfrac{\hat{U} \cdot \hat{I}}{2} \cdot \sin(2 \cdot \omega \cdot t).
\end{aligned}
$$

Offenbar wird im zeitlichen Mittel keine Leistung in der Induktivität in Wärme umgewandelt. Vielmehr beobachtet man einen dauernden Leistungsaustausch zwischen Quelle und Induktivität. Die Amplitude dieser Leistungsschwingung

$$
Q = \frac{\hat{U} \cdot \hat{I}}{2}
$$

wird als Blindleistung bezeichnet[2].

Die zeitlichen Verläufe von Spannung, Strom und Momentanleistung über einer Induktivität sind in Abb. 8.3 wiedergegeben.

Das Verhalten der Induktivität bei sinusförmiger Anregung kann wie folgt zusammengefasst werden.

▶ **Induktivität bei sinusförmiger Anregung**

Die an einer Induktivität anliegende Spannung eilt dem Strom um π/2 voraus. Der zeitliche Verlauf der Spannung ist gegenüber dem Strom um eine Viertel Periode nach links verschoben.

Das Verhältnis der Amplituden (und Effektivwerte) von Spannung und Strom ist gegeben durch den induktiven Scheinwiderstand

$$
Z_L = \frac{\hat{U}}{\hat{I}} = \frac{U}{I} = \omega \cdot L.
$$

Der Scheinwiderstand wächst proportional mit der Frequenz. Bei Gleichspannung ist der Scheinwiderstand einer Induktivität gleich null.

In der Induktivität wird keine Wirkleistung umgesetzt. Vielmehr findet ein dauernder Leistungsaustausch zwischen Quelle und Induktivität statt.

8.2.3 Kapazität

Liegt an einer Kapazität eine sinusförmige Spannung

$$
u(t) = \hat{U} \cdot \sin\left(\omega \cdot t\right)
$$

---

[2]Genau genommen besitzt die Blindleistung auch ein Vorzeichen. Eine exaktere Definition folgt später.

Abb. 8.3 Zeitlicher Verlauf
von Spannung, Strom und
Leistung bei einer Induktivität

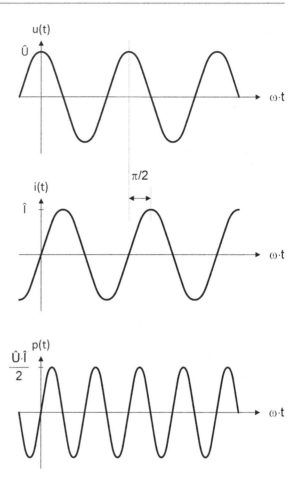

an, so ergibt sich der entsprechende Strom aus der Beziehung

$$i(t) = C \cdot \frac{d}{dt}u(t)$$
$$= \omega \cdot C \cdot \hat{U} \cdot \cos{(\omega \cdot t)}$$
$$= \omega \cdot C \cdot \hat{U} \cdot \sin{\left(\omega \cdot t + \frac{\pi}{2}\right)}$$
$$= \hat{I} \cdot \sin{\left(\omega \cdot t + \frac{\pi}{2}\right)}.$$

Im Vergleich zur Spannung ist der Strom offensichtlich um $\pi/2$ oder eine Viertel Periode nach links verschoben. Da der Spannungsverlauf sein Maximum jeweils später erreicht, spricht man von einer um $\pi/2$ nacheilenden Spannung.

Das Verhältnis zwischen den Amplituden von Spannung und Strom

$$Z_C = \frac{\hat{U}}{\hat{I}} = \frac{1}{\omega \cdot C}$$

Abb. 8.4 Zeitlicher Verlauf von Spannung, Strom und Leistung bei einer Kapazität

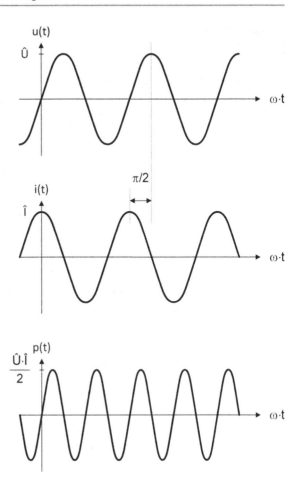

wird als Scheinwiderstand der Kapazität bezeichnet. Mit zunehmender Frequenz nimmt der kapazitive Scheinwiderstand stetig ab.

Wie gewohnt erhält man die Momentanleistung aus dem Produkt aus Spannung und Strom,

$$
\begin{aligned}
p(t) &= u(t) \cdot i(t) \\
&= \hat{U} \cdot \sin\left(\omega \cdot t + \frac{\pi}{2}\right) \cdot \hat{I} \cdot \sin(\omega \cdot t) \\
&= \frac{\hat{U} \cdot \hat{I}}{2} \cdot \sin(2 \cdot \omega \cdot t).
\end{aligned}
$$

Offenbar wird im zeitlichen Mittel keine Leistung in der Kapazität in Wärme umgewandelt. Vielmehr beobachtet man einen dauernden Leistungsaustausch zwischen Quelle und Kapazität.

Die zeitlichen Verläufe von Spannung, Strom und Momentanleistung über einer Kapazität sind in Abb. 8.4 dargestellt.

Das Verhalten der Kapazität bei sinusförmiger Anregung kann wie folgt zusammengefasst werden.

▶   **Kapazität bei sinusförmiger Anregung**
Die an einer Kapazität anliegende Spannung eilt dem Strom um $\pi/2$ nach. Der zeitliche Verlauf der Spannung ist gegenüber dem Strom um eine Viertel Periode nach rechts verschoben.

Das Verhältnis der Amplituden (und Effektivwerte) von Spannung und Strom ist gegeben durch den kapazitiven Scheinwiderstand

$$Z_C = \frac{\hat{U}}{\hat{I}} = \frac{U}{I}\bigg|_C = \frac{1}{\omega \cdot C}.$$

Der Scheinwiderstand nimmt mit steigender Frequenz ab. Bei Gleichspannung ist der Scheinwiderstand einer Kapazität unendlich hoch.

In der Kapazität wird keine Wirkleistung umgesetzt. Vielmehr findet ein dauernder Leistungsaustausch zwischen Quelle und Kapazität statt.

Lineare Netzwerke mit sinusförmiger Anregung

▶ Da sich nahezu alle periodischen Signale in eine Summe von sinusförmigen Signalen zerlegen lassen, ist die sinusförmige Anregung ein sehr wichtiger Spezialfall bei der Analyse von linearen Netzwerken. Als zentrales Werkzeug erweist sich hier die komplexe Wechselstromberechnung. Dabei werden Amplituden- und Phasenwerte in Form von komplexen Zeigern dargestellt, was die Berechnungen immens erleichtert.

9.1   Grundgesetze

Bei der Behandlung von Netzwerken mit konstanten Spannungen und Strömen haben wir festgestellt, dass zur Analyse eines linearen Netzwerks drei Arten von Beziehungen verwendet werden:

- Knotenregel: Die Summe aller in einen Knoten hineinfliessenden Ströme ist gleich null. Die Knotenregel liefert einen Zusammenhang zwischen den Strömen im Netzwerk.
- Maschenregel: Die Summe aller Spannungen entlang einer Masche ist gleich null. Die Maschenregel liefert einen Zusammenhang zwischen den Spannungen im Netzwerk.
- Eigenschaften der Bauelemente: Der Zusammenhang zwischen den Spannungen und Strömen im Netzwerk ist von den Eigenschaften der Bauelemente abhängig.

Diese Gesetzmässigkeiten behalten ihre Gültigkeit auch bei zeitlich veränderlichen Spannungen und Strömen bei. Die Knoten- und die Maschenregel müssen in diesem Fall für alle Zeiten t erfüllt sein und lauten deshalb

© Springer Fachmedien Wiesbaden GmbH, ein Teil von Springer Nature 2021
M. Hufschmid, *Grundlagen der Elektrotechnik*,
https://doi.org/10.1007/978-3-658-30386-0_9

Knotenregel:

$$\sum_k i_k(t) = 0$$

Maschenregel:

$$\sum_k u_k(t) = 0$$

Im Folgenden beschränken wir uns auf sinusförmige Anregung, d. h. die unabhängigen Quellen des Netzwerks erzeugen Spannungen (oder Ströme) der Form

$$u_k(t) = \hat{U}_k \cdot \sin(\omega \cdot t + \varphi_k)$$

beziehungsweise

$$i_k(t) = \hat{I}_k \cdot \sin(\omega \cdot t + \varphi_k).$$

Die Quellen können unterschiedliche Amplituden und Phasenlagen aufweisen, hingegen setzen wir vorläufig voraus, dass alle unabhängigen Quellen die gleiche Kreisfrequenz ω besitzen.

Bei ohmschen Widerständen, Induktivitäten und Kapazitäten hat eine sinusförmige Spannung auch wieder einen sinusförmigen Stromverlauf zur Folge. Dabei ändert im Allgemeinen die Amplitude und die Phasenlage, die Kreisfrequenz ω bleibt jedoch gleich.

Beim Aufstellen der Knoten- und Maschenregeln werden stets Summen von Strömen, beziehungsweise von Spannungen gebildet. Die folgende, recht aufwendige Berechnung zeigt, dass aus der Addition zweier sinusförmigen Grössen mit gleicher Kreisfrequenz ω wiederum ein sinusförmiges Signal mit der Kreisfrequenz ω resultiert.

$$A_1 \cdot \sin(\omega t + \varphi_1) + A_2 \cdot \sin(\omega t + \varphi_2)$$
$$= A_1 \cdot [\sin(\omega t) \cdot \cos(\varphi_1) + \cos(\omega t) \cdot \sin(\varphi_1)] + A_2 \cdot [\sin(\omega t) \cdot \cos(\varphi_2) + \cos(\omega t) \cdot \sin(\varphi_2)]$$
$$= \underbrace{[A_1 \cdot \cos(\varphi_1) + A_2 \cdot \cos(\varphi_2)]}_{=\alpha} \cdot \sin(\omega t) + \underbrace{[A_1 \cdot \sin(\varphi_1) + A_2 \cdot \sin(\varphi_2)]}_{=\beta} \cdot \cos(\omega t)$$
$$= \sqrt{\alpha^2 + \beta^2} \cdot \left[\frac{\alpha}{\sqrt{\alpha^2 + \beta^2}} \cdot \sin(\omega t) + \frac{\beta}{\sqrt{\alpha^2 + \beta^2}} \cdot \cos(\omega t) \right]$$
$$= \sqrt{\alpha^2 + \beta^2} \cdot \left[\cos\left(\arctan\left(\tfrac{\beta}{\alpha}\right)\right) \cdot \sin(\omega t) + \sin\left(\arctan\left(\tfrac{\beta}{\alpha}\right)\right) \cdot \cos(\omega t) \right]$$
$$= \sqrt{\alpha^2 + \beta^2} \cdot \left[\sin\left(\omega t + \arctan\left(\tfrac{\beta}{\alpha}\right)\right) \right]$$
$$= A_{\text{tot}} \cdot \sin(\omega t + \varphi_{\text{tot}})$$

$$(9.1)$$

Zusammenfassend lässt sich sagen, dass in einem Netzwerk, das nur aus Widerständen, Induktivitäten, Kapazitäten und Quellen besteht und das mit sinusförmigen Signalen der Kreisfrequenz ω gespeist wird, alle Spannungen und Ströme sinusförmig sind und die Kreisfrequenz ω besitzen. Dies trifft grundsätzlich auf alle linearen Netzwerke zu, da in ihnen das Überlagerungsprinzip gilt.

▶ **Lineares Netzwerk mit sinusförmiger Anregung**

Wird ein lineares Netzwerk mit sinusförmigen Spannungen und Strömen der Kreisfrequenz ω gespeist, so sind alle im Netzwerk auftretenden Spannungen und Ströme sinusförmig und zwar ebenfalls mit der Kreisfrequenz ω.

Diese Aussage kann so interpretiert werden, dass in einem linearen Netzwerk nur Frequenzen auftreten können, die durch unabhängige Quellen eingespeist werden. In einem linearen Netzwerk, das mit der Frequenz ω angeregt wird, weisen alle Spannungen und Ströme die gleiche Frequenz auf. Damit ist die Frequenz bekannt und muss nicht berechnet werden. Man kann sich also auf die Berechnung der Amplituden und Phasenlagen der Spannungen und Ströme beschränken.

9.2 Prinzip der komplexen Wechselstromrechnung

Die Herleitung in Gl. 9.1 zu Beginn dieses Kapitels zeigt, dass es grundsätzlich möglich ist, zwei sinusförmige Grössen gleicher Frequenz zu addieren und wieder als sinusförmige Grösse darzustellen. Gleichzeitig macht sie aber auch deutlich, dass dies mit vergleichsweise hohem Rechenaufwand verbunden ist. Glücklicherweise kann der rechnerische Umgang mit sinusförmigen Signalen mit Hilfe eines mathematischen Kunstgriffs sehr stark vereinfacht werden.

Als erstes sei daran erinnert, dass in einem linearen Netzwerk die Frequenz aller Spannungen und Ströme bekannt ist. Zu berechnen sind lediglich die Amplituden und Phasenlagen der gesuchten Grössen. Anstelle der schwierig zu handhabenden sinusförmigen Funktionen sucht man deshalb nach mathematischen Grössen, die es gestatten, diese beiden interessierenden Parameter einfacher darzustellen. Dazu bieten sich die komplexen Zahlen an, da diese – ähnlich wie die sinusförmigen Grössen – durch ihre Länge (= Betrag) und ihren Phasenwinkel beschrieben werden können. Die Darstellung einer sinusförmigen Grösse durch komplexe Zahlen führt zu einer bedeutenden Vereinfachung der Rechenoperationen und stellt die Grundlage zur einfachen Berechnung von Wechselstromnetzwerken dar. In Abb. 9.1 ist dieses Prinzip zusammengefasst.

Ein Verfahren, bei dem ein aufwendiges Problem so in ein einfacheres abgebildet wird, dass sich aus der Lösung des einfachen Problems wieder die Lösung des aufwendigeren Problems ermitteln lässt, wird allgemein als Transformation bezeichnet.

Bei der Analyse von Wechselstromnetzwerken werden die folgenden Operationen verwendet:

- Addition zweier sinusförmiger Grössen. Sowohl Knoten- als auch Maschenregel basieren auf dieser Operation.
- Multiplikation einer sinusförmigen Grösse mit einer Konstanten. Ein Beispiel ist das ohmsche Gesetz $u(t) = R \cdot i(t)$.

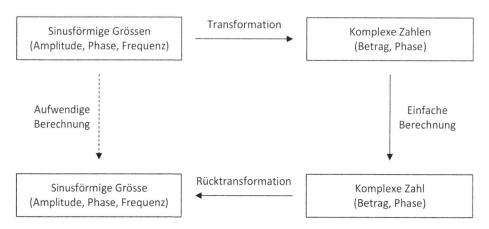

Abb. 9.1 Prinzip der komplexen Wechselstromrechnung

- Ableitung einer sinusförmigen Grösse nach der Zeit. Ein Beispiel ist die Definitionsgleichung der Induktivität.
- Zeitliche Integration einer sinusförmigen Grösse. Diese Operation beschreibt beispielsweise den Zusammenhang zwischen Strom und Spannung bei einer Kapazität.

Diese Operationen werden im Bereich der komplexen Zahlen durch andere, meist ein-
fachere Operationen ersetzt. Um welche es sich dabei handelt, soll in Kürze hergeleitet
werden.

Vorerst muss jedoch der Zusammenhang zwischen sinusförmiger Grösse und
komplexer Zahl eindeutig definiert werden. Es muss definiert werden, welche komplexe
Zahl beispielsweise der sinusförmigen Spannung mit der Amplitude Û, der Phasenlage φ
und der Kreisfrequenz ω entsprechen soll.

9.3   Komplexer Effektivwert einer sinusförmiger Grösse

Die Eulersche Formel

$$e^{j \cdot \alpha} = \cos(\alpha) + j \cdot \sin(\alpha)$$

stellt einen Zusammenhang zwischen Winkelfunktionen und der Exponentialfunktion
her. Es folgt, dass cos(α) als Realteil von $e^{j \cdot \alpha}$ dargestellt werden kann

$$\cos(\alpha) = \mathrm{Re}\left[e^{j \cdot \alpha}\right].$$

Eine sinusförmige Wechselspannung[1]

$$u(t) = \hat{U} \cdot \cos{(\omega \cdot t + \varphi)}$$

kann demnach wie folgt beschrieben werden,

$$u(t) = \hat{U} \cdot \mathrm{Re}\left[e^{j \cdot (\omega t + \varphi)}\right]$$
$$= \mathrm{Re}\left[\hat{U} \cdot e^{j\varphi} \cdot e^{j\omega t}\right]$$
$$= \mathrm{Re}\left[\underline{\hat{U}} \cdot e^{j\omega t}\right].$$

In dieser Formel hängt lediglich der Term $e^{j \cdot \omega \cdot t}$ von der Zeit t ab. Der Faktor $\underline{\hat{U}} = \hat{U} \cdot e^{j \cdot \varphi}$ ist eine von der Zeit unabhängige, komplexe Zahl. Sie wird als komplexe Amplitude der Wechselspannung bezeichnet und beinhaltet die entscheidende Information über die Amplitude $\hat{U}$ und die Phase φ der Spannung. Dagegen enthält der Term $e^{j \cdot \omega \cdot t}$ lediglich die uninteressante Frequenzinformation und kann deshalb ignoriert werden.

Der Betrag der komplexen Amplitude

$$\left|\underline{\hat{U}}\right| = \left|\hat{U} \cdot e^{j \cdot \varphi}\right| = \left|\hat{U}\right| \cdot \left|e^{j \cdot \varphi}\right| = \hat{U} \cdot 1 = \hat{U}$$

ist gleich der Amplitude der Wechselspannung. Der Phasenwinkel der komplexen Amplitude

$$\angle \underline{\hat{U}} = \angle \left(\hat{U} \cdot e^{j \cdot \varphi}\right) = \angle \hat{U} + \angle e^{j \cdot \varphi} = 0 + \varphi = \varphi$$

entspricht der Phasenlage der Wechselspannung.

In der Praxis wird die komplexe Amplitude $\underline{\hat{U}}$ selten verwendet, man rechnet vielmehr mit dem komplexen Effektivwert. Diese beiden komplexen Grössen unterscheiden sich um den Faktor $\sqrt{2}$.

▶ **Komplexer Effektivwert einer sinusförmigen Grösse**
Der komplexe Effektivwert U einer sinusförmigen Grösse

$$u(t) = \hat{U} \cdot \cos{(\omega \cdot t + \varphi)}$$

---

[1]Obwohl wir hier (wie üblich) die Cosinusfunktion verwenden, sprechen wir nach wie vor von einer sinusförmigen Grösse. Die beiden Winkelfunktionen unterscheiden sich ja lediglich durch ihre Phasenlage.

ist definiert als die komplexe Zahl

$$\underline{U} = \frac{\hat{U}}{\sqrt{2}} \cdot e^{j \cdot \varphi} = U \cdot e^{j \cdot \varphi}.$$

Der Betrag des komplexen Effektivwerts entspricht dem Effektivwert der sinusförmigen Grösse

$$|\underline{U}| = U = \frac{\hat{U}}{\sqrt{2}}.$$

Der Phasenwinkel des komplexen Effektivwerts entspricht dem Phasenwinkel von u(t)

$$\angle \underline{U} = \varphi.$$

Bei der obigen Definition ist zu beachten, dass die Phasenlage $\varphi = 0$ der Cosinusfunktion entspricht. Dies ist die in der Elektrotechnik gebräuchliche Vereinbarung.

Bei bekannter Kreisfrequenz ω kann der zeitliche Verlauf der sinusförmigen Grösse eindeutig aus dem komplexen Effektivwert ermittelt werden. Umgekehrt ordnet die obige Definition jeder sinusförmigen Grösse eindeutig eine komplexe Zahl zu. Der komplexe Effektivwert repräsentiert also den zeitlichen Verlauf einer sinusförmigen Grösse!

Beispiel

Die Abb. 9.2 zeigt Beispiele von komplexen Zeigern für verschiedene zeitliche Verläufe von sinusförmigen Spannungen. ◄

Wie jede komplexe Zahl kann auch der komplexe Effektivwert als Zeiger in der Gauss'schen Zahlenebene dargestellt werden. Der Realteil

$$\mathrm{Re}\left[\underline{U}\right] = \mathrm{Re}\left[U \cdot e^{j \cdot \varphi}\right] = U \cdot \cos(\varphi)$$

und der Imaginärteil

$$\mathrm{Im}\left[\underline{U}\right] = \mathrm{Im}\left[U \cdot e^{j \cdot \varphi}\right] = U \cdot \sin(\varphi)$$

des komplexen Effektivwerts bilden dabei die Komponenten des Zeigers.

9.4   Operationen

9.4.1   Addition zweier sinusförmigen Grössen

Wir betrachten zwei sinusförmige Grössen

$$u_1(t) = \hat{U}_1 \cdot \cos\left(\omega \cdot t + \varphi_1\right)$$

Funktion	Zeitlicher Verlauf	Komplexer Effektivwert	Zeiger-darstellung
$\hat{U} \cdot \cos(\omega \cdot t)$	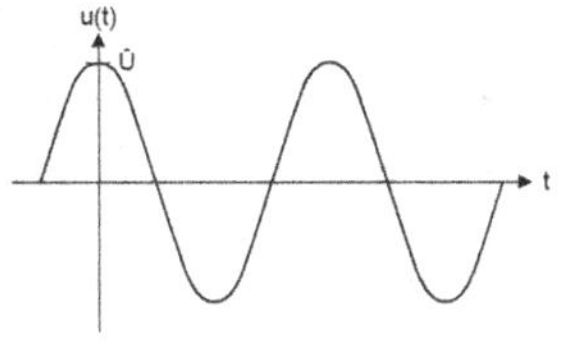	$\underline{U} = U = \dfrac{\hat{U}}{\sqrt{2}}$	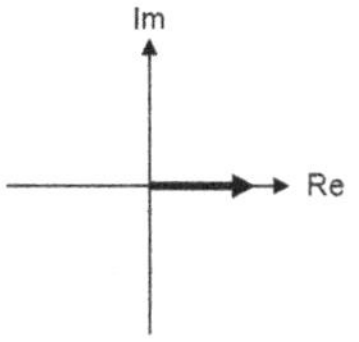
$-\hat{U} \cdot \cos(\omega \cdot t) =$ $\hat{U} \cdot \cos(\omega \cdot t + \pi)$	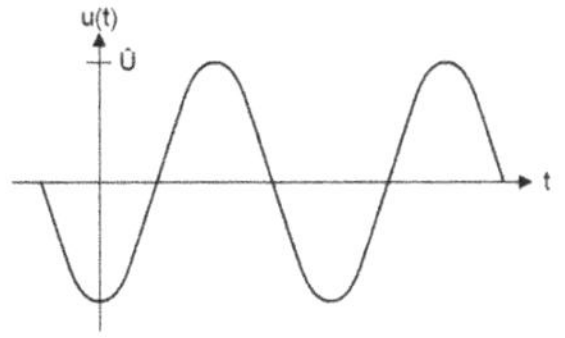	$\underline{U} = U \cdot e^{j \cdot \pi}$ $= -U$ $= -\dfrac{\hat{U}}{\sqrt{2}}$	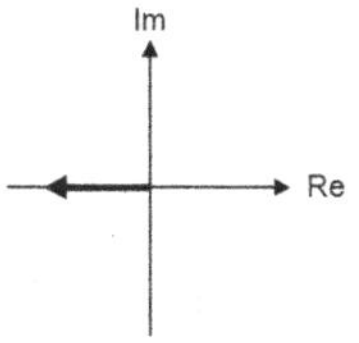
$\hat{U} \cdot \sin(\omega \cdot t)$ $= \hat{U} \cdot \cos\left(\omega \cdot t - \dfrac{\pi}{2}\right)$	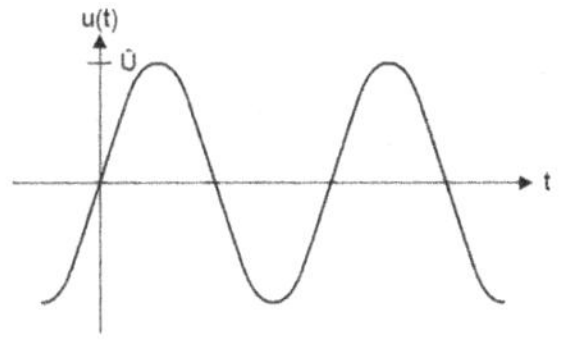	$\underline{U} = U \cdot e^{-j \cdot \frac{\pi}{2}}$ $= -j \cdot U$ $= -j \cdot \dfrac{\hat{U}}{\sqrt{2}}$	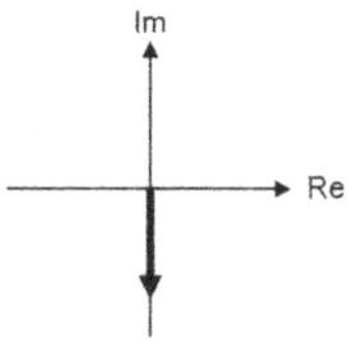
$\hat{U} \cdot \cos(\omega \cdot t + \varphi)$	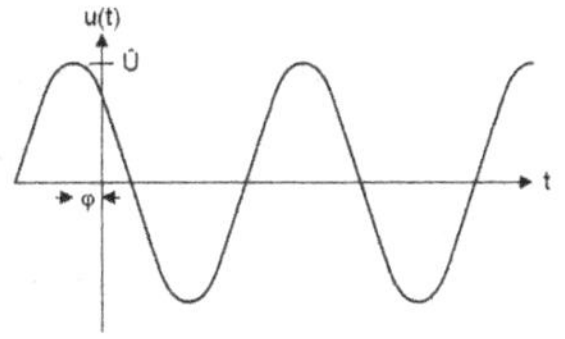	$\underline{U} = U \cdot e^{j \cdot \varphi}$ $= \dfrac{\hat{U}}{\sqrt{2}} \cdot e^{j \cdot \varphi}$	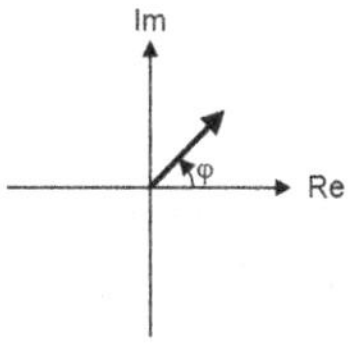

Abb. 9.2 Beispiele von komplexen Zeigern

und

$$u_2(t) = \hat{U}_2 \cdot \cos(\omega \cdot t + \varphi_2),$$

die zwar unterschiedliche Amplituden und Nullphasenwinkel aufweisen können, deren Kreisfrequenz jedoch identisch sei. Entsprechend der obigen Definition ordnen wir diesen beiden sinusförmigen Grössen je eine komplexe Amplitude zu

$$\underline{\hat{U}}_1 = \hat{U}_1 \cdot e^{j \cdot \varphi_1} = \underbrace{\hat{U}_1 \cdot \cos(\varphi_1)}_{\mathrm{Re}\left[\underline{\hat{U}}_1\right]} + j \cdot \underbrace{\hat{U}_1 \cdot \sin(\varphi_1)}_{\mathrm{Im}\left[\underline{\hat{U}}_1\right]},$$

$$\underline{\hat{U}}_2 = \hat{U}_2 \cdot e^{j \cdot \varphi_1} = \underbrace{\hat{U}_2 \cdot \cos(\varphi_2)}_{\mathrm{Re}\left[\underline{\hat{U}}_2\right]} + j \cdot \underbrace{\hat{U}_2 \cdot \sin(\varphi_2)}_{\mathrm{Im}\left[\underline{\hat{U}}_2\right]}.$$

Es ist bekannt, dass aus der Addition der beiden Schwingungen wiederum eine sinusförmige Grösse mit der Kreisfrequenz ω resultieren muss

$$\hat{U}_1 \cdot \cos(\omega \cdot t + \varphi_1) + \hat{U}_2 \cdot \cos(\omega \cdot t + \varphi_2) = \hat{U}_{\mathrm{tot}} \cdot \cos(\omega \cdot t + \varphi_{\mathrm{tot}})$$

und zwar mit der Amplitude

$$\hat{U}_{\mathrm{tot}} = \sqrt{\left[\hat{U}_1 \cdot \cos(\varphi_1) + \hat{U}_2 \cdot \cos(\varphi_2)\right]^2 + \left[\hat{U}_1 \cdot \sin(\varphi_1) + \hat{U}_2 \cdot \sin(\varphi_2)\right]^2}$$

und dem Nullphasenwinkel

$$\tan(\varphi_{\mathrm{tot}}) = \frac{\hat{U}_1 \cdot \sin(\varphi_1) + \hat{U}_2 \cdot \sin(\varphi_2)}{\hat{U}_1 \cdot \cos(\varphi_1) + \hat{U}_2 \cdot \cos(\varphi_2)}.$$

Diesem zeitlichen Verlauf wird ebenfalls eine komplexe Amplitude

$$\underline{\hat{U}}_{\mathrm{tot}} = \hat{U}_{\mathrm{tot}} \cdot e^{j \cdot \varphi_{\mathrm{tot}}}$$

zugeordnet. Wie nachfolgend gezeigt werden soll, ergibt sich die komplexe Amplitude $\underline{\hat{U}}_{\mathrm{tot}}$ der resultierenden Schwingung aus der Addition der komplexen Amplituden der beiden Einzelschwingungen.

Zur Berechnung der Summe zweier komplexer Zahlen werden die jeweiligen Real- und Imaginärteile addiert

$$\underline{\hat{U}}_1 + \underline{\hat{U}}_2 = \mathrm{Re}\left[\underline{\hat{U}}_1\right] + \mathrm{Re}\left[\underline{\hat{U}}_2\right] + j \cdot \left\{\mathrm{Im}\left[\underline{\hat{U}}_1\right] + \mathrm{Im}\left[\underline{\hat{U}}_2\right]\right\}$$

$$= \hat{U}_1 \cdot \cos(\varphi_1) + \hat{U}_2 \cdot \cos(\varphi_2) + j \cdot \left\{\hat{U}_1 \cdot \sin(\varphi_1) + \hat{U}_2 \cdot \sin(\varphi_2)\right\}.$$

Damit folgt für den Betrag

$$\left|\underline{U}_1 + \underline{U}_2\right| = \sqrt{\left[\hat{U}_1 \cdot \cos(\varphi_1) + \hat{U}_2 \cdot \cos(\varphi_2)\right]^2 + \left[\hat{U}_1 \cdot \sin(\varphi_1) + \hat{U}_2 \cdot \sin(\varphi_2)\right]^2}$$

$$= \hat{U}_{\mathrm{tot}}$$

und für den Phasenwinkel

$$\angle(\underline{U}_1 + \underline{U}_2) = \arctan\left(\frac{\hat{U}_1 \cdot \sin(\varphi_1) + \hat{U}_2 \cdot \sin(\varphi_2)}{\hat{U}_1 \cdot \cos(\varphi_1) + \hat{U}_2 \cdot \cos(\varphi_2)}\right)$$
$$= \varphi_{\text{tot}}.$$

Die Summe der komplexen Amplituden der beiden Einzelschwingungen ergibt also eine komplexe Zahl mit dem Betrag $\hat{U}_{\text{tot}}$ und dem Phasenwinkel φ_{tot}. Sie entspricht damit genau der komplexen Amplitude der Summe der Einzelschwingungen.

▶ **Addition von sinusförmigen Grössen**
Die Addition zweier sinusförmiger Grössen mit gleicher Frequenz entspricht im Bereich der komplexen Zeiger der Addition der entsprechenden komplexen Amplituden,

$$\hat{\underline{U}}_{\text{tot}} = \hat{\underline{U}}_1 + \hat{\underline{U}}_2.$$

Beispiel

Die zwei sinusförmigen Spannungen

$$u_1(t) = 10\text{ V} \cdot \cos\left(2 \cdot \pi \cdot 1\text{ kHz} \cdot t + \frac{\pi}{6}\right)$$

und

$$u_2(t) = 5\text{ V} \cdot \cos\left(2 \cdot \pi \cdot 1\text{ kHz} \cdot t - \frac{\pi}{4}\right)$$

werden addiert. Diese Summe ist wiederum eine sinusförmige Spannung mit der Frequenz $f = 1$ kHz. Deren Amplitude und Nullphasenwinkel sind zu bestimmen.

Den beiden sinusförmigen Spannungen werden die komplexen Amplituden

$$\hat{\underline{U}}_1 = 10\text{ V} \cdot e^{j \cdot \frac{\pi}{6}} = 10\text{ V} \cdot \left(\cos\left(\frac{\pi}{6}\right) + j \cdot \sin\left(\frac{\pi}{6}\right)\right) = 8.66\text{V} + j \cdot 5.00\text{V}$$

und

$$\hat{\underline{U}}_2 = 5\text{ V} \cdot e^{-j \cdot \frac{\pi}{2}} = 5\text{ V} \cdot \left(\cos\left(-\frac{\pi}{4}\right) + j \cdot \sin\left(-\frac{\pi}{4}\right)\right) = 3.54\text{ V} - j \cdot 3.54\text{ V}$$

zugeordnet. Die komplexe Amplitude der Summenspannung ergibt sich aus der Summe dieser komplexen Amplituden,

$$\hat{\underline{U}}_{\text{tot}} = \hat{\underline{U}}_1 + \hat{\underline{U}}_2$$
$$= 8.66\text{ V} + j \cdot 5.00\text{ V} + 3.54\text{ V} - j \cdot 3.54\text{ V}$$
$$= 12.2\text{ V} + j \cdot 1.46\text{ V}.$$

Daraus berechnet sich die Amplitude

$$\hat{U}_{\text{tot}} = \left| \underline{\hat{U}}_{\text{tot}} \right| = \sqrt{(12.2\,\text{V})^2 + (1.46\text{V})^2} = 12.29\,\text{V}$$

und der Nullphasenwinkel

$$\varphi_{\text{tot}} = \angle(12.2\,\text{V} + j \cdot 1.46\,\text{V}) = \arctan\left(\frac{1.46\,\text{V}}{12.2\,\text{V}}\right) = 0.119 \ \text{rad}.$$

Somit erhält man für die Summe der beiden gegebenen Spannungen den folgenden Verlauf

$$\begin{aligned} u_1(t) + u_2(t) &= \hat{U}_{\text{tot}} \cdot \cos\left(2 \cdot \pi \cdot 1\text{kHz} \cdot t + \varphi_{\text{tot}}\right) \\ &= 12.29\,\text{V} \cdot \cos\left(2 \cdot \pi \cdot 1\text{kHz} \cdot t + 0.119\right). \end{aligned}$$

Der zeitliche Verlauf der Spannungen sowie die Zeiger der dazugehörigen komplexen Amplituden sind in Abb. 9.3 zu sehen. ◄

9.4.2   Multiplikation einer sinusförmigen Grösse mit einer Konstanten

Wird eine sinusförmige Grösse mit einer Konstanten multipliziert, so ändert sich lediglich deren Amplitude. Der Nullphasenwinkel bleibt dagegen unverändert. Deshalb beeinflusst diese Operation nur den Betrag der komplexen Amplitude.

▶   **Multiplikation einer sinusförmigen Grösse mit einer Konstanten**
   Wird eine sinusförmige Grösse mit einem konstanten Faktor multipliziert, so entspricht das im Bereich der komplexen Zeiger einer Multiplikation der entsprechenden komplexen Amplituden um denselben Faktor.

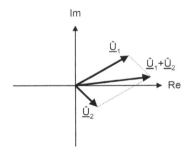

Abb. 9.3 Zeitlicher Verlauf und Zeigerdiagramm des Beispiels

9.4.3 Ableiten einer sinusförmigen Grösse nach der Zeit

Die zeitliche Ableitung einer sinusförmigen Grösse

$$u(t) = \hat{U} \cdot \cos(\omega \cdot t + \varphi)$$

ergibt das Resultat

$$\frac{d}{dt}u(t) = -\omega \cdot \hat{U} \cdot \sin(\omega \cdot t + \varphi)$$
$$= \omega \cdot \hat{U} \cdot \cos\left(\omega \cdot t + \varphi + \frac{\pi}{2}\right).$$

Die Amplitude der gegebenen Schwingung wird durch die Integration um den Faktor ω gestreckt. Gleichzeitig wird der Nullphasenwinkel des Signals um +π/2 gedreht. Für die komplexe Amplitude der abgeleiteten Schwingung erhält man

$$\omega \cdot \hat{U} \cdot e^{j \cdot \left(\varphi + \frac{\pi}{2}\right)} = \omega \cdot \hat{U} \cdot e^{j \cdot \varphi} \cdot e^{j \cdot \frac{\pi}{2}} = j \cdot \omega \cdot \underbrace{\hat{U} \cdot e^{j \cdot \varphi}}_{\underline{\hat{U}}}.$$

Der Ausdruck $\underline{\hat{U}} = \hat{U} \cdot e^{j \cdot \varphi}$ entspricht der komplexen Amplitude der gegebenen Schwingung, weshalb man folgenden Schluss ziehen kann.

▶ **Ableiten einer sinusförmigen Grösse nach der Zeit**
Die Ableitung einer sinusförmigen Grösse nach der Zeit entspricht im Bereich der komplexen Zeiger einer Multiplikation der entsprechenden komplexen Amplituden mit dem Faktor j·ω.

9.4.4 Integration einer sinusförmigen Grösse über die Zeit

Die Integration einer sinusförmigen Grösse

$$u(t) = \hat{U} \cdot \cos(\omega \cdot t + \varphi)$$

liefert das Ergebnis

$$\int u(t)\, dt = \int \hat{U} \cdot \cos(\omega \cdot t + \varphi)\, dt$$
$$= \frac{\hat{U}}{\omega} \cdot \sin(\omega \cdot t + \varphi)$$
$$= \frac{\hat{U}}{\omega} \cdot \cos\left(\omega \cdot t + \varphi - \frac{\pi}{2}\right).$$

Die Amplitude der gegebenen Schwingung wird durch die Integration um den Faktor $1/\omega$ gestaucht. Gleichzeitig wird der Nullphasenwinkel des Signals um $-\pi/2$ gedreht. Diesem zeitlichen Verlauf entspricht eine komplexe Amplitude

$$\frac{\hat{U}}{\omega} \cdot e^{j \cdot \left(\varphi - \frac{\pi}{2}\right)} = \frac{\hat{U}}{\omega} \cdot e^{j \cdot \varphi} \cdot e^{-j \cdot \frac{\pi}{2}} = \frac{-j}{\omega} \cdot \hat{U} \cdot e^{j \cdot \varphi} = \frac{1}{j \cdot \omega} \cdot \underbrace{\hat{U} \cdot e^{j \cdot \varphi}}_{\hat{\underline{U}}}.$$

Der Ausdruck $\hat{\underline{U}} = \hat{U} \cdot e^{j \cdot \varphi}$ entspricht der komplexen Amplitude der gegebenen Schwingung, weshalb man folgenden Schluss ziehen kann.

▶ **Integration einer sinusförmigen Grösse über die Zeit**
Die Integration einer sinusförmigen Grösse über der Zeit entspricht im Bereich der komplexen Zeiger einer Division der entsprechenden komplexen Amplituden durch den Faktor $j \cdot \omega$.

Da sich die komplexe Amplitude und der komplexe Effektivwert lediglich um den Faktor $\sqrt{2}$ unterscheiden, gelten die gemachten Aussagen gleichermassen für den komplexen Effektivwert.

9.4.5 Zusammenfassung

Zur Analyse von linearen Netzwerken mit sinusförmiger Anregung reichen die bis jetzt behandelten Rechenoperationen aus. Für jede dieser Operationen, die sinusförmige Grössen miteinander verknüpfen, existiert eine entsprechende Operation im Bereich der komplexen Effektivwerte. Als Folge davon lassen sich lineare Netzwerken mit sinusförmiger Anregung mit Hilfe der komplexen Effektivwerte untersuchen (Abb. 9.4).

9.5 Die Kirchhoff'schen Gesetze in komplexer Form

Es sei an dieser Stelle daran erinnert, dass die beiden Kirchhoff'schen Gesetze für zeitabhängige Spannung $u_k(t)$ und Ströme $i_k(t)$ wie folgt formuliert werden müssen:
Knotenregel:

$$\sum_k i_k(t) = 0$$

Maschenregel:

$$\sum_k u_k(t) = 0$$

Sinusförmige Grösse	Komplexer Effektivwert
$u(t) = \hat{U} \cdot \cos(\omega \cdot t + \varphi)$	$\underline{U} = U \cdot e^{j\cdot\varphi} = \dfrac{\hat{U}}{\sqrt{2}} \cdot e^{j\cdot\varphi}$
Multiplikation mit einer Konstanten $K \cdot u(t) = K \cdot \hat{U} \cdot \cos(\omega \cdot t + \varphi)$	Multiplikation mit einer Konstanten $K \cdot \underline{U}$
Ableitung nach der Zeit $\dfrac{du(t)}{dt} = \omega \cdot \hat{U} \cdot \cos\left(\omega \cdot t + \varphi + \dfrac{\pi}{2}\right)$	Multiplikation mit $j\cdot\omega$ $j \cdot \omega \cdot \underline{U}$
Integration über der Zeit $\int u(t)\,dt = \dfrac{\hat{U}}{\omega} \cdot \cos\left(\omega \cdot t + \varphi - \dfrac{\pi}{2}\right)$	Division durch $j\cdot\omega$ $\dfrac{\underline{U}}{j \cdot \omega}$
Addition zweier sinusförmiger Grössen $u(t) = u_1(t) + u_2(t)$	Addition der komplexen Effektivwerte $\underline{U} = \underline{U}_1 + \underline{U}_2$

Abb. 9.4 Zusammenhänge zwischen sinusförmigen Grössen und den entsprechenden komplexen Effektivwerten

Haben die Spannungen und Strömen einen sinusförmigen Verlauf, so kann jeder Funktion $u_k(t)$, resp. $i_k(t)$ ein komplexer Zeiger[2] $\underline{U}_k$, resp. $\underline{I}_k$ zugeordnet werden. Aus den Knoten- und der Maschenregel resultieren entsprechende Bedingungen für die komplexen Zeiger. Da die Addition sinusförmiger Grössen genau der Addition der komplexen Zeiger entspricht, lauten diese wie folgt:

▶ **Knotenregel in komplexer Form**
  Die Summe der komplexen Zeiger aller in einen Knoten hineinfliessender Ströme ist gleich null,

$$\sum_k \underline{I}_k = 0.$$

---

[2]Falls nichts anderes angegeben wird, verstehen wir unter einem komplexen Zeiger den komplexen Effektivwert $\underline{U}$ der entsprechenden sinusförmigen Grösse. Die Länge des komplexen Zeigers ist demnach gleich dem Effektivwert der sinusförmigen Grösse. Die komplexe Amplitude $\hat{U}$ kann durch Multiplikation mit $\sqrt{2}$ berechnet werden.

▶ **Maschenregel in komplexer Form**

Die Summe der komplexen Zeiger aller Spannungen entlang einer Masche ist gleich null,

$$\sum_k \underline{U}_k = 0.$$

Beispiel

Wir betrachten den Knoten in Abb. 9.5, in den die Ströme

$$i_1(t) = \sqrt{2} \cdot 1\text{A} \cdot \cos(2 \cdot \pi \cdot 10\text{ kHz} \cdot t)$$

und

$$i_2(t) = \sqrt{2} \cdot 2\text{A} \cdot \cos\left(2 \cdot \pi \cdot 10\text{ kHz} \cdot t + \frac{\pi}{6}\right)$$

hineinfliessen. Gesucht ist der zeitliche Verlauf des Stroms $i_3(t)$.

Den beiden gegebenen Strömen werden die komplexen Zeiger

$$\underline{I}_1 = 1\text{A} \cdot e^{j \cdot 0} = 1\text{A} + j \cdot 0\text{A}$$

und

$$\underline{I}_2 = 2\text{A} \cdot e^{j \cdot \frac{\pi}{6}} = 2\text{A} \cdot \cos\left(\frac{\pi}{6}\right) + j \cdot 2\text{A} \cdot \sin\left(\frac{\pi}{6}\right) = \sqrt{3}\text{A} + j \cdot 1\text{A}$$

zugeordnet. Mit der Knotenregel in komplexer Form ergibt sich für den komplexen Zeiger des Strom $i_3(t)$

$$\underline{I}_3 = \underline{I}_1 + \underline{I}_2 = \left(1 + \sqrt{3}\right)\text{A} + j \cdot (0 + 1)\text{A}.$$

Diese komplexe Zahl besitzt den Betrag

$$|\underline{I}_3| = \sqrt{\left(1 + \sqrt{3}\right)^2 + 1^2} \cdot 1\text{A} = 2.909\text{A}$$

und den Phasenwinkel

$$\angle(\underline{I}_3) = 0.351 \text{ rad.}$$

Abb. 9.5 Knoten mit drei
Strömen

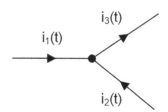

Damit erhält man für den zeitlichen Verlauf des gesuchten Stroms

$$i_3(t) = \sqrt{2} \cdot 2.909\,\mathrm{A} \cdot \cos\left(2 \cdot \pi \cdot 10\,\mathrm{kHz} \cdot t + 0.351\,\mathrm{rad}\right). \blacktriangleleft$$

9.6 Ohmsches Gesetz in komplexer Form

Das ohmsche Gesetz

$$u(t) = R \cdot i(t)$$

postuliert, dass die Spannung über einem ohmschen Widerstand proportional zum Strom ist. Sind die zeitlichen Verläufe von Spannung und Strom sinusförmig, so kann diesen Grössen jeweils ein komplexer Zeiger zugeordnet werden. Das ohmsche Gesetz lautet dann:

▶ **Ohmsches Gesetz in komplexer Form**

Der Spannungszeiger $\underline{U}$ über einem ohmschen Widerstand geht aus dem Stromzeiger $\underline{I}$ durch Multiplikation mit dem Widerstandswert R hervor,

$$\underline{U} = R \cdot \underline{I}.$$

Da der Widerstandswert R den Zusammenhang zwischen komplexen Spannungszeiger und komplexen Stromzeiger beschreibt, wird er auch als komplexe Impedanz des ohmschen Widerstands bezeichnet.

9.7 Definitionsgleichung der Induktivität in komplexer Form

Eine Induktivität ist durch die Gleichung

$$u(t) = L \cdot \frac{di(t)}{dt}$$

definiert. Bei sinusförmigem Verlauf von Spannung und Strom resultiert aus dieser Beziehung ein entsprechender Zusammenhang zwischen den komplexen Spannungs- und Stromzeigern

$$\underline{U} = L \cdot j \cdot \omega \cdot \underline{I},$$

wobei die Ableitung nach der Zeit durch die Multiplikation mit j·ω ersetzt wurde.

▶ **Definitionsgleichung der Induktivität in komplexer Form**

Der Spannungszeiger $\underline{U}$ über einer Induktivität geht aus dem Stromzeiger $\underline{I}$ durch Multiplikation mit j·ω·L hervor,

$$\underline{U} = j \cdot \omega \cdot L \cdot \underline{I}.$$

Das Verhältnis von Spannungszeiger zu Stromzeiger

$$\underline{Z}_L = \frac{\underline{U}}{\underline{I}} = j \cdot \omega \cdot L$$

wird als die komplexe Impedanz der Induktivität bezeichnet. Sie hängt einerseits vom Wert L der Induktivität, andererseits aber auch von der Kreisfrequenz ω ab.

Die komplexe Impedanz kann auch wie folgt interpretiert werden. Durch Multiplikation mit $j = e^{j \cdot \pi/2}$ wird der Phasenwinkel des Stromzeigers um π/2 gedreht. Dies entspricht im Zeitbereich einer um π/2 voreilenden Spannung. Zusätzlich wird der Stromzeiger mit der reellen Zahl ω·L multipliziert. Das bedeutet, die Effektivwerte von Spannung und Strom sind um diesen Faktor verschieden. Gesamthaft wird also durch die Multiplikation mit j·ω·L exakt das im Kap. 8 beschriebene Verhalten einer Induktivität nachgebildet.

9.8　Definitionsgleichung der Kapazität in komplexer Form

Die Definitionsgleichung der Kapazität lautet

$$i(t) = C \cdot \frac{du(t)}{dt}.$$

Bei sinusförmigem Verlauf von Spannung und Strom resultiert aus dieser Beziehung ein entsprechender Zusammenhang zwischen den komplexen Spannungs- und Stromzeigern

$$\underline{I} = C \cdot j \cdot \omega \cdot \underline{U}.$$

Durch Umstellen dieser Gleichung nach dem Spannungszeiger erhält man die nachfolgende Aussage.

▶　**Definitionsgleichung der Kapazität in komplexer Form**
　　Der Spannungszeiger $\underline{U}$ über einer Kapazität geht aus dem Stromzeiger $\underline{I}$ durch Division durch j·ω·C hervor,

$$\underline{U} = \frac{\underline{I}}{j \cdot \omega \cdot C}.$$

Das Verhältnis von Spannungszeiger zu Stromzeiger

$$\underline{Z}_C = \frac{\underline{U}}{\underline{I}} = \frac{1}{j \cdot \omega \cdot C}$$

wird als die komplexe Impedanz der Kapazität bezeichnet. Sie hängt einerseits vom Wert C der Kapazität, andererseits aber auch von der Kreisfrequenz ω ab.

Die komplexe Impedanz kann auch wie folgt interpretiert werden. Durch die Multiplikation mit $1/j = e^{-j \cdot \pi/2}$ wird der Phasenwinkel des Stromzeigers um -π/2 gedreht. Dies entspricht im Zeitbereich einer gegenüber dem Strom um $\pi/2$ nacheilenden Spannung. Zusätzlich wird der Stromzeiger mit der reellen Zahl $1/(\omega\cdot C)$ multipliziert. Das bedeutet, die Effektivwerte von Spannung und Strom unterscheiden sich um diesen Faktor. Gesamthaft wird also durch die Multiplikation mit der komplexen Impedanz das im Kap. 8 beschriebene Verhalten einer Kapazität nachgebildet.

9.9 Analyse linearer Netzwerke mit Hilfe der komplexen Wechselstromrechnung

Es muss nochmals betont werden, dass die nachfolgenden Aussagen nur für lineare Netzwerke gelten, die durch sinusförmige Spannungen oder Ströme angeregt werden. Die komplexe Wechselstromrechnung kann nur angewandt werden, wenn alle Spannungen und Ströme im Netzwerk sinusförmig sind. Diese Bedingung wird verletzt, wenn das Netzwerk nichtlineare Zweipole enthält. Unter den genannten Voraussetzungen gilt:

▶ **Analyse linearer Netzwerke mit Hilfe der komplexen Wechselstromrechnung**
Werden in einem linearen Netzwerk alle sinusförmigen Spannungen und Ströme durch ihre jeweiligen komplexen Zeiger dargestellt und werden den Zweipolen ihre jeweiligen komplexen Impedanzen zugeordnet, so kann das Netzwerk durch Anwendung der gewohnten Regeln analysiert werden. Die Analyse liefert als Resultat wiederum komplexe Zeiger, die dem zeitlichen Verlauf der gesuchten Grössen entsprechen.

Detailliert wird zur Berechnung der Netzwerke wie folgt vorgegangen

1. Zuordnung von komplexen Zeigern zu den unabhängigen Spannungs- und Stromquellen.

$$u(t) = \sqrt{2} \cdot U \cdot \cos(\omega \cdot t + \varphi) \Rightarrow \underline{U} = U \cdot e^{j\cdot\varphi} = U \cdot (\cos(\varphi) + j \cdot \sin(\varphi))$$

2. Ersatz der passiven Zweipole durch die in Tab. 9.1 angegebenen komplexen Impedanzen.

$$i(t) = \sqrt{2} \cdot I \cdot \cos(\omega \cdot t + \varphi) \Rightarrow \underline{I} = I \cdot e^{j\cdot\varphi} = I \cdot (\cos(\varphi) + j \cdot \sin(\varphi))$$

Tab. 9.1 Elementare Zweipole und ihre komplexen Impedanzen

Zweipol	Komplexe Impedanz
Ohmscher Widerstand	$\underline{Z}_R = R$
Induktivität	$\underline{Z}_L = j \cdot \omega \cdot L$
Kapazität	$\underline{Z}_C = \frac{1}{j\cdot\omega\cdot C} = -j \cdot \frac{1}{\omega\cdot C}$

3. Berechnung der komplexen Zeiger der gesuchten Grössen. Dazu dürfen die gewohnten Gesetze verwendet werden.
4. Rücktransformation der komplexen Zeiger in sinusförmige Grössen.

Beispiel

In der Schaltung nach Abb. 9.6 soll die Spannung $u_C(t)$ über der Kapazität berechnet werden.

Der Eingangsspannung $u(t)$ wird der komplexe Zeiger

$$\underline{U} = \frac{\hat{U}}{\sqrt{2}} \cdot e^{j \cdot 0} = \frac{\hat{U}}{\sqrt{2}}$$

zugeordnet. Zudem werden der ohmsche Widerstand und die Kapazität durch ihre komplexen Impedanzen

$$\underline{Z}_R = R$$

und

$$\underline{Z}_C = \frac{1}{j \cdot \omega \cdot C}$$

ersetzt. Diese Informationen können im komplexen Schaltbild in Abb. 9.7 wiedergegeben werden.

Bei der Schaltung handelt es sich offensichtlich um einen Spannungsteiler. Dass anstelle von Widerstände komplexe Impedanzen vorkommen, ist dabei nicht von Bedeutung. Wie gewohnt berechnet sich die Spannung $\underline{U}_C$ mit Hilfe der Spannungsteilerformel

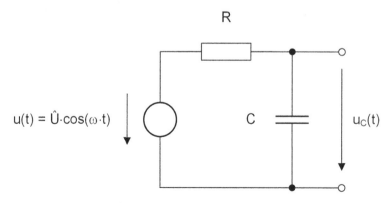

Abb. 9.6 Einfaches Beispiel zum Rechnen mit komplexen Zeigern

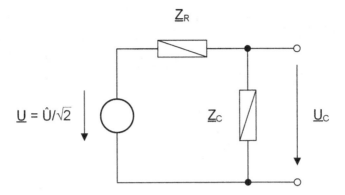

Abb. 9.7 Schaltbild mit komplexen Impedanzen

$$\underline{U}_C = \frac{\underline{Z}_C}{\underline{Z}_C + \underline{Z}_R} \cdot \underline{U} = \frac{\frac{1}{j \cdot \omega \cdot C}}{\frac{1}{j \cdot \omega \cdot C} + R} \cdot \frac{\hat{U}}{\sqrt{2}} = \frac{1}{1 + j \cdot \omega \cdot R \cdot C} \cdot \frac{\hat{U}}{\sqrt{2}}.$$

Der Effektivwert der gesuchten Spannung ergibt sich aus dem Betrag des komplexen Zeigers

$$U_C = \left| \underline{U}_C \right| = \frac{1}{\sqrt{1^2 + (\omega \cdot R \cdot C)^2}} \cdot \frac{\hat{U}}{\sqrt{2}}.$$

Schliesslich berechnet sich der Nullphasenwinkel zu

$$\phi_C = \angle \underline{U}_C = 0 - \arctan\left(\frac{\omega \cdot R \cdot C}{1}\right) = -\arctan\left(\omega \cdot R \cdot C\right).$$

Damit erhält man für den zeitlichen Verlauf der gesuchten Spannung

$$u(t) = \frac{\hat{U}}{\sqrt{1^2 + (\omega \cdot R \cdot C)^2}} \cdot \cos\left(\omega \cdot t - \arctan\left(\omega \cdot R \cdot C\right)\right).$$

Offensichtlich spielt das Produkt ω·R·C eine massgebliche Rolle in diesem Resultat. Abhängig davon, ob ω·R·C viel kleiner, gleich oder viel grösser als 1 ist, ergeben sich verschiedenen Grenzfälle, die in der Tab. 9.2 zusammengefasst sind. ◄

Tab. 9.2 Verhalten der Schaltung in Funktion des Produkts ω·R·C

ω·R·C	Amplitude	Phase
Viel kleiner als 1	$\approx \hat{U}$	≈ 0
Gleich 1	$\dfrac{\hat{U}}{\sqrt{2}}$	$-\dfrac{\pi}{4}$
Viel grösser als 1	≈ 0	$\approx -\dfrac{\pi}{2}$

Tab. 9.3 Zusammenfassung von üblichen Bezeichnungen

Bezeichnung	Definition
Impedanz	$\underline{Z} = \frac{U}{I} = R + j \cdot X$
Wirkwiderstand, Resistanz	$R = \mathrm{Re}[\underline{Z}]$
Blindwiderstand, Reaktanz	$X = \mathrm{Im}[\underline{Z}]$
Admittanz	$\underline{Y} = \frac{I}{U} = G + j \cdot B$
Wirkleitwert, Konduktanz	$G = \mathrm{Re}[\underline{Y}]$
Blindleitwert, Suszeptanz	$B = \mathrm{Im}[\underline{Y}]$

9.10   Bezeichnungen

Für manche Aufgabenstellungen ist es von Vorteil, mit dem Kehrwert der komplexen Impedanz zu arbeiten. Diese Grösse wird Admittanz genannt und üblicherweise mit dem Buchstaben $\underline{Y}$ gekennzeichnet. Ein typisches Beispiel, bei dem die Verwendung von Admittanzen zweckmässig ist, ist die Parallelschaltung von Zweitoren.

Für die Real- und Imaginärteile von Impedanz und Admittanz existieren ebenfalls eigene Bezeichnungen, die in der Tab. 9.3 zusammengefasst sind.

9.11   Leistungen in Wechselstromnetzwerken

Wir betrachten den Zweipol in Abb. 9.8 und nehmen an, dass der Strom sinusförmig ist,

$$i(t) = \hat{I} \cdot \cos(\omega \cdot t),$$

wobei der Nullphasenwinkel willkürlich gleich null angenommen wird.

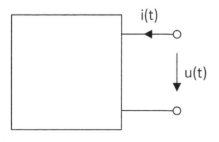 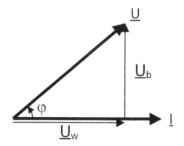

Abb. 9.8 Zweipol mit Verbraucherzählpfeilsystem

Im eingeschwungenen Zustand ist auch die Spannung über dem Zweipol sinusförmig und weist gegenüber dem Strom eine Phasenverschiebung um einen Winkel φ auf

$$u(t) = \hat{U} \cdot \cos(\omega \cdot t + \varphi).$$

Diese Spannung lässt sich in aufteilen in eine Spannung, welche in Phase zum Strom ist und eine Spannung, welche gegenüber dem Strom um π/2 verschoben ist

$$u(t) = \underbrace{\hat{U} \cdot \cos(\varphi) \cdot \cos(\omega \cdot t)}_{\text{in Phase zum Strom}} - \underbrace{\hat{U} \cdot \sin(\varphi) \cdot \sin(\omega \cdot t)}_{\text{gegenüber dem Strom um } \pi/2 \text{ verschoben}}.$$

Die Momentanleistung ergibt sich aus dem Produkt aus Spannung und Strom

$$
\begin{aligned}
p(t) &= u(t) \cdot i(t) \\
&= \hat{U} \cdot \hat{I} \cdot [\cos(\varphi) \cdot \cos(\omega \cdot t) - \sin(\varphi) \cdot \sin(\omega \cdot t)] \cdot \cos(\omega \cdot t) \\
&= \hat{U} \cdot \hat{I} \cdot \left[\cos(\varphi) \cdot \cos^2(\omega \cdot t) - \sin(\varphi) \cdot \sin(\omega \cdot t) \cdot \cos(\omega \cdot t)\right].
\end{aligned}
$$

Durch Anwendung trigonometrischer Beziehungen lässt sich dieser Ausdruck wie folgt umformen

$$p(t) = \underbrace{\frac{\hat{U} \cdot \hat{I}}{2} \cdot \cos(\varphi) \cdot [1 + \cos(2 \cdot \omega \cdot t)]}_{p_1(t)} - \underbrace{\frac{\hat{U} \cdot \hat{I}}{2} \cdot \sin(\varphi) \cdot \sin(2 \cdot \omega \cdot t)}_{p_2(t)}.$$

Die zeitlichen Verläufe der beiden Leistungsanteile $p_1(t)$ und $p_2(t)$ sind in Abb. 9.9 dargestellt.

Derjenige Anteil der Spannung, welcher in Phase zum Strom liegt, liefert den Beitrag $p_1(t)$ an die Momentanleistung. Dessen zeitlicher Mittelwert

$$P = \frac{\hat{U} \cdot \hat{I}}{2} \cdot \cos(\varphi) = U \cdot I \cdot \cos(\varphi),$$

ist gleich der im Zweipol umgesetzten Wirkleistung.

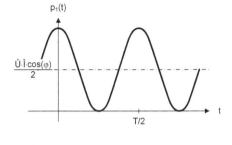
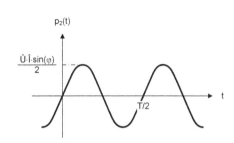

Abb. 9.9 Zeitlicher Verlauf der Leistungen $p_1(t)$ und $p_2(t)$

Der in Bezug auf den Strom um $\pi/2$ verschobene Anteil der Spannung ist dagegen mittelwertfrei. Im zeitlichen Mittel wird dadurch also keine Leistung umgesetzt. Der Spitzenwert der pendelnden Leistung

$$Q = \frac{\hat{U} \cdot \hat{I}}{2} \cdot \sin(\varphi) = U \cdot I \cdot \sin(\varphi),$$

wird Blindleistung genannt. Es sei daran erinnert, dass φ die Phasendifferenz zwischen Spannung und Strom kennzeichnet. Deshalb gilt für kapazitive Zweipole $-\pi \leq \varphi < 0$, woraus folgt, dass in diesem Fall die Blindleistung negativ wird.

Wirk- und Blindleistung werden zur komplexen Scheinleistung

$$\underline{S} = P + j \cdot Q = U \cdot I \cdot \left[\cos(\varphi) + j \cdot \sin(\varphi)\right] = U \cdot I \cdot e^{j \cdot \varphi}$$

zusammengefasst. Deren Betrag

$$S = \sqrt{P^2 + Q^2} = U \cdot I$$

trägt die Bezeichnung (reelle) Scheinleistung.

Um die unterschiedlichen Leistungsarten zu kennzeichnen, werden unterschiedliche Einheiten verwendet. Die Wirkleistung wird wie gewohnt in Watt (W) angegeben. Für die Scheinleistung wird die Einheit Volt·Ampère (VA) verwendet. Schliesslich ist die Einheit der Blindleistung das voltampère reactive (var).

Die Berechnung der komplexen Scheinleistung $\underline{S}$ kann wiederum mit Hilfe der komplexen Wechselstromrechnung geschehen. Hingegen ist der Ansatz $\underline{S} = \underline{U} \cdot \underline{I}$ falsch, wie folgende Rechnung zeigt. Die komplexen Zeiger für Spannung und Strom an einem Zweipol seien berechnet worden,

$$\underline{U} = U \cdot e^{j \cdot \varphi_u}$$

und

$$\underline{I} = I \cdot e^{j \cdot \varphi_i}.$$

Die Multiplikation dieser beiden Zeiger liefert

$$\underline{U} \cdot \underline{I} = U \cdot e^{j \cdot \varphi_u} \cdot I \cdot e^{j \cdot \varphi_i}$$
$$= U \cdot I \cdot e^{j \cdot (\varphi_u + \varphi_i)}.$$

Ein Vergleich mit der komplexen Scheinleistung $\underline{S}$ zeigt, dass anstelle der Differenz $\varphi = \varphi_u - \varphi_i$ der Phasenwinkel die Summe auftritt. Um dieses Problem zu beheben, wird der konjugiert komplexe Stromzeiger

$$\underline{I}^* = I \cdot e^{-j \cdot \varphi_i}$$

verwendet

$$\underline{U} \cdot \underline{I}^* = U \cdot e^{j \cdot \varphi_u} \cdot I \cdot e^{-j \cdot \varphi_i}$$
$$= U \cdot I \cdot e^{j \cdot (\varphi_u - \varphi_i)}.$$

Dieser Ausdruck entspricht genau der komplexen Scheinleistung

$$\underline{S} = P + j \cdot Q = \underline{U} \cdot \underline{I}^*.$$

▶ **Berechnung von Wirk- und Blindleistung mit komplexen Zeigern**

Die Wirkleistung P und die Blindleistung Q können demnach mit den folgenden Beziehungen aus den komplexen Spannungs- und Stromzeigern berechnet werden,

$$P = \text{Re}\left[\underline{S}\right] = \text{Re}\left[\underline{U} \cdot \underline{I}^*\right]$$

und

$$Q = \text{Im}\left[\underline{S}\right] = \text{Im}\left[\underline{U} \cdot \underline{I}^*\right].$$

Resonanzerscheinungen **10**

▶ Bei der sinusförmigen Anregung von elektrischen Netzwerken mit Kapazitäten und Induktivitäten stellt man fest, dass bei bestimmten Frequenzen die beobachteten Impedanzen entweder sehr klein oder sehr gross werden. Gleiches gilt für Spannungen und Ströme. Diese Effekte bezeichnet man als Resonanzerscheinungen. Sie werden unter anderem dazu verwendet, frequenzselektive Schaltungen zu realisieren.

10.1 Reihenschwingkreis

Die in Abb. 10.1 dargestellte Reihenschaltung von Induktivität, Kapazität und Widerstand wird Reihen- oder Serieschwingkreis genannt.

Dessen Impedanz berechnet sich wie folgt

$$\underline{Z} = \underline{Z}_R + \underline{Z}_L + \underline{Z}_C$$
$$= R + j \cdot \omega \cdot L + \frac{1}{j \cdot \omega \cdot C}$$
$$= R + j \cdot \left(\omega \cdot L - \frac{1}{\omega \cdot C} \right).$$

Bei einer bestimmten Kreisfrequenz ω_0 wird $\underline{Z}$ rein reell, nämlich dann, wenn

$$\omega_0 \cdot L - \frac{1}{\omega_0 \cdot C} = 0$$

© Springer Fachmedien Wiesbaden GmbH, ein Teil von Springer Nature 2021
M. Hufschmid, *Grundlagen der Elektrotechnik*,
https://doi.org/10.1007/978-3-658-30386-0_10

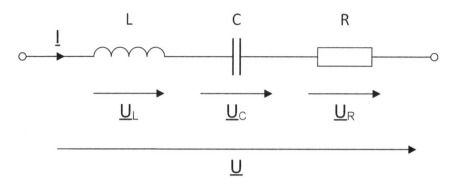

Abb. 10.1 Serieschwingkreis

gilt. Daraus folgt

$$\omega_0 = \frac{1}{\sqrt{L \cdot C}}.$$

Für $\omega = \omega_0$ ist

$$\underline{Z}(\omega_0) = R$$

rein reell und folglich sind die Spannung $\underline{U}$ und der Strom $\underline{I}$ in Phase. Diesen Fall bezeichnet man als Resonanz des Schwingkreises.

▶   **Resonanz**
    Die Frequenz, bei der die Spannung und der Strom an einem Zweipol in Phase sind, wird als Resonanzfrequenz des Zweipols bezeichnet. Die Impedanz des Zweipols ist bei seiner Resonanzfrequenz rein reell.

Die Spannung U_L über der Induktivität und die Spannung U_C über der Kapazität können bei einem Reihenschwingkreis grösser als die Gesamtspannung U werden. Dieser Effekt wird als Spannungsüberhöhung bezeichnet.
    Für die Spannung $\underline{U}_L$ erhält man beispielsweise

$$\underline{U}_L = \frac{j \cdot \omega \cdot L}{R + j \cdot \left(\omega \cdot L - \frac{1}{\omega \cdot C}\right)} \cdot \underline{U},$$

woraus für den Effektivwert folgt

$$U_L = \frac{\omega \cdot L}{\sqrt{R^2 + \left(\omega \cdot L - \frac{1}{\omega \cdot C}\right)^2}} \cdot U.$$

Das Verhältnis von U_L zu U kann den Wert eins überschreiten, weshalb man von Spannungsüberhöhung spricht. Insbesondere gilt bei der Resonanzfrequenz

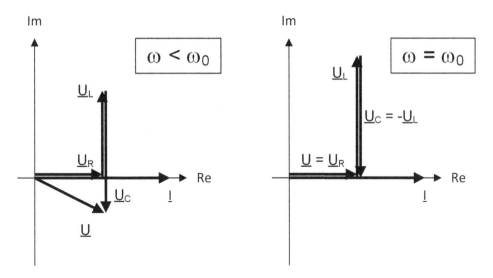

Abb. 10.2 Zeigerdiagramm des Reihenschwingkreises

$$\frac{U_L}{U}\bigg|_{\omega=\omega_0} = \frac{\omega_0 \cdot L}{R} = \frac{\sqrt{L/C}}{R},$$

was als Resonanzüberhöhung bezeichnet wird.

Im Resonanzfall kompensieren sich die Spannungen über der Induktivität und über der Kapazität. Die Resonanzüberhöhung ist deshalb an Induktivität und Kapazität gleich gross.

Das Zustandekommen der Resonanzüberhöhung geht auch aus den Zeigerdiagrammen in Abb. 10.2 hervor. Ebenfalls wird daraus klar, dass sich $\underline{U}_C$ und $\underline{U}_L$ im Resonanzfall aufheben, was im Endeffekt dazu führt, dass $\underline{U} = \underline{U}_R$ und $\underline{I}$ in Phase sind.

Das Maximum der Spannungsüberhöhung wird in der Regel nicht bei der Resonanzfrequenz erreicht.

10.2 Parallelschwingkreis

Der in Abb. 10.3 gezeigte Parallelschwingkreis ist das Ergebnis einer Parallelschaltung von Induktivität, Kapazität und Widerstand.

Dessen Admittanz berechnet sich wie folgt

$$\begin{aligned}
\underline{Y} &= \underline{Y}_R + \underline{Y}_C + \underline{Y}_L \\
&= \frac{1}{R} + j \cdot \omega \cdot C + \frac{1}{j \cdot \omega \cdot L} \\
&= \frac{1}{R} + j \cdot \left(\omega \cdot C - \frac{1}{\omega \cdot L} \right).
\end{aligned}$$

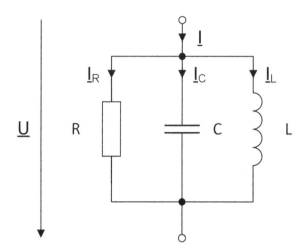

Abb. 10.3 Parallelschwingkreis

Bei der Resonanzfrequenz

$$\omega_0 = \frac{1}{\sqrt{L \cdot C}}$$

ist die Admittanz des Parallelschwingkreises rein reell, Spannung $\underline{U}$ und Strom $\underline{I}$ sind in Phase. Der Betrag der Admittanz nimmt bei ω_0 sein Minimum an.

Der Strom I_L durch die Induktivität und der Strom I_C durch die Kapazität können beim Parallelschwingkreis grösser als der Gesamtstrom I werden. Dieser Effekt wird als Stromüberhöhung bezeichnet.

Für den Strom $\underline{I}_C$ durch die Kapazität erhält man beispielsweise[1]

$$\underline{I}_C = \frac{j \cdot \omega \cdot C}{G + j \cdot \left(\omega \cdot C - \frac{1}{\omega \cdot L} \right)} \cdot \underline{I},$$

woraus für den Effektivwert folgt

$$I_C = \frac{\omega \cdot C}{\sqrt{G^2 + \left(\omega \cdot C - \frac{1}{\omega \cdot L} \right)^2}} \cdot I.$$

Falls das Verhältnis von I_C zu I den Wert eins überschreitet, spricht man von Stromüberhöhung. Insbesondere gilt im Resonanzfall

$$\left. \frac{I_C}{I} \right|_{\omega = \omega_0} = \frac{\omega_0 \cdot C}{G} = \frac{\sqrt{C/L}}{G}.$$

---

[1]Wir verwenden dazu die Abkürzung G = 1/R.

10.3 Gütefaktor

10.3.1 Reihenschwingkreis

Im Widerstand des Reihenschwingkreises wird ein Teil der elektrischen Leistung in Wärme umgesetzt und geht somit verloren. Er wird deshalb in der Regel als unerwünschte Grösse betrachtet. Bei einem idealen Schwingkreis müsste der Reihenwiderstand gleich null sein.

Bestimmt man die Scheinwiderstände von Induktivität und Kapazität des Reihenschwingkreises im Resonanzfall

$$Z_L|_{\omega=\omega_0} = \omega_0 \cdot L = \frac{L}{\sqrt{L \cdot C}} = \sqrt{\frac{L}{C}}$$

und

$$Z_C|_{\omega=\omega_0} = \frac{1}{\omega_0 \cdot C} = \frac{\sqrt{L \cdot C}}{C} = \sqrt{\frac{L}{C}},$$

so zeigt sich, dass beide gleich gross sind.

Es macht deshalb Sinn, das Verhältnis von gewünschter Grösse (Scheinwiderstand im Resonanzfall) zu unerwünschter Grösse (Verlustwiderstand) als Gütefaktor Q des Reihenschwingkreises zu definieren

$$Q = \frac{1}{R} \cdot \sqrt{\frac{L}{C}}.$$

Beim verlustlosen Reihenschwingkreis gilt R = 0 Ω, die Güte Q strebt in diesem Fall gegen unendlich.

10.3.2 Parallelschwingkreis

Beim Parallelschwingkreis entstehen die Verluste am Parallelwiderstand. Im Gegensatz zum Reihenschwingkreis sind die Verluste jedoch um so kleiner, je grösser der Widerstand ist. Der Vergleich zwischen dem Verlustwiderstand und dem Scheinwiderstand

$$Z_L|_{\omega=\omega_0} = Z_C|_{\omega=\omega_0} = \sqrt{\frac{L}{C}}$$

im Resonanzfall liefert eine dimensionslose Zahl Q, welche als Gütefaktor des Parallelschwingkreises bezeichnet wird

$$Q = \frac{R}{\sqrt{\frac{L}{C}}} = R \cdot \sqrt{\frac{C}{L}}.$$

Beim verlustlosen Parallelschwingkreis ist der Widerstand R unendlich hoch, die Güte Q strebt gegen unendlich.

10.4   Allgemeine Definition des Gütefaktors

In den reaktiven Elementen (Induktivitäten und Kondensatoren) eines Resonanzkreises wird Energie gespeichert. Zudem kommt es während der Dauer einer Schwingung zu einem gewissen Energieverlust in den Widerständen. Allgemein ist der Gütefaktor eines Resonanzkreises definiert als das mit $2 \cdot \pi$ multiplizierte Verhältnis der maximal gespeicherten Energie zum Energieverlust während einer Schwingung,

$$Q = 2 \cdot \pi \cdot \frac{\text{maximal gespeicherte Energie}}{\text{Energieverlust während einer Schwingung}}.$$

Im Reihenschwingkreis errechnet sich die Verlustleistung im Widerstand aus dem Spitzenwert $\hat{I}$ des Stroms durch

$$P_{\text{verlust}} = I^2 \cdot R = \frac{\hat{I}^2}{2} \cdot R.$$

Bei der Resonanzfrequenz

$$f_0 = \frac{1}{2 \cdot \pi \cdot \sqrt{L \cdot C}}$$

dauert eine Schwingung

$$T_0 = 2 \cdot \pi \cdot \sqrt{L \cdot C},$$

was während einer Schwingung zu einer Verlustenergie von

$$W_{\text{verlust}} = P_{\text{verlust}} \cdot T_0 = \frac{\hat{I}^2}{2} \cdot R \cdot 2 \cdot \pi \cdot \sqrt{L \cdot C}$$

führt. Die maximal in der Induktivität gespeicherte Energie lässt sich aus dem maximalen Strom $\hat{I}$ bestimmen. Sie beträgt

$$W_{\text{gespeichert}} = \frac{1}{2} \cdot L \cdot \hat{I}^2.$$

Die Definition des Gütefaktors liefert schliesslich

$$Q = 2 \cdot \pi \cdot \frac{W_{\text{gespeichert}}}{W_{\text{Verlust}}} = \frac{1}{R} \cdot \sqrt{\frac{L}{C}}.$$

Beim Parallelschwingkreis wird mit Vorteil mit der Spannung gearbeitet. Für die während einer Schwingung im Widerstand umgesetzte Verlustenergie erhält man

$$W_{\text{verlust}} = \frac{\hat{U}^2}{2 \cdot R} \cdot 2 \cdot \pi \cdot \sqrt{L \cdot C}$$

und die im Kondensator gespeichert Energie beträgt

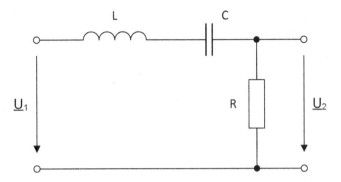

Abb. 10.4 Beispiel eines Übertragungsglieds

$$W_{\text{gespeichert}} = \frac{1}{2} \cdot C \cdot \hat{U}^2,$$

woraus der Gütefaktor

$$Q = R \cdot \sqrt{\frac{C}{L}}$$

folgt.

10.5 Übertragungsverhalten

Resonante Schaltungen werden oft auch dazu verwendet, ein vorgegebenes Übertragungsverhalten zu realisieren. Ein Beispiel dazu ist nachfolgend wiedergegeben.

Beispiel

Das Übertragungsverhalten des Netzwerkes in Abb. 10.4 wird durch das Verhältnis zwischen den Zeigern von Ausgangs- und Eingangsspannung

$$\underline{H}(\omega) = \frac{\underline{U}_2(\omega)}{\underline{U}_1(\omega)}$$

beschrieben. Dieses Verhältnis, welches im Allgemeinen komplex und von der Frequenz abhängig ist, wird als komplexer Frequenzgang bezeichnet. Der Betrag $|\underline{H}(\omega)|$ wird Amplitudengang, der Phasenverlauf $\angle\underline{H}(\omega)$ wird Phasengang genannt.

Für das Beispiel aus der obigen Figur erhält man aufgrund der Spannungsteilerformel

$$\underline{H}(\omega) = \frac{R}{R + j \cdot \left(\omega \cdot L - \frac{1}{\omega \cdot C}\right)}$$

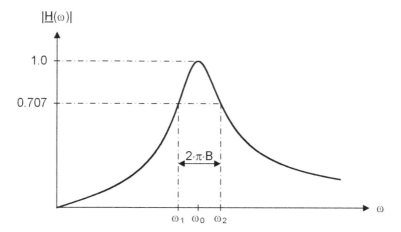

Abb. 10.5 Amplitudengang

und damit ergibt sich für den Amplitudengang

$$|\underline{H}(\omega)| = \frac{R}{\sqrt{R^2 + \left(\omega \cdot L - \frac{1}{\omega \cdot C}\right)^2}}.$$

Dessen Verlauf in Funktion der Kreisfrequenz ist in Abb. 10.5 wiedergegeben. Von besonderem Interesse sind die Frequenzen, bei denen die Leistung des Ausgangssignals auf die Hälfte abgefallen ist. Die daraus folgende Bedingung

$$|H(\omega)|^2 = \frac{1}{2}$$

hat zwei Lösungen, nämlich

$$\omega_1 = -\frac{R}{2L} + \sqrt{\left(\frac{R}{2L}\right)^2 + \frac{1}{LC}}$$

und

$$\omega_2 = \frac{R}{2L} + \sqrt{\left(\frac{R}{2L}\right)^2 + \frac{1}{LC}}.$$

Die Frequenzen $f_1 = \omega_1/(2 \cdot \pi)$ und $f_2 = \omega_2/(2 \cdot \pi)$ zeichnen sich dadurch aus, dass dort die Amplitude des Ausgangssignals um den Faktor $1/\sqrt{2}$ oder um 3 dB abgesunken ist[2]. Man definiert deshalb die sogenannte 3 dB-Bandbreite als die Differenz der beiden Frequenzen

$$B = f_2 - f_1 = \frac{\omega_2}{2\pi} - \frac{\omega_1}{2\pi}.$$

Für das betrachtete Übertragungsglied gilt

$$B = \frac{R}{2 \cdot \pi \cdot L} = \frac{f_0}{Q}.$$

Je höher die Güte des Schwingkreises ist, desto kleiner ist demnach die Bandbreite und desto selektiver verhält sich die Schaltung. ◄

---

[2]Spannungsverhältnisse werden oft in Dezibel (dB) angegeben. Dabei gilt die Beziehung

$$L_{dB} = 20 \cdot \log_{10} \left(\frac{U_2}{U_1} \right)$$

Mehrphasensysteme

11

▶ **Trailer**

Vor allem im Bereich der elektrischen Energie- und Antriebstechnik kommen oft Systeme mit mehreren phasenverschobenen Quellen zum Einsatz. Diese haben gegenüber den einphasigen Systemen den Vorteil, dass ein konstanter Leistungsfluss realisierbar ist. In der Praxis werden meist symmetrische Dreiphasensysteme, auch Drehstromsysteme genannt, mit drei Quellen mit jeweils 120° Phasenunterschied verwendet. Sowohl diese Quellen als auch die dazugehörigen Verbraucher können entweder stern- oder dreieckförmig zusammengeschaltet werden.

Grundsätzlich können Dreiphasensysteme mit den gewohnten Methoden der komplexen Wechselstromrechnung analysiert werden. Die speziellen Symmetrieeigenschaften erlauben aber oft einfache Lösungen oder zusätzliche Erkenntnisse. Dies rechtfertigt es, den Dreiphasensystemen ein eigenes Kapitel zu widmen.

11.1 Motivation

Für die Momentanleistung p(t), welche eine sinusförmige Quelle abgibt, gilt

$$p(t) = u(t) \cdot i(t) = U \cdot I \cdot \cos(\varphi) + U \cdot I \cdot \cos(2 \cdot \omega \cdot t - \varphi),$$

wobei U und I die Effektivwerte von Spannung und Strom bezeichnen. Der Winkel φ ist die Phasendifferenz zwischen Spannung und Strom. Diese Leistung oszilliert dauernd zwischen

$$U \cdot I \cdot (\cos(\varphi) + 1)$$

© Springer Fachmedien Wiesbaden GmbH, ein Teil von Springer Nature 2021
M. Hufschmid, *Grundlagen der Elektrotechnik,*
https://doi.org/10.1007/978-3-658-30386-0_11

und

$$U \cdot I \cdot (\cos(\varphi) - 1).$$

In der Praxis (vor allem bei hohen Leistungen) wäre es von Vorteil, wenn die Momentan-leistung konstant wäre. Dies kann mit einer einzelnen sinusförmigen Quelle nicht erreicht werden. Werden hingegen mehrere Quellen eingesetzt, so ist ein konstanter Leistungsfluss möglich.

Als einfaches Beispiel betrachten wir ein Zweiphasensystem, welches aus zwei Spannungsquellen mit gleichem Effektivwert aber um 90° verschobener Phase besteht. Die beiden Quellen seien an einem Punkt zusammengeschaltet und speisen zwei identische Lastimpedanzen.

Für die Quellenspannungen und die entsprechenden Lastströme gilt

$$u_1(t) = \sqrt{2} \cdot U \cdot \cos(\omega \cdot t) \quad \text{und} \quad u_2(t) = \sqrt{2} \cdot U \cdot \sin(\omega \cdot t),$$

$$i_1(t) = \sqrt{2} \cdot I \cdot \cos(\omega \cdot t - \varphi) \quad \text{und} \quad i_2(t) = \sqrt{2} \cdot I \cdot \sin(\omega \cdot t - \varphi).$$

Berechnet man die totale Momentanleistung

$$\begin{aligned}
p(t) &= p_1(t) + p_2(t) \\
&= 2 \cdot U \cdot I \cdot \cos(\omega \cdot t) \cdot \cos(\omega \cdot t - \varphi) + 2 \cdot U \cdot I \cdot \sin(\omega \cdot t) \cdot \sin(\omega \cdot t - \varphi) \\
&= U \cdot I \cdot [\cos(\varphi) + \cos(2 \cdot \omega \cdot t - \varphi)] + U \cdot I \cdot [\cos(\varphi) - \cos(2 \cdot \omega \cdot t - \varphi)] \\
&= 2 \cdot U \cdot I \cdot \cos(\varphi),
\end{aligned}$$

so zeigt sich, dass diese konstant ist.

Aufgrund der Phasendifferenzen zwischen den Quellenspannungen können in einem Mehrphasensystem einfach magnetische Felder erzeugt werden, die sich im Raum drehen. Solche sogenannten Drehfelder sind in einigen Anwendungen, beispielsweise beim Entwurf von elektrischen Maschinen, sehr gefragt.

11.2 Drehstromsystem

11.2.1 Definition

Mit Abstand die grösste Bedeutung unter den Mehrphasensystemen hat das Dreiphasen-system, welches auch unter der Bezeichnung Drehstromsystem bekannt ist. Wir werden uns im Folgenden auf symmetrische Generatoren beschränken. Diese zeichnen sich dadurch aus, dass die drei Spannungen gleiche Effektivwerte und Frequenzen aufweisen und jeweils um je 120° phasenverschoben sind. Für die zeitlichen Verläufe gilt dement-sprechend

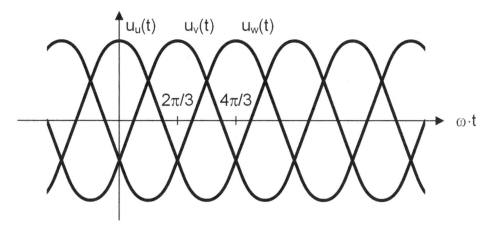

Abb. 11.1 Zeitliche Verläufe der Strangspannungen in einem Dreiphasensystem

$$u_u(t) = \hat{U} \cdot \cos(\omega \cdot t),$$

$$u_v(t) = \hat{U} \cdot \cos\left(\omega \cdot t - \frac{2 \cdot \pi}{3}\right),$$

$$u_w(t) = \hat{U} \cdot \cos\left(\omega \cdot t - \frac{4 \cdot \pi}{3}\right).$$

Die Abb. 11.1 zeigt die zeitlichen Verläufe dieser drei sogenannten Strangspannungen.

Da es sich um sinusförmige Spannungen handelt, können sie durch ihre komplexen Zeiger dargestellt werden

$$\underline{U}_u = U \cdot e^{j \cdot 0},$$

$$\underline{U}_v = U \cdot e^{-j \cdot \frac{2 \cdot \pi}{3}},$$

$$\underline{U}_w = U \cdot e^{-j \cdot \frac{4 \cdot \pi}{3}}.$$

Wie man entweder algebraisch oder durch Betrachten der komplexen Zeiger in Abb. 11.2 verifizieren kann, summieren sich die drei Strangspannung zu null,

$$\underline{U}_u + \underline{U}_v + \underline{U}_w = 0.$$

Daraus folgt, dass die drei Spannungen problemlos in einer Dreieckschaltung zusammengeschaltet werden können, ohne dass ein Strom fliesst.

Die drei Spannungsquellen können grundsätzlich auf zwei verschiedene Arten zusammengeschaltet werden (siehe Abb. 11.3). Besitzen die Quellen einen gemeinsamen

Abb. 11.2 Zeigerdiagramme
der Strangspannungen im
Dreiphasensystem

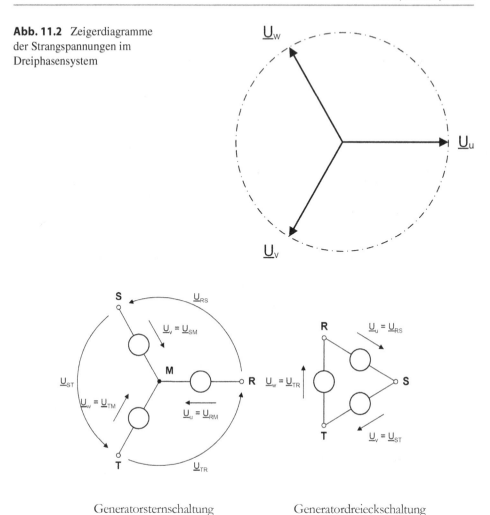

Generatorsternschaltung   Generatordreieckschaltung

Abb. 11.3 Generatorstern- und Generatordreieckschaltung

Sternpunkt M, spricht man von der Generatorsternschaltung. Sind die Quellen in einer
Masche angeordnet, erhält man die Generatordreieckschaltung. In beiden Fällen werden
die drei Anschlussklemmen mit R, S und T bezeichnet[1].

In der Sternschaltung werden die Strangspannungen folgerichtig mit $\underline{U}_{RM}$, $\underline{U}_{SM}$ und
$\underline{U}_{TM}$ bezeichnet, wobei der zweite Index, M, häufig auch weggelassen wird.

---

[1]Heute gebräuchlich sind die Bezeichnungen L1, L2, L3 oder 1, 2, 3. Wir werden aber aus
didaktischen Gründen die alten Bezeichnungen R, S und T beibehalten.

Bei der Generatorsternschaltung lassen sich die Aussenleiterspannungen aus den Strangspannungen berechnen

$$\underline{U}_{RS} = \underline{U}_{RM} - \underline{U}_{SM} = U \cdot \left(-e^{-j \cdot \frac{2 \cdot \pi}{3}}\right),$$

$$\underline{U}_{ST} = \underline{U}_{SM} - \underline{U}_{TM} = U \cdot \left(e^{-j \cdot \frac{2 \cdot \pi}{3}} - e^{-j \cdot \frac{4 \cdot \pi}{3}}\right),$$

$$\underline{U}_{TR} = \underline{U}_{TM} - \underline{U}_{RM} = U \cdot \left(e^{-j \cdot \frac{4 \cdot \pi}{3}} - 1\right).$$

Aus diesen Beziehungen folgt, dass die Effektivwerte der Aussenleiterspannungen bei der Generatorsternschaltung um den Faktor $\sqrt{3}$ grösser als die Strangspannungen sind. Beispielsweise gilt

$$\left|\underline{U}_{RS}\right| = U \cdot \left|1 - e^{-j \cdot \frac{2 \cdot \pi}{3}}\right| = U \cdot \left|\frac{3}{2} + j \cdot \frac{\sqrt{3}}{2}\right| = U \cdot \sqrt{3}.$$

Im Falle der Dreieckschaltung sind die sogenannten Aussenleiterspannungen $\underline{U}_{RS}$, $\underline{U}_{ST}$ und $\underline{U}_{TR}$ zwischen den Anschlussklemmen mit den entsprechenden Strangspannungen identisch

$$\underline{U}_{RS\triangle} = \underline{U}_{u},$$

$$\underline{U}_{ST\triangle} = \underline{U}_{v},$$

$$\underline{U}_{TR\triangle} = \underline{U}_{w}.$$

11.3 Drehstromverbraucher

Auf der Verbraucherseite können die Lastimpedanzen entweder in Dreieck- oder in Sternschaltung angeordnet sein. Ist man lediglich an den Phasenströmen $\underline{I}_{R}$, $\underline{I}_{S}$ und $\underline{I}_{T}$ interessiert, so dürfen die beiden Anordnungen mit Hilfe der Stern-Dreiecktransformation (oder umgekehrt) ineinander umgewandelt werden. Die Ströme in den einzelnen Lastimpedanzen werden dadurch jedoch verändert!

11.3.1 Verbraucher in Dreieckschaltung

In der Abb. 11.4 sind die drei Lastimpedanzen zu einem Dreieck zusammengeschaltet. Die Aussenleiterspannungen $\underline{U}_{RS}$, $\underline{U}_{ST}$ und $\underline{U}_{TR}$ liegen in diesem Fall direkt über diesen Impedanzen.

Die Lastströme lassen sich deshalb wie folgt bestimmen

$$\underline{I}_{RS} = \frac{\underline{U}_{RS}}{\underline{Z}_{RS}}, \quad \underline{I}_{ST} = \frac{\underline{U}_{ST}}{\underline{Z}_{ST}}, \quad \underline{I}_{TR} = \frac{\underline{U}_{TR}}{\underline{Z}_{TR}},$$

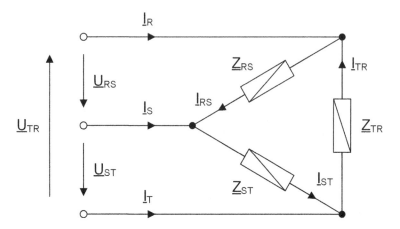

Abb. 11.4 Drehstromsystem mit Verbraucher in Dreieckschaltung

womit für die Phasenströme folgt

$$\underline{I}_R = I_{RS} - I_{TR} = \frac{U_{RS}}{\underline{Z}_{RS}} - \frac{U_{TR}}{\underline{Z}_{TR}},$$

$$\underline{I}_S = I_{ST} - I_{RS} = \frac{U_{ST}}{\underline{Z}_{ST}} - \frac{U_{RS}}{\underline{Z}_{RS}},$$

$$\underline{I}_T = I_{TR} - I_{ST} = \frac{U_{TR}}{\underline{Z}_{TR}} - \frac{U_{ST}}{\underline{Z}_{ST}}.$$

11.3.2 Symmetrische Dreieckslast

Bei symmetrischem Generator in Sternschaltung

$$\underline{U}_{RM} = U \cdot e^{-j \cdot 0}, \quad \underline{U}_{SM} = U \cdot e^{-j \cdot \frac{2 \cdot \pi}{3}}, \quad \underline{U}_{TM} = U \cdot e^{-j \cdot \frac{4\pi}{3}}$$

und symmetrischer Last

$$\underline{Z}_{RS} = \underline{Z}_{ST} = \underline{Z}_{TR} = \underline{Z}$$

gilt

$$
\begin{aligned}
\underline{I}_R &= \frac{U_{RS}}{\underline{Z}} - \frac{U_{TR}}{\underline{Z}} \\
&= \frac{\left(\underline{U}_{RM} - \underline{U}_{SM}\right) - \left(\underline{U}_{TM} - \underline{U}_{RM}\right)}{\underline{Z}} \\
&= \frac{2 \cdot \underline{U}_{RM} - \underline{U}_{SM} - \underline{U}_{TM}}{\underline{Z}} \\
&= 3 \cdot \frac{\underline{U}_{RM}}{\underline{Z}}.
\end{aligned}
\tag{11.1}
$$

Der letzte Rechenschritt folgt aus der Tatsache $\underline{U}_{RM} + \underline{U}_{SM} + \underline{U}_{TM} = 0$. Analog erhält man für die beiden anderen Strangströme

$$\underline{I}_S = 3 \cdot \frac{U_{SM}}{\underline{Z}}$$

respektive

$$\underline{I}_T = 3 \cdot \frac{U_{TM}}{\underline{Z}}.$$

11.3.3 Verbraucher in Sternschaltung

Sind die Lastimpedanzen wie in Abb. 11.5 zu einem Stern zusammengeschlossen, dann entsteht ein neuer Sternpunkt M'. Dieser Verbrauchersternpunkt M' kann entweder mit dem Generatorsternpunkt M verbunden werden oder auch nicht. Sind die beiden Punkte nicht miteinander verbunden, so entfällt in der Abb. 11.5 die Impedanz $\underline{Z}_{M'M}$, d. h. $\underline{Z}_{M'M} \to \infty$.

Von besonderem Interesse ist die Spannung zwischen den beiden Sternpunkten, die sogenannte Verlagerungsspannung $\underline{U}_{M'M}$. Diese lässt sich vergleichsweise einfach berechnen, wenn die drei Quellen mit ihrer jeweiligen Lastimpedanz in Stromquellen umgewandelt werden. Man erhält das in Abb. 11.6 dargestellte Ersatzschaltbild.

Die Summe der drei Quellenströme fliesst durch die Parallelschaltung der vier Impedanzen und erzeugt dadurch die Verlagerungsspannung

$$\underline{U}_{M'M} = \frac{\frac{U_{RM}}{\underline{Z}_R} + \frac{U_{SM}}{\underline{Z}_S} + \frac{U_{TM}}{\underline{Z}_T}}{\frac{1}{\underline{Z}_R} + \frac{1}{\underline{Z}_S} + \frac{1}{\underline{Z}_T} + \frac{1}{\underline{Z}_M}}.$$

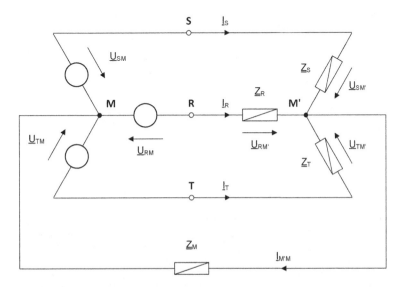

Abb. 11.5 Drehstromsystem mit Verbraucher in Sternschaltung

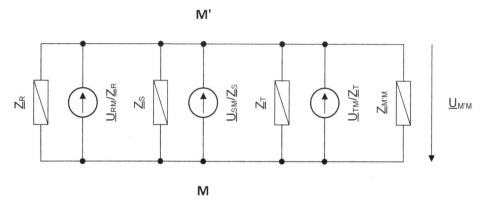

Abb. 11.6 Schaltung zur Berechnung der Verlagerungsspannung UM'M

Ist die Verlagerungsspannung bekannt, können die Spannungen über den Lastimpedanzen und die Lastströme ohne grossen Aufwand bestimmt werden

$$\underline{U}_{RM'} = \underline{U}_{RM} - \underline{U}_{M'M}, \quad \underline{I}_R = \frac{\underline{U}_{RM'}}{\underline{Z}_R},$$

$$\underline{U}_{SM'} = \underline{U}_{SM} - \underline{U}_{M'M}, \quad \underline{I}_S = \frac{\underline{U}_{SM'}}{\underline{Z}_S},$$

$$\underline{U}_{TM'} = \underline{U}_{TM} - \underline{U}_{M'M}, \quad \underline{I}_T = \frac{\underline{U}_{TM'}}{\underline{Z}_T}.$$

Sind die beiden Sternpunkte kurzgeschlossen ($\underline{Z}_M = 0$), so verschwindet die Verlagerungsspannung ($\underline{U}_{M'M} = 0$). In diesem Fall gilt

$$\underline{U}_{RM'} = \underline{U}_{RM}, \quad \underline{I}_R = \frac{\underline{U}_{RM}}{\underline{Z}_R},$$

$$\underline{U}_{SM'} = \underline{U}_{SM}, \quad \underline{I}_S = \frac{\underline{U}_{SM}}{\underline{Z}_S},$$

$$\underline{U}_{TM'} = \underline{U}_{TM}, \quad \underline{I}_T = \frac{\underline{U}_{TM}}{\underline{Z}_T}.$$

In der Verbindung zwischen M und M' fliesst im Allgemeinen ein Strom $\underline{I}_{M'M}$. Dieser
setzt sich aus der (vorzeichenbehafteten) Summe aller Phasenströme zusammen.

11.3.4 Symmetrische Sternlast

Sind die Lastimpedanzen identisch ($\underline{Z}_R = \underline{Z}_S = \underline{Z}_T = \underline{Z}$) und bilden die drei Generatorspannungen ein symmetrisches System, so ist die Verlagerungsspannung gleich null,

$$\underline{U}_{M'M} = \frac{\frac{\underline{U}_{RM}}{\underline{Z}} + \frac{\underline{U}_{SM}}{\underline{Z}} + \frac{\underline{U}_{TM}}{\underline{Z}}}{\frac{1}{\underline{Z}} + \frac{1}{\underline{Z}} + \frac{1}{\underline{Z}} + \frac{1}{\underline{Z}_M}}$$

$$= \frac{\frac{0}{\underline{Z}}}{\frac{1}{\underline{Z}} + \frac{1}{\underline{Z}} + \frac{1}{\underline{Z}} + \frac{1}{\underline{Z}_M}} .$$

Die Impedanz $\underline{Z}_M$ kann in diesem Fall ohne Folgen aus der Schaltung entfernt werden. Für die drei Phasenströme erhält man

$$\underline{I}_R = \frac{\underline{U}_{RM}}{\underline{Z}}, \qquad \underline{I}_S = \frac{\underline{U}_{SM}}{\underline{Z}}, \qquad \underline{I}_T = \frac{\underline{U}_{TM}}{\underline{Z}} .$$

Der Vergleich mit der symmetrischen Dreieckslast (Gl. 11.1) zeigt, dass bei der symmetrischen Sternschaltung die Phasenströme dem Betrag nach um den Faktor 3 kleiner sind.

11.4   Leistungen im Drehstromsystem

11.4.1 Zeitliche Konstanz der Leistung in einem symmetrischen Drehstromsystem

Sind in einem Drehstromsystem sowohl der Generator als auch der Verbraucher symmetrisch, so ist die Phasenverschiebung φ zwischen einer Strangspannung und dem dazugehörigen Strangstrom für alle drei Phasen gleich. Ferner sind die Spitzenwerte aller Strangspannungen $\hat{U}$ und aller Strangströme $\hat{I}$ identisch. Es resultieren die in Tab. 11.1 gelisteten Stranspannungen und -ströme.

Für die Gesamtleistung des Generators erhält man

Tab. 11.1 Strangspannungen und Ströme in einem symmetrischen Drehstromsystem

Strang	Strangspannung	Strangstrom
u	$u_u(t) = \hat{U} \cdot \cos(\omega \cdot t)$	$i_u(t) = \hat{I} \cdot \cos(\omega \cdot t - \varphi)$
v	$u_v(t) = \hat{U} \cdot \cos\left(\omega \cdot t - \frac{2\pi}{3}\right)$	$i_v(t) = \hat{I} \cdot \cos\left(\omega \cdot t - \frac{2\pi}{3} - \varphi\right)$
w	$u_w(t) = \hat{U} \cdot \cos\left(\omega \cdot t - \frac{4\pi}{3}\right)$	$i_w(t) = \hat{I} \cdot \cos\left(\omega \cdot t - \frac{4\pi}{3} - \varphi\right)$

$$p(t) = u_u(t) \cdot i_u(t) + u_v(t) \cdot i_v(t) + u_w(t) \cdot i_w(t)$$

$$= \hat{U}\hat{I}\left[\cos(\omega t)\cos(\omega t - \varphi) + \cos\left(\omega t - \frac{2\pi}{3}\right)\cos\left(\omega t - \frac{2\pi}{3} - \varphi\right) + \cos\left(\omega t - \frac{4\pi}{3}\right)\cos\left(\omega t - \frac{4\pi}{3} - \varphi\right)\right].$$

Mit Hilfe der trigonometrischen Beziehung

$$\cos(\alpha) \cdot \cos(\beta) = \frac{1}{2}(\cos(\alpha + \beta) + \cos(\alpha - \beta))$$

lässt sich dies umformen

$$p(t) = \frac{\hat{U} \cdot \hat{I}}{2}\left[\underbrace{\cos(2\omega t - \varphi) + \cos\left(2\left(\omega t - \frac{2\pi}{3}\right) - \varphi\right) + \cos\left(2\left(\omega t - \frac{2\pi}{3}\right) - \varphi\right)}_{=0} + 3\cos(\varphi)\right].$$

Die drei von der Zeit t abhängigen Terme sind jeweils um 120° gegeneinander verschoben, also ist ihre Summe null. Die vom Generator zu liefernde Gesamtleistung

$$p(t) = 3 \cdot \frac{\hat{U} \cdot \hat{I}}{2} \cdot \cos(\varphi) = 3 \cdot U \cdot I \cdot \cos(\varphi)$$

ist in einem symmetrischen Drehstromsystem deshalb zeitlich konstant.

11.4.2 Elektrodynamische Wattmeter

Befindet sich eine drehbare Spule in einem Magnetfeld, so ist das auf die Spule wirkende Drehmoment proportional zum Produkt aus Spulenstrom und magnetischer Feldstärke. Wird das Magnetfeld dadurch erzeugt, dass in einer zweiten, starren Spule ein Strom fliesst, so ist das Drehmoment proportional zum Produkt der beiden Ströme. In einem elektrodynamischen Wattmeter hängt der Strom in der drehbaren Spule von der Messspannung ab. Der Strom in der starren Spule ist gleich dem Messstrom. Somit ist das Drehmoment proportional zum Produkt aus Messspannung und Messstrom, d. h. zur Momentanleistung. Aufgrund der mechanischen Trägheit kann der Zeiger schnellen zeitlichen Schwankungen nicht folgen. Der Zeigerausschlag entspricht deshalb dem zeitlichen Mittelwert der Momentanleistung oder der Wirkleistung.

▶ **Elektrodynamisches Wattmeter**
   Der Zeigerausschlag eines elektrodynamischen Wattmeters ist proportional zum zeitlichen Mittelwert des Produkts aus Messspannung und Messstrom.
   Sind die Messgrössen sinusförmig, so ist die Anzeige abhängig vom Effektivwert U_{Mess} der Spannung, vom Effektivwert I_{Mess} des Stroms und der Phasenverschiebung φ zwischen Spannung und Strom

$$U_{Mess} \cdot I_{Mess} \cdot \cos(\varphi).$$

Die Abb. 11.7 zeigt das Schaltbild eines Wattmeters.

Abb. 11.7 Schaltbild eines
Wattmeters

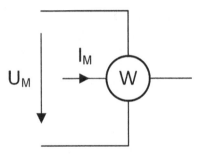

11.4.3 Leistungen im symmetrischen Dreiphasensystem

Generell ergibt sich die gesamte Leistung eines Dreiphasensystems aus der Summe der
drei Strangleistungen. In einem Dreiphasensystem mit symmetrischen Verbrauchern
genügt es, die Leistung eines einzelnen Strangs zu messen. Aus Symmetriegründen sind
die Leistungen in den beiden anderen Stränge identisch.

Ist der symmetrische Verbraucher in Sternschaltung aufgebaut und ist der Sternpunkt
zugreifbar, so kann die Leistung wie in der Abb. 11.8 gezeigt gemessen werden. Die
Gesamtleistung ergibt sich aus dem Dreifachen der angezeigten Leistung.

Ist der Sternpunkt nicht zugänglich oder – wie etwa bei der Dreieckschaltung – gar
nicht vorhanden, so kann, wie in Abb. 11.9 gezeigt, durch drei identische Impedanzen
ein künstlicher Sternpunkt geschaffen werden.

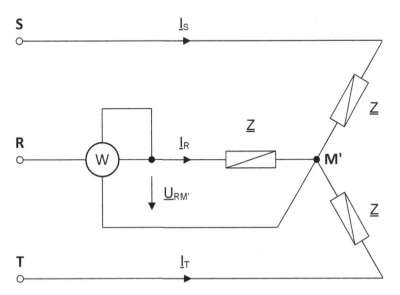

Abb. 11.8 Leistungsmessung in einem Drehstromsystem mit symmetrischem Verbraucher und
zugänglichem Sternpunkt

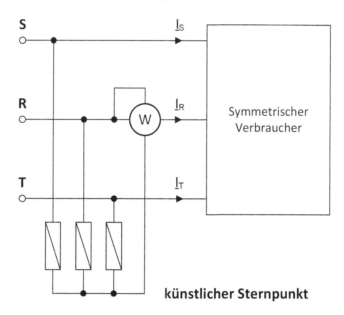

künstlicher Sternpunkt

Abb. 11.9 Leistungsmessung in einem Drehstromsystem mit symmetrischem Verbraucher und künstlichem Sternpunkt

Durch Anwendung eines Kunstgriffs kann bei symmetrischem Verbraucher auch die Blindleistung mit einem elektrodynamischen Wattmeter gemessen werden. Dabei wird die Tatsache ausgenutzt, dass beispielsweise die Aussenleiterspannung $\underline{U}_{ST}$ gegenüber den Phasenspannungen $\underline{U}_{RM}$ um $-90°$ phasenverschoben ist

$$\begin{aligned}
\underline{U}_{ST} &= \underline{U}_{SM} - \underline{U}_{TM} \\
&= U \cdot \left(e^{-j\frac{2\pi}{3}} - e^{-j\frac{4\pi}{3}} \right) \\
&= -U \cdot \sqrt{3} \cdot j \\
&= -\sqrt{3} \cdot j \cdot \underline{U}_{RM}.
\end{aligned}$$

Diese Tatsache lässt sich auch mit Hilfe des Zeigerdiagramms in Abb. 11.10 verifizieren.

Bezeichnen wir die Phasenverschiebung zwischen der Phasenspannung $\underline{U}_{RM}$ und dem Phasenstrom $\underline{I}_R$ mit φ, so beobachten wir eine Phasendifferenz zwischen $\underline{U}_{ST}$ und $\underline{I}_R$ von $\varphi - \pi/2$. Das Wattmeter in der Messschaltung in Abb. 11.11 zeigt deshalb den Wert

$$U_{ST} \cdot I_R \cdot \cos\left(\varphi - \frac{\pi}{2} \right) = \sqrt{3} \cdot U_R \cdot I_R \cdot \sin(\varphi)$$

an. Dies entspricht bis auf den Faktor $\sqrt{3}$ gerade der Blindleistung der Phase R. Die gesamte Blindleistung des symmetrischen Verbrauchers erhält man demnach, indem man die Anzeige des Wattmeters mit $3\big/\sqrt{3} = \sqrt{3}$ multipliziert.

Abb. 11.10 Die Aussenleiterspannung U_{ST} ist gegenüber der Phasenspannung U_{RM} um $-90°$ phasenverschoben

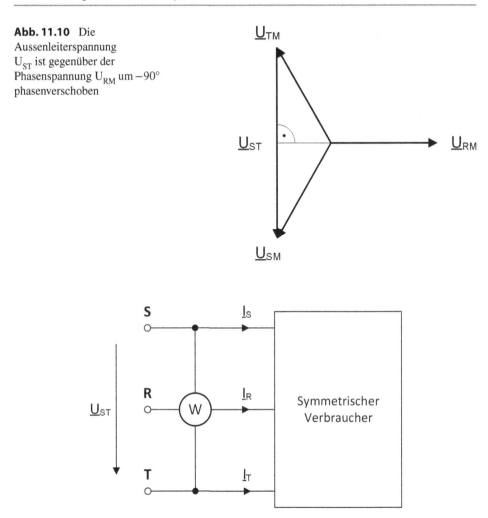

Abb. 11.11 Messen der Blindleistung bei symmetrischem Verbraucher

11.4.4 Leistungsmessung bei unsymmetrischem Verbraucher

Grundsätzlich muss bei unsymmetrischer Belastung die Leistung jeder einzelnen Phase getrennt gemessen werden. Dazu werden drei Wattmeter benötigt. Es ist jedoch auch möglich, mit lediglich zwei Messgeräten die gesamte Wirkleistung zu bestimmen.

In einem Drehstromsystem ohne Nullleiter ist die Summe der drei Phasenströme I_R, I_S und I_T immer gleich null. Der dritte Phasenstrom kann aus den beiden anderen berechnet werden. Die gleiche Aussage trifft auch für die drei Aussenleiterspannungen U_{RS}, U_{ST} und U_{TR} zu. Offensichtlich reicht es aus, zwei von jeweils drei Grössen zu kennen. Es ist deshalb nicht weiter erstaunlich, dass die gesamte Wirkleistung mit nur zwei Wattmetern gemessen werden kann. Der in Abb. 11.12 wiedergegebene Messaufbau trägt die Bezeichnung Aronschaltung.

Das obere Wattmeter zeigt den Wert

$$P_1 = U_{SR} \cdot I_S \cdot \cos{(\varphi_{SR})} = \mathrm{Re}\left[\underline{U}_{SR} \cdot \underline{I}_S^*\right]$$

an. Dabei bezeichnet φ_{SR} den Phasenwinkel zwischen $\underline{U}_{SR}$ und $\underline{I}_S$. Das untere Wattmeter zeigt entsprechend den Wert

$$P_2 = U_{TR} \cdot I_T \cdot \cos{(\varphi_{TR})} = \mathrm{Re}\left[\underline{U}_{TR} \cdot \underline{I}_T^*\right]$$

an.

Die Summe von P_1 und P_2 ist gleich der gesamten Wirkleistung, welche im Verbraucher in Wärme umgewandelt wird. Es gilt also

$$P_{\mathrm{tot}} = P_1 + P_2.$$

Um dies zu zeigen, wird zuerst die gesamte komplexe Scheinleistung $\underline{S}_{\mathrm{tot}}$ bestimmt. Diese setzt sich aus den komplexen Scheinleistungen der einzelnen Phasen zusammen,

$$\begin{aligned}\underline{S}_{\mathrm{tot}} &= \underline{S}_R + \underline{S}_S + \underline{S}_T \\ &= \underline{U}_{RM} \cdot \underline{I}_R^* + \underline{U}_{SM} \cdot \underline{I}_S^* + \underline{U}_{TM} \cdot \underline{I}_T^*.\end{aligned}$$

Mit der Beziehung $\underline{I}_R = -\underline{I}_S - \underline{I}_T$ folgt

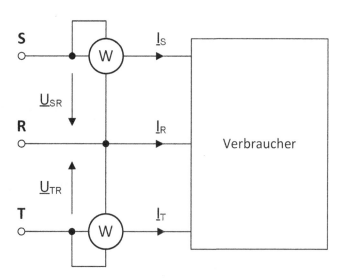

Abb. 11.12 Aronschaltung zur Messung der gesamten Wirkleistung bei unsymmetrischem Verbraucher

$$\underline{S}_{\text{tot}} = \underline{U}_{RM} \cdot \left(-I_S^* - I_T^*\right) + \underline{U}_{SM} \cdot \underline{I}_S^* + \underline{U}_{TM} \cdot \underline{I}_T^*$$
$$= \left(\underline{U}_{SM} - \underline{U}_{RM}\right) \cdot \underline{I}_S^* + \left(\underline{U}_{TM} - \underline{U}_{RM}\right) \cdot \underline{I}_T^*$$
$$= \underline{U}_{SR} \cdot \underline{I}_S^* + \underline{U}_{TR} \cdot \underline{I}_T^*.$$

Der Realteil der komplexen Scheinleistung ist gleich der gesamten Wirkleistung P_{tot}

$$P_{\text{tot}} = \text{Re}\left[\underline{S}_{\text{tot}}\right]$$
$$= \text{Re}\left[\underline{U}_{SR} \cdot \underline{I}_S^* + \underline{U}_{TR} \cdot \underline{I}_T^*\right]$$
$$= \text{Re}\left[\underline{U}_{SR} \cdot \underline{I}_S^*\right] + \text{Re}\left[\underline{U}_{TR} \cdot \underline{I}_T^*\right]$$
$$= P_1 + P_2$$

und entspricht tatsächlich der Summe der auf den beiden Wattmetern angezeigten Leistungen.

Wird die Aronschaltung mit einem symmetrischen Verbraucher eingesetzt, so ergibt sich aus der Differenz der beiden Messwerte die insgesamt umgesetzte Blindleitung nach der Beziehung

$$Q_{\text{tot}} = \pm\sqrt{3} \cdot (P_2 - P_1).$$

Das Vorzeichen der Blindleistung muss durch eine zusätzliche Messung ermittelt werden.

Ortskurven

12

▶ **Trailer**

Viele elektrische Grössen können durch komplexe Zahlen beschrieben und somit als Punkte in der Gauss'schen Zahlenebene dargestellt werden. Ändert man eine elektrische Größe in Abhängigkeit von einem Parameter, erhält man eine ganze Reihe von Punkten, die schliesslich zu einer Kurve in der Ebene führen. Eine solche Kurve wird Ortskurve der elektrischen Grösse genannt.

Die elektrische Grösse ist typischerweise eine Impedanz, eine Admittanz oder eine Übertragungsfunktion. Der dazugehörige komplexer Zeiger wird in Abhängigkeit eines Bauelementwertes oder der Kreisfrequenz aufgezeichnet.

12.1 Beispiel

Beispiel

Wir betrachten die in Abb. 12.1 wiedergegebene Reihenschaltung aus Induktivität und Widerstand.

Die dazugehörige komplexe Impedanz ist gegeben durch

$$\underline{Z} = R + j \cdot \omega \cdot L.$$

Als erstes betrachten wir die Abhängigkeit der Impedanz vom Widerstandswert R. Wir nehmen also L und ω als konstant an. Damit ist der Imaginärteil der Impedanz ebenfalls konstant, nämlich $\mathrm{Im}[Z] = \omega \cdot L$. Wird der Widerstandswert R verändert, so ändert sich lediglich der Realteil der Impedanz. Die Ortskurve ist in diesem Fall eine

© Springer Fachmedien Wiesbaden GmbH, ein Teil von Springer Nature 2021
M. Hufschmid, *Grundlagen der Elektrotechnik*,
https://doi.org/10.1007/978-3-658-30386-0_12

Abb. 12.1 Reihenschaltung
aus Induktivität (L) und
Widerstand (R)

Abb. 12.2 Ortskurve der
Impedanz in Abhängigkeit
von R

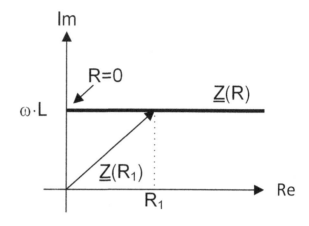

zur reellen Achse parallele Halbgerade (Abb. 12.2). Sie kommt dadurch zustande, dass in der Impedanz Z der Parameter R verschiedene Werte durchläuft.

Interessiert die Abhängigkeit der Impedanz von der Kreisfrequenz ω, so erhält man eine andere Ortskurve. In diesem Fall ist der Realteil der Impedanz konstant. Dagegen ändert sich der Imaginärteil proportional zur Kreisfrequenz. Als Ortskurve erhält man eine zur imaginären Achse parallele Halbgerade (Abb. 12.3). ◄

Abb. 12.3 Ortskurve der
Impedanz in Abhängigkeit der
Kreisfrequenz

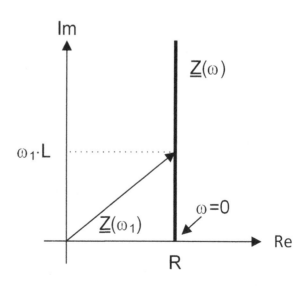

12.2 Inversion von Ortskurve

Ist wie im obigen Beispiel die Ortskurve der Impedanz bekannt, dann kann daraus die Ortskurve der Admittanz konstruiert werden. Dazu muss jeder Punkt der Ortskurve invertiert werden. Die $\underline{Y}$-Ortskurve entsteht durch Inversion aus der $\underline{Z}$-Ortskurve (und umgekehrt). In diesem Zusammenhang ist die folgende Tatsache hilfreich.

▶ **Inversion von Kreisen**
Die Inversion eines Kreises in der komplexen Ebene ergibt wiederum einen Kreis. Eine Gerade wird hierbei als Sonderfall eines Kreises mit unendlich grossem Radius angesehen. Jeder Kreis, der den Nullpunkt der Gauss'schen Zahlenebene enthält, geht durch Inversion in eine Gerade über (und umgekehrt).

Die letzte Aussage folgt aus dem Umstand, dass die Inversion des Nullpunkts immer einen unendlich entfernten Punkt liefert. Umgekehrt enthält eine Gerade immer Punkte, welche unendlich weit vom Ursprung entfernt sind. Diese werden durch Inversion auf den Nullpunkt abgebildet.

Bei der Inversion von Kreisen (und Geraden) können die in Tab. 12.1 gezeigten Fälle unterschieden werden.

Beispiel

Wir betrachten wiederum die Reihenschaltung aus der Abb. 12.1.

Diesmal suchen wir jedoch die Ortskurve der Admittanz in Abhängigkeit der Kreisfrequenz ω. Diese erhalten wir, indem wir die Z-Ortskurve invertieren. Da es sich dabei um eine Halbgerade handelt, welche nicht durch den Nullpunkt geht, liefert die Inversion einen Halbkreis durch den Nullpunkt. Der Imaginärteil der Z-Ortskurve ist durchwegs positiv. Daraus folgt, dass der Imaginärteil der Y-Ortskurve dauernd negativ ist. Schliesslich betrachten wir noch den Punkt $\omega = 0$. Dort ist die Impedanz $Z(\omega = 0) = R$ und damit gilt für die Admittanz $Y(\omega = 0) = 1/R$. Mit diesen Überlegungen resultiert die Ortskurve der Admittanz in Abb. 12.4. ◀

Um einen Kreis in allgemeiner Lage zu invertieren, genügt es, die Punkte mit maximalem, resp. minimalem Betrag zu invertieren. Das Vorgehen ist in Abb. 12.5 dargestellt und ergibt sich aus der Überlegung, dass bei einer Inversion einer komplexen

Tab. 12.1 Zusammenstellung der verschiedenen Fälle bei der Inversion von Ortskurven

Gerade durch den Nullpunkt	↔	Gerade durch den Nullpunkt
Gerade in allgemeiner Lage	↔	Kreis durch den Nullpunkt
Kreis durch den Nullpunkt	↔	Gerade in allgemeiner Lage
Kreis in allgemeiner Lage	↔	Kreis in allgemeiner Lage

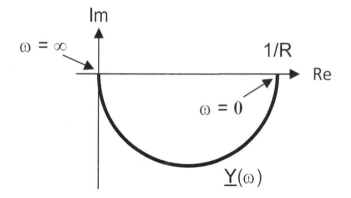

Abb. 12.4 Ortskurve der Admittanz in Abhängigkeit der Kreisfrequenz

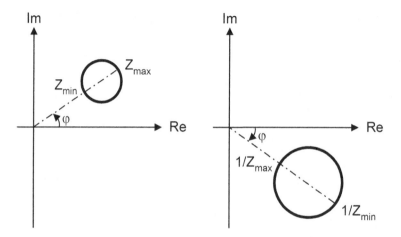

Abb. 12.5 Inversion eines Kreises in allgemeiner Lage

Zahl deren Betrag invertiert werden muss und das Argument φ (Phasenwinkel) das Vorzeichen ändert.

12.3   Ortskurven einfacher Schaltungen

In den Abb. 12.6 und 12.7 sind die Ortskurven einiger einfacher Schaltungen zusammengestellt. Es fällt auf, dass es sich ausschliesslich um Geraden und Kreise handelt. Daraus den Schluss zu ziehen, dass alle Impedanzortskurven gerade oder kreisförmig sind, ist hingegen falsch. Prinzipiell kann der Verlauf einer Ortskurve fast beliebig kompliziert sein.

Abb. 12.6 Ortskurven
einfacher Schaltungen

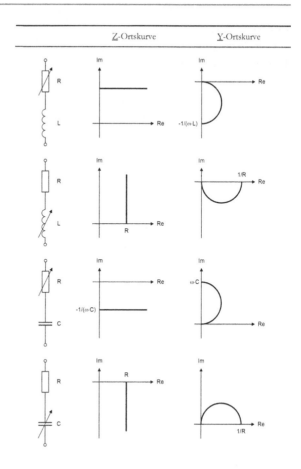

12.4 Beispiel einer komplexeren Ortskurve

Beispiel

Gesucht ist die Ortskurve der Admittanz des Netzwerks aus Abb. 12.8 in Abhängigkeit der Kreisfrequenz ω.

Die Schaltung ist im Wesentlichen eine Parallelschaltung zweier Zweipole. Es ist deshalb von Vorteil, in einem ersten Schritt die $\underline{Y}$-Ortskurven der beiden Teilschaltungen zu bestimmen (Abb. 12.9).

Durch punktweise Addition der beiden Ortskurven resultiert daraus die in Abb. 12.10 dargestellte Ortskurve der gegebenen Schaltung.

Neben der graphischen Lösung kann die Ortskurve auch analytisch hergeleitet werden. Dazu wird die Admittanz der gegebenen Schaltung berechnet

Abb. 12.7 Ortskurven
einfacher Schaltungen
(Fortsetzung)

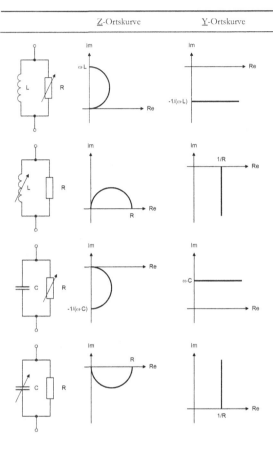

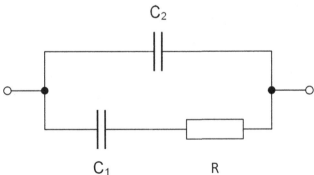

Abb. 12.8 Beispiel zur Bestimmung einer komplexeren Ortskurve

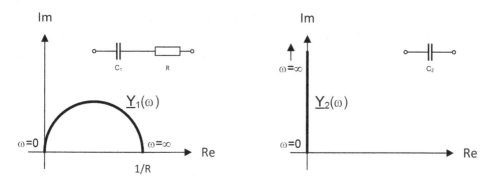

Abb. 12.9 Ortskurven der Teilschaltungen

Abb. 12.10 Ortskurve der
Gesamtschaltung

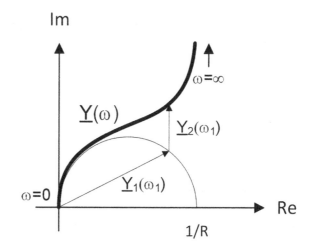

$$\underline{Y}(\omega) = j \cdot \omega \cdot C_2 + \frac{j \cdot \omega \cdot C_1}{1 + j \cdot \omega \cdot R \cdot C_1}$$

$$= \frac{j \cdot \omega \cdot (C_1 + C_2) - \omega^2 \cdot R \cdot C_1 \cdot C_2}{1 + j \cdot \omega \cdot R \cdot C_1}$$

$$= \frac{\omega^2 \cdot R \cdot C_1^2}{1 + \omega^2 \cdot R^2 \cdot C_1^2} + j \cdot \frac{\omega \cdot (C_1 + C_2 + \omega^2 \cdot R^2 \cdot C_1^2 \cdot C_2)}{1 + \omega^2 \cdot R^2 \cdot C_1^2}$$

Indem wir den Realteil der Admittanz mit x und den Imaginärteil mit y bezeichnen

$$x = \text{Re}[\underline{Y}(\omega)] = \frac{\omega^2 \cdot R \cdot C_1^2}{1 + \omega^2 \cdot R^2 \cdot C_1^2}$$

$$y = \text{Im}[\underline{Y}(\omega)] = \frac{\omega \cdot \left(C_1 + C_2 + \omega^2 \cdot R^2 \cdot C_1^2 \cdot C_2\right)}{1 + \omega^2 \cdot R^2 \cdot C_1^2}$$

erhalten wir eine Parameterdarstellung der Ortskurve. Die erste Gleichung kann nach dem Parameter ω aufgelöst werden

$$\omega = \sqrt{\frac{x}{R \cdot C_1^2 - R^2 \cdot C_1^2 \cdot x}}.$$

Wird dieses Ergebnis in die zweite Gleichung eingesetzt, so erhält man eine parameterfreie Darstellung der Ortskurve

$$y = \sqrt{\frac{x}{R \cdot C_1^2 - R^2 \cdot C_1^2 \cdot x}} \cdot \frac{C_1 + C_2 + \frac{R \cdot C_2 \cdot x}{1 - R \cdot x}}{1 + \frac{R \cdot x}{1 - R \cdot x}}$$

$$= \frac{1}{R} \cdot \sqrt{\frac{R \cdot x}{1 - R \cdot x}} \cdot \left(1 + \frac{C_2}{C_1} - R \cdot x\right).$$

Es macht nun Sinn, die Abkürzungen $x' = R \cdot x = R \cdot \mathrm{Re}[Y]$ und $y' = R \cdot y = R \cdot \mathrm{Im}[Y]$ einzuführen. Dadurch resultiert die Beziehung

$$y' = \sqrt{\frac{x'}{1 - x'}} \cdot \left(1 + \frac{C_2}{C_1} - x'\right).$$

Dieser Zusammenhang ist in der Abb. 12.11 für verschiedene Werte des Kapazitätsverhältnisses C_2/C_1 aufgetragen. ◄

12.5   Konstruktion einer Frequenzskala

Die Ortskurve dient zur Darstellung des prinzipiellen Verlaufs einer komplexen Grösse in Abhängigkeit eines Parameters. Die Zuordnung zwischen Parameterwert und dem dazugehörigen Punkt auf der Ortskurve ist jedoch nicht ohne weiteres ersichtlich.

In einfachen Fällen (Geraden und Kreise als Ortskurven) ist es möglich, einen Massstab zu konstruieren, mit dessen Hilfe derjenige Punkt auf der Ortskurve ermittelt werden kann, welcher zu einem gegebenen Parameterwert gehört.

Beispiel

Das Verhalten der Impedanz des Zweipols in Abb. 12.12 soll in Abhängigkeit der Kreisfrequenz ω untersucht werden. Da der Realteil der Impedanz (und damit die x-Koordinate der Ortskurve) nicht von der Kreisfrequenz abhängt, ergibt sich als Ortskurve die in Abb. 12.13 dargestellte Halbgerade.

Der Imaginärteil

$$\mathrm{Im}[\underline{Z}(\omega)] = \omega \cdot L$$

Abb. 12.11 Ortskurven
für verschiedene
Kondensatorverhältnisse

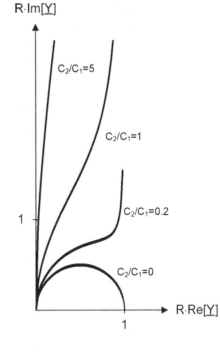

Abb. 12.12 Beispiel eines
einfachen Zweipols

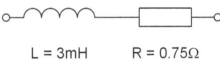

$$L = 3\text{mH} \qquad R = 0.75\Omega$$

der Impedanz (und damit die y-Koordinate der Ortskurve) ist proportional zur Kreisfrequenz. Deshalb ist es nicht schwierig, zu einem Punkt auf der Ortskurve den dazugehörigen Parameterwert zu ermitteln. Beispielsweise gilt im Punkt A

$$\omega \cdot L = R$$

und somit

$$\omega = \frac{R}{L}.$$

Der Punkt B, dessen y-Koordinate doppelt so gross ist, entspricht offensichtlich der Kreisfrequenz $2 \cdot R/L$. Die Kreisfrequenz lässt sich demnach direkt aus der y-Koordinate der Ortskurve bestimmen. Jede zur y-Achse parallele Halbgerade kann als Frequenzmassstab dienen, wenn sie mit einer entsprechenden Skala versehen wird. Der Abstand des Frequenzmassstabs von der y-Achse wird dabei mit Vorteil so

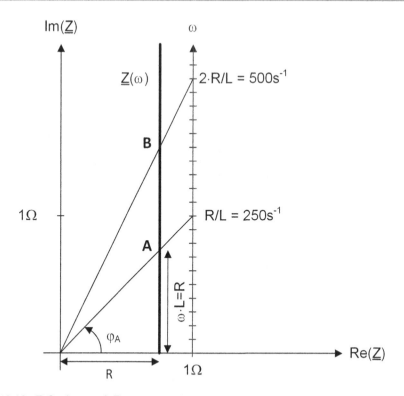

Abb. 12.13 Z-Ortskurve mit Frequenzmassstab

gewählt, dass die Dezimalteilung dem vorgegebenen Raster des Zeichenpapiers entspricht.

Bei der Inversion einer komplexen Zahl ändert sich das Vorzeichen des Phasenwinkels. Der Impedanz Z_A mit dem Winkel φ_A entspricht die Admittanz Y_A mit dem Winkel $-\varphi_A$. Durch Spiegelung an der x-Achse kann deshalb aus dem Frequenzmassstab für die Z-Ortskurve der Frequenzmassstab für die Y-Ortskurve konstruiert werden. Dies ist in der Abb. 12.14 dargestellt.

Mit Hilfe dieses Frequenzmassstabs ist es nun ohne weiteres möglich, den zu einer vorgegebenen Kreisfrequenz gehörigen Punkt auf der Ortskurve zu finden. Man muss lediglich eine Gerade durch den Nullpunkt und durch den gewünschten Wert des Frequenzmassstabs zeichnen und diese mit der Ortskurve schneiden. ◀

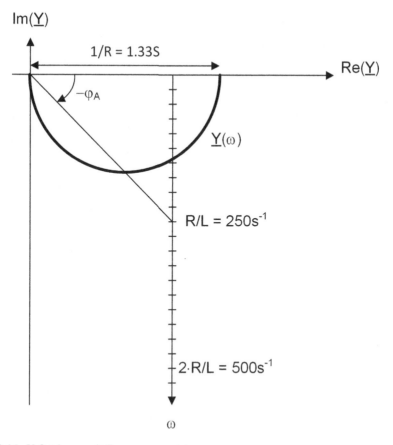

Abb. 12.14 Y-Ortskurve mit Frequenzmassstab

Komplexer Frequenzgang und Bodediagramm

13

▶ **Trailer**

Wird ein lineares Netzwerk als Zweitor mit einem Eingang und einem Ausgang interpretiert, so kann dessen Verhalten durch den komplexen Frequenzgang beschrieben werden. Um diesen zu bestimmen, wird das Zweitor mit einem sinusförmigen Signal angeregt. Aufgrund der Linearität wird das Ausgangssignal nach Abklingen der Einschwingvorgänge ebenfalls sinusförmig sein. Die Ein- und Ausgangsgrössen können wie gewohnt durch komplexe Zeiger repräsentiert werden. Der komplexe Frequenzgang ist das frequenzabhängige Verhältnis dieser Zeiger.

Für die graphische Darstellung des komplexen Frequenzgangs hat sich das Bodediagramm[1] bewährt. Hierbei werden Betrag- und Phasenverläufe getrennt über einer logarithmischen Frequenzachse aufgetragen. Zudem wird der Betrag logarithmisch dargestellt, meist in der (Pseudo-) Einheit Dezibel. Ein grosser Vorteil des Bodediagramms ist, dass Aussagen über das asymptotische Verhalten auf einfache Weise abgeleitet werden können.

13.1 Komplexer Frequenzgang

Wir betrachten ein lineares System wie in Abb. 13.1 mit einer sinusförmigen Eingangsgrösse x(t). Im eingeschwungenen Zustand ist die Ausgangsgrösse y(t) ebenfalls wieder sinusförmig. Sowohl Eingangs- wie Ausgangsgrösse können dann durch die dazugehörigen komplexen Zeiger $\underline{X}(\omega)$ respektive $\underline{Y}(\omega)$ repräsentiert werden. Deren Betrag und Phasenwinkel hängen im Allgemeinen von der Kreisfrequenz ω ab.

---

[1]Nach dem US-amerikanischen Elektrotechniker Hendrik Wade Bode (1905–1982).

© Springer Fachmedien Wiesbaden GmbH, ein Teil von Springer Nature 2021
M. Hufschmid, *Grundlagen der Elektrotechnik*,
https://doi.org/10.1007/978-3-658-30386-0_13

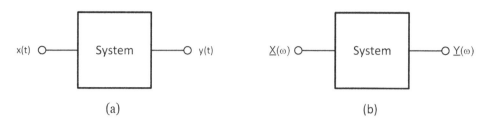

Abb. 13.1 Darstellung eines Systems im Zeitbereich (a) und im Frequenzbereich (b)

▶ **Komplexer Frequenzgang**

Das Verhältnis des komplexen Zeigers einer Ausgangsgrösse zum komplexen
Zeiger einer Eingangsgrösse in Funktion der Kreisfrequenz ω,

$$\underline{H}(\omega) = \frac{\underline{Y}(\omega)}{\underline{X}(\omega)},$$

wird komplexer Frequenzgang genannt. Als Quotient zweier komplexen Grössen
ist der komplexe Frequenzgang im Allgemeinen auch wieder eine komplex-
wertige Funktion. Der Betrag des Frequenzgangs $|\underline{H}(\omega)|$ ist der Amplitudengang,
die Phase $\angle \underline{H}(\omega)$ der Phasengang.

In der Elektrizitätslehre sind die interessierenden Grössen gewöhnlich entweder
Spannungen oder Ströme. Folglich ist der komplexe Frequenzgang meistens das Verhältnis zweier Spannungs- oder zweier Stromzeiger.

Beispiel

Aus der Analyse des RC-Glieds in Abb. 13.2 resultiert der Frequenzgang

$$\underline{H}(\omega) = \frac{\underline{U}_2(\omega)}{\underline{U}_1(\omega)} = \frac{1}{1 + j \cdot \omega \cdot R \cdot C}$$

mit dem Amplitudengang

$$|\underline{H}(\omega)| = \frac{1}{\sqrt{1 + \omega^2 \cdot R^2 \cdot C^2}}$$

und dem Phasengang

$$\angle \underline{H}(\omega) = - \arctan(\omega \cdot R \cdot C). \blacktriangleleft$$

Der Frequenzgang ist eine komplexe Funktion mit der Kreisfrequenz ω als Argument.
Für deren graphische Darstellung gibt es grundsätzlich verschiedene Möglichkeiten. Beispielsweise kann der Verlauf von H(ω) in der komplexen Zahlenebene aufgezeichnet

Abb. 13.2 Beispiel eines
RC-Tiefpasses

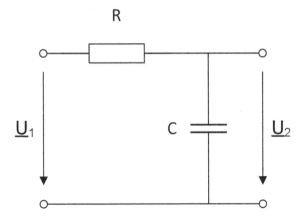

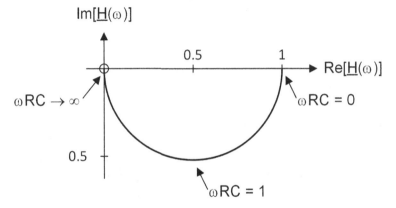

Abb. 13.3 Parameterdarstellung des Frequenzgangs aus dem obigen Beispiel

werden, wobei ω als Parameter verwendet wird. Wie die Abb. 13.3 zeigt, ist diese Parameterdarstellung eines Frequenzgangs oft nicht sehr aufschlussreich.

Auch die getrennte Darstellung von Real- und Imaginärteil wie in Abb. 13.4 ist meist nicht sehr anschaulich.

13.2 Bodediagramm

Bewährt hat sich dagegen die Darstellung des komplexen Frequenzgangs, aufgeteilt nach Betrag und Phase. Ob diese Art der Darstellung so beliebt ist, weil sich der Elektroingenieur gewohnt ist, in Beträgen und Phasenwinkeln zu denken oder ob der Ingenieur in Beträgen und Phasen denkt, weil dies intuitiv leicht erfassbare Grössen sind, ist dabei

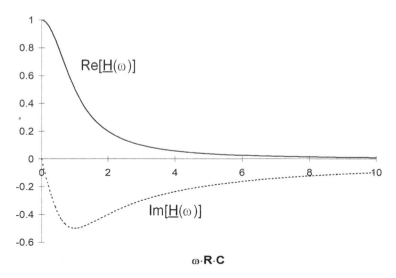

Abb. 13.4 Real- und Imaginärteil des Frequenzgangs

nicht von Bedeutung. Die Darstellung nach Betrag und Phase hat jedenfalls den Vorteil, dass die Multiplikation der komplexen Grössen relativ einfach wird.

Diese Darstellung lässt sich hingegen noch verbessern, indem der Betrag logarithmisch, z. B. in Dezibel, dargestellt wird. Daraus resultieren zwei entscheidende Vorteile:

- Es können sehr grosse Amplitudenbereiche übersichtlich wiedergegeben werden. Die Auflösung ist in jeder Dekade[2] gleich gut. So ist beispielsweise das Intervall von 0,001 bis 0,01 in einer logarithmischen Darstellung gleich breit wie das Intervall von 100 bis 1000.
- Bei der Kaskadierung von Zweitoren müssen deren Frequenzgänge multipliziert werden. Dabei werden die Phasengänge addiert und die Amplitudengänge multipliziert. Die Multiplikation der Beträge vereinfacht sich durch das Logarithmieren und wird zur Addition, welche auch graphisch einfach durchgeführt werden kann. Da bei der Multiplikation die Phasenwinkel direkt addiert werden, macht eine logarithmische Darstellung des Phasengangs keinen Sinn.

$$\underline{H}_1 = \left|\underline{H}_1\right| \cdot e^{j \cdot \varphi_1}$$
$$\underline{H}_2 = \left|\underline{H}_2\right| \cdot e^{j \cdot \varphi_2}$$
$$\underline{H}_1 \cdot \underline{H}_2 = \left|\underline{H}_1\right| \cdot \left|\underline{H}_2\right| \cdot e^{j \cdot (\varphi_1 + \varphi_2)}$$

Aus den folgenden Gründen ist es von Vorteil, auch die Frequenzachse logarithmisch darzustellen.

---

[2]Unter einer Dekade verstehen wir in diesem Zusammenhang ein Amplitudenverhältnis von 10:1.

- Es können sehr grosse Frequenzbereiche übersichtlich dargestellt werden. Die Auflösung ist in jeder Dekade gleich gut.
- Stellt man den Amplitudengang eines linearen Netzwerks aus diskreten Bauelementen doppelt logarithmisch dar, so erhält man sowohl für sehr hohe als auch für sehr tiefe Frequenzen Geraden. Diese werden die Asymptoten des Amplitudengangs genannt.

Die zweite Eigenschaft folgt aus den nachstehenden Überlegungen: Bei einem linearen Netzwerk mit diskreten Bauelementen (Widerstände, Kondensatoren, Spulen) ist der Frequenzgang immer eine gebrochen rationale Funktion der Variablen j·ω. Mit anderen Worten, $\underline{H}(\omega)$ ist der Quotient zweier Polynome,

$$\underline{H}(\omega) = \frac{a_m \cdot (j \cdot \omega)^m + a_{m-1} \cdot (j \cdot \omega)^{m-1} + \cdots + a_1 \cdot (j \cdot \omega) + a_0}{b_n \cdot (j \cdot \omega)^n + b_{n-1} \cdot (j \cdot \omega)^{n-1} + \cdots + b_1 \cdot (j \cdot \omega) + b_0}.$$

Betrachtet man den Frequenzgang bei sehr hohen Frequenzen, so spielen nur noch die jeweils höchsten Potenzen von (jω) im Zähler und im Nenner eine Rolle. Daraus folgt, dass der Amplitudengang $|\underline{H}(\omega)|$ für sehr grosse ω immer eine Potenzfunktion von ω ist,

$$H_\infty(\omega) = \lim_{\omega \to \infty} |\underline{H}(\omega)| = \frac{a_m}{b_n} \cdot \omega^{m-n}.$$

Der Logarithmus des Amplitudengangs,

$$\log(H_\infty(\omega)) = \log\left(\frac{a_m}{b_n}\right) + (m-n) \cdot \log(\omega),$$

ist für grosse ω eine lineare Funktion von log(ω). Trägt man demnach wie in Abb. 13.5 gezeigt log(H$_\infty$(ω)) in Funktion von log(ω) ab, so erhält man eine Gerade mit der Steigung m − n.

Analog spielen bei sehr tiefen Frequenzen nur die jeweils tiefsten Potenzen von (jω) im Zähler und im Nenner eine Rolle. Der Amplitudengang ist demnach auch für sehr

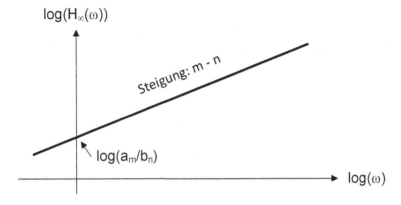

Abb. 13.5 Asymptotisches Verhalten des Amplitudengangs

kleine ω eine Potenzfunktion von ω. In doppelt logarithmischer Darstellung resultiert wiederum eine Gerade.

Üblicherweise wird der Amplitudengang in Dezibel dargestellt, was dem 20-fachen des Logarithmus entspricht

$$H_{dB}(\omega) = 20 \cdot \log_{10}(|\underline{H}(\omega)|).$$

Die Asymptoten für sehr hohe respektive sehr tiefe Frequenzen haben deshalb eine Steigung von $k \cdot 20\text{dB/Dekade}$, wobei k eine ganze Zahl ist. Insbesondere in der Audiotechnik ist auch die Bezeichnung $k \cdot 6\text{dB/Oktave}$[3] gebräuchlich.

Beispiel

Der Frequenzgang des RC-Glieds aus dem vorhergegangenen Beispiel ist gegeben durch

$$\underline{H}(\omega) = \frac{U_2(\omega)}{U_1(\omega)} = \frac{1}{1 + j \cdot \omega \cdot R \cdot C}.$$

Für sehr hohe Frequenzen, genauer für $\omega \gg 1/(RC)$, wird der Nenner durch den Term $j \cdot \omega \cdot R \cdot C$ dominiert, der Frequenzgang vereinfacht sich zu

$$\underline{H}(\omega) = \frac{1}{j \cdot \omega \cdot R \cdot C}, \quad \omega \gg \frac{1}{R \cdot C}.$$

Der Amplitudengang

$$|\underline{H}(\omega)| = \frac{1}{\omega \cdot R \cdot C} = \frac{1}{R \cdot C} \cdot \omega^{-1}, \quad \omega \gg \frac{1}{R \cdot C}$$

ist dann eine Potenzfunktion von ω. Rechnet man $|H(\omega)|$ in Dezibel um

$$20 \cdot \log(|\underline{H}(\omega)|) = 20 \cdot \log\left(\frac{1}{R \cdot C} \cdot \omega^{-1}\right) = 20 \cdot \log\left(\frac{1}{R \cdot C}\right) - 20 \cdot \log(\omega)$$

und stellt dies als Funktion von $\log(\omega)$ dar, so resultiert eine Gerade mit der Steigung $-20\,\text{dB/Dekade}$. Dies bedeutet, mit jeder Verzehnfachung der Frequenz nimmt die Amplitude um 20 dB ab. Die Gerade kreuzt die 0 dB-Linie bei $\omega = 1/(RC)$.

Für sehr tiefe Frequenzen, genauer für $\omega \ll 1/(RC)$, vereinfacht sich der Frequenzgang zu

$$\underline{H}(\omega) = 1, \quad \omega \ll \frac{1}{R \cdot C}.$$

Die doppelt logarithmische Darstellung des Amplitudengangs in Abb. 13.6 liefert eine horizontale Gerade bei 0 dB. ◀

---

[3]Unter einer Oktave versteht man ein Frequenzverhältnis von 2:1.

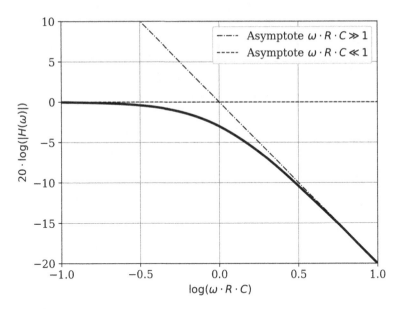

Abb. 13.6 Amplitudengang mit Asymptoten

Aus den genannten Gründen hat sich die folgende Darstellung des Frequenzgangs bewährt.

▶ **Bodediagramm**
Als Bodediagramm bezeichnet man eine graphische Darstellung des komplexen Frequenzgangs $\underline{H}(\omega)$ mit den folgenden Eigenschaften.

- Der Amplitudenverlauf $|\underline{H}(\omega)|$ wird logarithmisch (üblicherweise in dB) und mit einer logarithmischen Frequenzachse wiedergegeben.
- Der Verlauf der Phase $\angle\underline{H}(\omega)$ wird linear als Funktion der logarithmisch dargestellten Frequenz wiedergegeben.

13.3 Beispiele einfacher Bodediagramme

Beispiel

Wir beginnen mit dem denkbar einfachen Frequenzgang

$$\underline{H}(\omega) = K,$$

wobei K eine positive Konstante sei. Dann gilt für den Amplitudengang

$$|\underline{H}(\omega)| = K$$

oder, ausgedrückt in Dezibel,

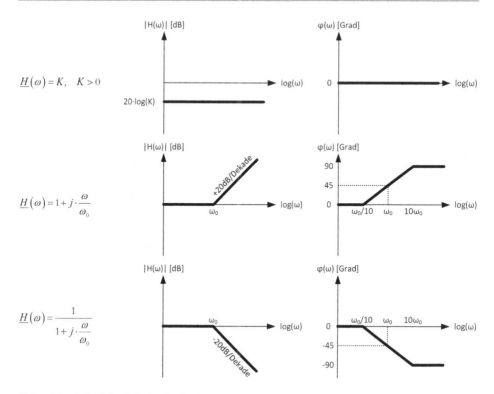

Abb. 13.7 Beispiele einfacher Bodediagramme

$$H_{\mathrm{dB}}(\omega) = 20 \cdot \log_{10}(K).$$

Der Phasengang ist konstant gleich null. Das Bodediagramm besteht demnach aus zwei horizontalen Geraden, eine bei $20 \cdot \log_{10}(K)$ Dezibel im Amplitudengang und eine bei $0°$ im Phasengang. Das dazugehörige Bodediagramm ist in Abb. 13.7 wiedergegeben.

Ist die Konstante negativ, so erhält man für den Amplitudengang

$$|\underline{H}(\omega)| = |K|,$$

der Phasengang ist in diesem Fall konstant $180°$. ◄

Beispiel

Ein anderer interessanter Frequenzgang,

$$\underline{H}(\omega) = 1 + j \cdot \frac{\omega}{\omega_0},$$

hängt von der (positiven) Kreisfrequenz ω_0 ab. Für tiefe Frequenzen, genauer für $\omega \ll \omega_0$, gilt

$$\underline{H}(\omega) \approx 1.$$

Der Amplitudengang nähert sich für tiefe Frequenz der 0 dB-Linie an. Die Phase geht gegen $0°$.

Für hohe Frequenzen, genauer für $\omega \gg \omega_0$, kann der Frequenzgang durch

$$\underline{H}(\omega) \approx j \cdot \frac{\omega}{\omega_0}$$

angenähert werden. Daraus resultiert eine Phase von $+90°$. Der Amplitudengang steigt mit jeder Verzehnfachung der Frequenz um das Zehnfache an, hat also eine Steigung von $+20$ dB/Dekade. Zudem schneidet er die 0 dB-Linie bei $\omega = \omega_0$.

Betrachten wir das Verhalten bei der Kreisfrequenz $\omega = \omega_0$ etwas genauer, so stellen wir fest, dass dort gilt

$$\underline{H}(\omega_0) = 1 + j$$

$$|\underline{H}(\omega_0)| = \sqrt{2} \stackrel{\triangle}{=} +3.01 \; dB$$

$$\varphi(\omega) = +45°.$$

Mit diesen Werten und dem erwähnten asymptotischen Verhalten bei tiefen und hohen Frequenzen kann sehr schnell eine gute Näherung des Bodediagramms skizziert werden. Wie in Abb. 13.7 gezeigt, ist es ausserdem zulässig, den Phasengang zwischen $\omega_0/10$ und $10 \cdot \omega_0$ durch eine Gerade zu approximieren. ◀

Beispiel

Als letztes Beispiel betrachten wir den Frequenzgang

$$\underline{H}(\omega) = \frac{1}{1 + j \cdot \frac{\omega}{\omega_0}}.$$

Hier gilt für tiefe Frequenzen ebenfalls

$$\underline{H}(\omega) \approx 1.$$

Für hohe Frequenzen lässt sich der Frequenzgang durch

$$\underline{H}(\omega) \approx \frac{1}{j \cdot \frac{\omega}{\omega_0}} = -j \cdot \frac{\omega_0}{\omega}$$

approximieren, woraus eine Phase von $-90°$ resultiert. Mit zunehmender Frequenz nimmt der Amplitudengang ab, und zwar mit einer Steigung von -20 dB/Dekade. Bei $\omega = \omega_0$ schneidet diese Asymptote die 0 dB-Linie.

Bei der Frequenz $\omega = \omega_0$ ergeben sich die nachfolgenden Werte

$$\underline{H}(\omega_0) = \frac{1}{1+j} = \frac{1}{2} \cdot (1-j)$$

$$|\underline{H}(\omega)| = \frac{1}{\sqrt{2}} \stackrel{\triangle}{=} -3.01 \; dB$$

$$\varphi(\omega_0) = -45°.$$

Zusammengefasst erhält man das in Abb. 13.7 skizzierte Bodediagramm. ◄

13.4 Kaskadierung von Übertragungselementen

In der Praxis tritt häufig der in Abb. 13.8 gezeigte Fall auf, dass ein System aus mehreren, hintereinander geschalteten Übertragungselementen zusammengesetzt ist. Das Ausgangssignal eines Blocks ist gerade das Eingangssignal des nachfolgenden Blocks.

Diese Kaskade von Elementen kann durch ein einziges Übertragungselement ersetzt werden. Dessen Frequenzgang $\underline{H}_{tot}(\omega)$ ist das Produkt der Frequenzgänge der Teilelemente

$$\underline{H}_{tot}(\omega) = \frac{Y_{tot}}{X_{tot}} = \frac{Y_3}{X_1} = \frac{Y_3}{X_3} \cdot \frac{Y_2}{X_2} \cdot \frac{Y_1}{X_1} = \underline{H}_3(\omega) \cdot \underline{H}_2(\omega) \cdot \underline{H}_1(\omega).$$

Es ist jedoch zu beachten, dass die Teilfrequenzgänge $\underline{H}_1(\omega)$, $\underline{H}_2(\omega)$ und $\underline{H}_3(\omega)$ unter der Berücksichtigung der Belastung durch den nachfolgenden Baublock ermittelt werden! Dies ist insbesondere dann gegeben, wenn die Eingangsimpedanz eines Blocks so hoch ist, dass sie den Ausgang des vorhergehenden Blocks nicht wesentlich beeinflusst.

Die komplexen Teilfrequenzgänge können mit ihrem Betrag und ihrer Phase beschrieben werden

$$\underline{H}_1(\omega) = |\underline{H}_1(\omega)| \cdot e^{j \cdot \varphi_1(\omega)}$$

$$\underline{H}_2(\omega) = |\underline{H}_2(\omega)| \cdot e^{j \cdot \varphi_2(\omega)}$$

$$\underline{H}_3(\omega) = |\underline{H}_3(\omega)| \cdot e^{j \cdot \varphi_3(\omega)},$$

woraus für den Gesamtfrequenzgang folgt

$$\begin{aligned}\underline{H}_{tot}(\omega) &= |\underline{H}_{tot}(\omega)| \cdot e^{j \cdot \varphi_{tot}(\omega)} \\ &= |\underline{H}_1(\omega)| \cdot |\underline{H}_2(\omega)| \cdot |\underline{H}_3(\omega)| \cdot e^{j \cdot \varphi_1(\omega)} \cdot e^{j \cdot \varphi_2(\omega)} \cdot e^{j \cdot \varphi_3(\omega)} \\ &= |\underline{H}_1(\omega)| \cdot |\underline{H}_2(\omega)| \cdot |\underline{H}_3(\omega)| \cdot e^{j \cdot (\varphi_1(\omega)+\varphi_2(\omega)+\varphi_3(\omega))}.\end{aligned}$$

Der Amplitudengang des Gesamtsystems ergibt sich demnach aus der Multiplikation der Amplitudengänge der einzelnen Elemente

$$|\underline{H}_{tot}(\omega)| = |\underline{H}_1(\omega)| \cdot |\underline{H}_2(\omega)| \cdot |\underline{H}_3(\omega)|.$$

Entsprechend resultiert der totale Phasengang aus der Addition der einzelnen Phasengänge,

$$\varphi_{tot}(\omega) = \varphi_1(\omega) + \varphi_2(\omega) + \varphi_3(\omega).$$

Für das Bodediagramm, in dem der Amplitudengang bekanntlich logarithmisch dargestellt wird, folgt, dass sowohl die Amplituden- als auch die Phasenkurven der Teilfrequenzgänge graphisch addiert werden dürfen.

Beispiel

Das Bodediagramm des komplexen Frequenzgangs

$$\underline{H}(\omega) = 100 \cdot \frac{1 + j \cdot \omega}{1000 + 100 \cdot j \cdot \omega + (j \cdot \omega)^2} = 100 \cdot \frac{1 + j \cdot \omega}{(10 + j \cdot \omega) \cdot (100 + j \cdot \omega)}$$

soll gezeichnet werden.

Da Bodediagramme von Frequenzgängen der Art

$$1 + j \cdot \frac{\omega}{\omega_0}$$

und

$$\frac{1}{1 + j \cdot \frac{\omega}{\omega_0}}$$

sehr einfach approximiert werden können, versuchen wir, $\underline{H}(\omega)$ entsprechend zu zerlegen. Als Resultat erhalten wir

$$\underline{H}(\omega) = \frac{100}{10 \cdot 100} \cdot \frac{1 + j \cdot \frac{\omega}{1}}{\left(1 + j \cdot \frac{\omega}{10}\right) \cdot \left(1 + j \cdot \frac{\omega}{100}\right)} = \underbrace{\frac{1}{10}}_{\underline{H}_1(\omega)} \cdot \underbrace{\left(1 + j \cdot \frac{\omega}{\omega_2}\right)}_{\underline{H}_2(\omega)} \cdot \underbrace{\frac{1}{1 + j \cdot \frac{\omega}{\omega_3}}}_{\underline{H}_3(\omega)} \cdot \underbrace{\frac{1}{1 + j \cdot \frac{\omega}{\omega_4}}}_{\underline{H}_4(\omega)}.$$

Das Bodediagramm von $\underline{H}_1(\omega)$ ist trivial. Der Amplitudengang ist konstant $-20\,\text{dB}$, der Phasengang konstant $0°$.

Betrachten wir $\underline{H}_2(\omega)$, so ist gilt für sehr tiefe Frequenzen $\underline{H}_2(\omega) \approx 1$. Die dazugehörige Asymptote des Amplitudengangs ist eine horizontale Gerade bei $0\,\text{dB}$. Für hohe Frequenzen gilt $\underline{H}_2(\omega) \approx j \cdot \omega/\omega_2$. Die entsprechende Asymptote des Amplitudengangs hat eine Steigung von $+20\,\text{dB/Dekade}$ und schneidet die $0\,\text{dB}$-Linie bei $\omega_2 = 1$. Den Phasengang nähern wir dadurch an, dass er bis etwa $\omega_2/10$ konstant gleich $0°$ ist und anschliessend bis $10 \cdot \omega_2$ linear auf $90°$ ansteigt. Ab etwa $10 \cdot \omega_2$ ist er konstant gleich $90°$. Diese Näherung gilt mit guter Genauigkeit für Frequenzgänge 1. Ordnung.

Die Teilfrequenzgänge $\underline{H}_3(\omega)$ und $\underline{H}_4(\omega)$ zeigen beide ähnliches Verhalten. Für hohe Frequenzen ergeben sich im Amplitudengang Asymptoten mit einer Steigung von $-20\,\text{dB/Dekade}$, welche die $0\,\text{dB}$-Line bei $\omega_3 = 10$ respektive $\omega_4 = 100$ schneiden. Die Phasengänge sind bis etwa $\omega_3/10 = 1$ respektive $\omega_4/10 = 10$ recht nahe bei $0°$. Ab $10 \cdot \omega_3 = 100$ respektive $10 \cdot \omega_4 = 1000$ sind sie konstant bei $90°$.

Wie in Abb. 13.9 und 13.10 veranschaulicht, lässt sich durch Addition des asymptotischen Verhaltens der Teilfrequenzgänge eine Approximation des Amplituden- und Phasengangs ermitteln. Der Vergleich mit dem gerechneten Bodediagramm in Abb. 13.11 zeigt, dass diese Näherung eine gute Abschätzung des Systemverhaltens erl aubt. ◄

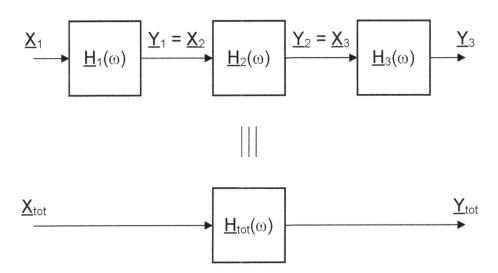

Abb. 13.8 Reihenschaltung von Übertragungselementen

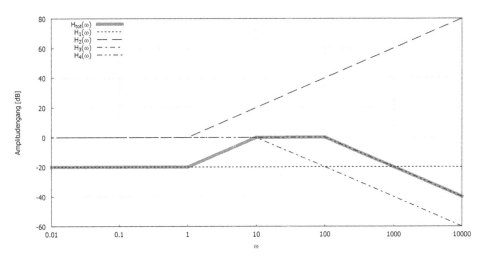

Abb. 13.9 Der Amplitudengang des Systems ergibt sich aus der Addition der Amplitudengänge (in Dezibel) der Teilsysteme

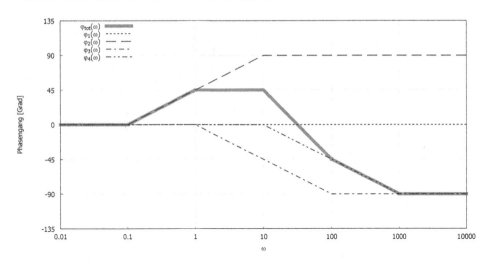

Abb. 13.10 Der Phasengang des Systems ergibt sich aus der Addition der Phasengänge der Teilsysteme

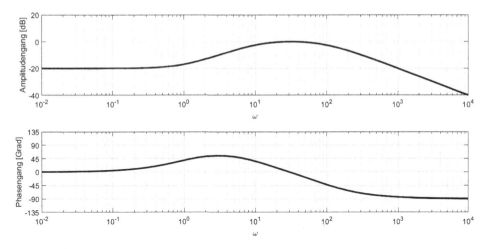

Abb. 13.11 Gerechnetes Bodediagramm

13.5 Tipps und Tricks

13.5.1 Bestimmung von Betrag und Phase

Der komplexe Frequenzgang eines aus diskreten Bauelementen aufgebauten, linearen Systems ist immer ein Quotient zweier Polynome

$$\underline{H}(\omega) = \frac{\underline{Z}(\omega)}{\underline{N}(\omega)}.$$

Sowohl das Zählerpolynom $\underline{Z}(\omega)$ als auch das Nennerpolynom $\underline{N}(\omega)$ liefern im Allgemeinen einen komplexen Wert. Um den Amplituden- und den Phasengang des Systems zu bestimmen, muss der Betrag, resp. die Phase des komplexen Frequenzgangs bestimmt werden. Wie folgende Überlegung zeigt, können diese einfach aus den Beträgen, resp. den Phasen von Zähler und Nenner bestimmt werden.

Wir betrachten eine komplexe Zahl $\underline{H}$, die als Quotient zweier komplexer Zahlen $\underline{Z}$ und $\underline{N}$ gegeben ist. Aus der Darstellung in Exponentialform

$$\begin{aligned}
\underline{H} &= \frac{|\underline{Z}| \cdot e^{j \cdot \varphi_Z}}{|\underline{N}| \cdot e^{j \cdot \varphi_N}} \\
&= \frac{|\underline{Z}|}{|\underline{N}|} \cdot e^{j \cdot (\varphi_Z - \varphi_N)} \\
&= |\underline{H}| \cdot e^{j \cdot \varphi_H}
\end{aligned}$$

geht hervor, dass man den Betrag und die Phase eines Quotienten zweier komplexer Zahlen wie folgt bestimmen darf.

▶ **Der Betrag eines Quotienten zweier komplexer Zahlen**
   Ist

$$\underline{H} = \frac{\underline{Z}}{\underline{N}}$$

der Quotient zweier komplexer Zahlen $\underline{Z}$ und $\underline{N}$, so ist der Betrag von $\underline{H}$ gleich dem Quotienten aus den Beträgen des Zählers und des Nenners

$$|\underline{H}| = \frac{|\underline{Z}|}{|\underline{N}|}.$$

▶ **Die Phase eines Quotienten zweier komplexer Zahlen**
Ist

$$\underline{H} = \frac{\underline{Z}}{\underline{N}}$$

der Quotient zweier komplexer Zahlen $\underline{Z}$ und $\underline{N}$, so ist der Phasenwinkel von $\underline{H}$ gleich der Differenz der Phasenwinkel von Zähler und Nenner

$$\angle \underline{H} = \angle \underline{Z} - \angle \underline{N}.$$

13.5.2 Asymptotisches Verhalten

Ist ω sehr gross (viel grösser als 1), so ist ω^2 noch um einiges grösser und ω^3 ist abermals wesentlich grösser. Bei einem Polynom

$$T(\omega) = a_n \cdot \omega^n + a_{n-1} \cdot \omega^{n-1} + \cdots + a_1 \cdot \omega + a_0$$

muss dementsprechend ab einer gewissen Grösse des Arguments ω nur noch der Term mit der höchsten Potenz berücksichtigt werden.

Für den komplexen Frequenzgang bedeutet dies, dass für sehr hohe Frequenzen sowohl im Zähler- als auch im Nennerpolynom nur noch die Terme mit den jeweils höchsten Potenzen von ω ins Gewicht fallen. Alle anderen Terme können vernachlässigt werden.

▶ **Verhalten des Frequenzgangs für sehr hohe Frequenzen**
Um das Verhalten des Frequenzgangs für sehr hohe Frequenzen zu bestimmen, werden sowohl im Zähler als auch im Nenner nur die Terme mit den jeweils höchsten Potenzen berücksichtigt.

Ist umgekehrt ω sehr klein, so haben nur die Terme mit den jeweils tiefsten Potenzen eine Bedeutung. Alle anderen Terme sind im Vergleich dazu vernachlässigbar klein.

▶ **Verhalten des Frequenzgangs für sehr tiefe Frequenzen**
Um das Verhalten des Frequenzgangs für sehr tiefe Frequenzen zu bestimmen, werden sowohl im Zähler als auch im Nenner nur die Terme mit den jeweils tiefsten Potenzen berücksichtigt.

13.5.3 Steigung der Asymptoten des Amplitudengangs

Bestimmt man nach den obigen Regeln das asymptotische Verhalten des Frequenzgangs, so bleibt im Zähler und im Nenner nur noch jeweils ein Term übrig. Durch Kürzen resultiert für das asymptotische Verhalten

$$\underline{H}_{\text{asymptotisch}}(\omega) = \underline{c} \cdot \omega^k,$$

wobei $\underline{c}$ eine komplexe Konstante ist. Der Exponent k ist eine ganze Zahl. Für den Amplitudengang bedeutet dies, dass mit jeder Verzehnfachung der Frequenz die Amplitude um den Faktor 10^k, resp. um $k \cdot 20$ dB zunimmt. Im doppelt logarithmischen Massstab des Bodediagramms hat dies zur Folge, dass die Asymptote des Amplitudengangs eine Steigung von $k \cdot 20$ dB/Dekade aufweist.

13.5.4 Bestimmung der Phase einer komplexen Zahl

Bei der Berechnung der Phase φ einer komplexen Zahl Z aus Real- und Imaginärteil, gilt die Beziehung

$$\tan(\varphi) = \frac{\mathrm{Im}(\underline{Z})}{\mathrm{Re}(\underline{Z})}.$$

Wegen der Periodizität der Tangensfunktion,

$$\tan(\varphi + n \cdot \pi) = \tan(\varphi),$$

ist die Umkehrfunktion nicht eindeutig. Wenn $\tan(\varphi)$ bekannt ist, kann φ nur bis auf ein Vielfaches von π bestimmt werden. Erst wenn man zusätzlich annimmt, dass φ im Intervall zwischen $-\pi/2$ und $+\pi/2$ liegt, lässt sich eine eindeutige Umkehrfunktion definieren, die Arcustangensfunktion.

Um die Phase einer komplexen Zahl zu bestimmen ist die Beziehung

$$\varphi = \arctan\left(\frac{\mathrm{Im}(\underline{Z})}{\mathrm{Re}(\underline{Z})}\right)$$

deshalb ungenügend. Es wird nicht berücksichtigt, dass die Phase einer komplexen Zahl mit negativem Realteil nicht im Intervall $(-\pi/2, +\pi/2)$ liegt.

Für die korrekte Bestimmung der Phase aus Real- und Imaginärteil muss vielmehr der in Abb. 13.12 wiedergegebene kleine Algorithmus verwendet werden.

Das Vorzeichen bei $\pm\pi$ wird gewöhnlich so gewählt, dass das Resultat ins Intervall $(-\pi, +\pi)$ zu liegen kommt.

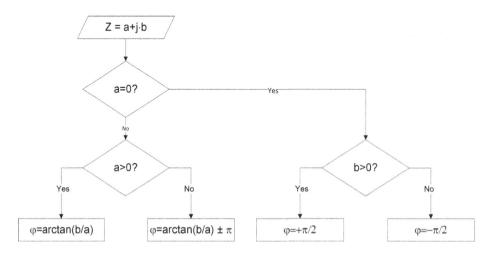

Abb. 13.12 Vorgehen zum Bestimmen der Phase einer komplexen Zahl $\underline{Z}$

Der dargestellte Algorithmus ist in jedem wissenschaftlichen Taschenrechner implementiert. Er wird bei der Umwandlung von Rechteck- in Polarkoordinaten verwendet. Um den Phasenwinkel einer komplexen Zahl zu bestimmen sollte deshalb immer diese Funktion verwendet werden.

Fourierreihe und ihre Anwendung

14

▶ **Trailer**

Mit der komplexen Wechselstromrechnung lassen sich nur lineare Netzwerke analysieren, die von sinusförmigen Quellen angeregt werden. Ist der zeitliche Verlauf der Quellenspannungen und -strömen nicht sinusförmig, so kann die komplexe Wechselstromrechnung nicht direkt angewandt werden.

Beliebige periodische Signale lassen sich jedoch mit Hilfe der Fourierreihe in eine Summe von sinusförmigen Signalen zerlegen. Für jeden Summanden kann dann die Wirkung im Netzwerk mithilfe der komplexen Wechselstromrechnung ermittelt werden. Aufgrund des Superpositionsprinzips ergibt sich in einem linearen Netzwerk der Gesamteffekt aus der Summe der einzelnen Effekte.

14.1 Definitionen

14.1.1 Periodische Funktion

Eine Funktion f(t) heisst periodisch, falls sie sich nach einer gewissen Zeit T immer wieder exakt wiederholt. Mathematisch ausgedrückt bedeutet dies, f(t) ist periodisch, falls für alle t gilt

$$f(t) = f(t + T).$$

Die kleinste Wiederholzeit T wird (primitive) Periode der Funktion genannt.

14.1.2 Fourier-Reihen

Im Jahre 1822 veröffentlichte Jean B. J. Fourier eine wissenschaftliche Arbeit mit dem Titel: „Theorie Analytique de la Chaleur", in der er zeigte, dass sich praktisch beliebige periodische Funktionen in eine Summe von Sinus- und Cosinus-Funktionen zerlegen lassen. Für reelle periodische Funktionen f(t) gilt nämlich unter bestimmten Voraussetzungen[1]

$$f(t) = \frac{a_0}{2} + \sum_{n=1}^{\infty} a_n \cdot \cos(n \cdot \omega_0 \cdot t) + \sum_{n=1}^{\infty} b_n \cdot \sin(n \cdot \omega_0 \cdot t).$$

Dabei ist

$$\omega_0 = \frac{2 \cdot \pi}{T}$$

die Kreisfrequenz der Grundwelle. Die Koeffizienten dieser sogenannten Fourier-Reihe lassen sich mit den Beziehungen

$$a_n = \frac{2}{T} \cdot \int_{-\frac{T}{2}}^{+\frac{T}{2}} f(t) \cdot \cos(n \cdot \omega_0 \cdot t) \cdot dt$$

$$b_n = \frac{2}{T} \cdot \int_{-\frac{T}{2}}^{+\frac{T}{2}} f(t) \cdot \sin(n \cdot \omega_0 \cdot t) \cdot dt$$

berechnen. Die Integrationsgrenzen müssen dabei genau eine Periode beinhalten. Ob man jedoch von $-T/2$ bis $+T/2$ oder beispielsweise von 0 bis T integriert, hat keinen Einfluss auf das Ergebnis.

14.1.3 Gleichanteil, Grund- und Oberschwingungen, Harmonische

Die Grösse $a_0/2$ nennt man den Gleichanteil. Der Anteil mit $n = 1$ heisst Grundschwingung, die anderen Anteile sind die Oberschwingungen (oder Oberwellen) von f(t). Man bezeichnet den n-ten Anteil auch als die n-te Harmonische des periodischen Signals.

---

[1]Da diese Voraussetzungen bei den meisten technischen Signalen erfüllt sind, gehen wir nicht näher darauf ein. Wer sich dafür interessiert, findet unter dem Stichwort „Dirichlet-Bedingung" entsprechende Aussagen. Im Wesentlichen darf die Funktion f(t) im Intervall $-T/2 \leq t \leq +T/2$ nur endlich viele Unstetigkeiten mit existierendem rechts- und linksseitigem Grenzwert besitzen.

14.2 Eigenschaften

14.2.1 Gerade und ungerade Funktionen

Ist f(t) eine gerade Funktion, d. h. f(t) = f(−t), so verschwinden alle Sinusterme, die Funktion lässt sich in eine Summe von Cosinustermen zerlegen.

Bei einer ungeraden Funktion, für die f(t) = −f(−t) gilt, sind alle Koeffizienten $a_n = 0$. Sie lässt sich durch eine Summe von Sinustermen darstellen.

Die Tab. 14.1 fasst diese Symmetrieeigenschaften zusammen.

Im Allgemeinen enthält die Fourier-Reihe sowohl Sinus-, als auch Cosinus-Terme.

14.2.2 Amplituden- und Phasenwerte

Betrachten wir lediglich die n-te Harmonische der Fourierreihe,

$$a_n \cdot \cos(n \cdot \omega_0 \cdot t) + b_n \cdot \sin(n \cdot \omega_0 \cdot t),$$

so schwingen beide Beiträge mit der gleichen Kreisfrequenz $n \cdot \omega_0$ und können deshalb in einen harmonischen Term mit Amplitude A_n und Phase φ_n zusammengefasst werden

$$a_n \cdot \cos(n \cdot \omega_0 \cdot t) + b_n \cdot \sin(n \cdot \omega_0 \cdot t) = A_n \cdot \cos(n \cdot \omega_0 \cdot t + \varphi_n).$$

(Dabei haben wir, wie in der Elektrotechnik üblich, den Cosinus als Referenz genommen. Genauso gut könnte man die n-te Harmonische auch als Sinusschwingung schreiben.)

Der Zusammenhang

$$A_n = \sqrt{a_n^2 + b_n^2}$$

$$\tan(\varphi_n) = \frac{-b_n}{a_n}$$

zwischen Amplitudenwert A_n und Phasenwerte φ_n einerseits und den Fourierkoeffizienten a_n und b_n andererseits lässt sich aus Abb. 14.1 ablesen. Da eine Sinusschwingung gegenüber der Cosinusschwingung um $\pi/2$ nacheilt, resultiert aus einem positiven Verhältnis b_n/a_n ein negativer Tangenswert.

Mit den Amplituden- und Phasenwerten resultiert die spektrale Darstellung der Fourierreihe

$$f(t) = \frac{A_0}{2} + \sum_{n=1}^{\infty} A_n \cdot \cos(n \cdot \omega_0 \cdot t + \varphi_n).$$

Tab. 14.1 Symmetrieeigenschaften der Fourierreihe

Gerade Funktion	f(t) = f(−t)	$b_n = 0$
Ungerade Funktion	f(t) = −f(−t)	$a_n = 0$

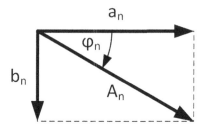

Abb. 14.1 Zeigerdiagramm der n-ten Harmonischen. Wie üblich wurde für den Cosinusanteil ein reeller Zeiger gewählt. Der Sinuszeiger ist im Vergleich dazu um $\pi/2$ nacheilend. Der Phasenwert φ_n wird in Bezug auf den Cosinuszeiger bestimmt

Diese ist in der Praxis sehr beliebt, da sie für jede der harmonischen Frequenzen die Amplitude und die Phasenlage der Schwingung angibt.

Beispiel

Die Fourierreihe der in Abb. 14.2 abgebildeten periodischen Folge von Rechteckimpulsen der Dauer T_i soll berechnet werden.

Die Verwendung der Beziehungen zur Berechnung der Fourierkoeffizienten liefert das Resultat

$$a_n = \frac{2}{T} \cdot \int\limits_{-\frac{T_i}{2}}^{+\frac{T_i}{2}} 1 \cdot \cos\left(n \cdot \frac{2\pi}{T} \cdot t\right) \cdot dt = \begin{cases} \frac{2 \cdot T_i}{T} & \text{für } n = 0 \\ \frac{2}{n \cdot \pi} \cdot \sin\left(n \cdot \pi \cdot \frac{T_i}{T}\right) & \text{für } n \geq 1 \end{cases}$$

und, da f(t) eine gerade Funktion ist,

$$b_n = 0.$$

Die Funktion f(t) kann demnach durch die unendliche Summe

$$f(t) = \frac{T_i}{T} + \frac{2}{\pi} \cdot \sin\left(\pi \cdot \frac{T_i}{T}\right) \cdot \cos\left(\omega_0 \cdot t\right) + \frac{2}{2 \cdot \pi} \cdot \sin\left(2 \cdot \pi \cdot \frac{T_i}{T}\right) \cdot \cos\left(2 \cdot \omega_0 \cdot t\right) + \cdots$$

dargestellt werden. ◄

14.3 Komplexe Fourierreihe

Obwohl sehr anschaulich, ist es mathematisch nicht sehr elegant, dass man zwischen Cosinus- und Sinuskoeffizienten unterscheiden muss. Viel eleganter (und meist auch einfacher zu berechnen) wird die Fourierreihe, wenn wir komplexe Koeffizienten zulassen. Dazu verwenden wir die Eulerschen Beziehungen

$$\cos(\varphi) = \frac{e^{j \cdot \varphi} + e^{-j \cdot \varphi}}{2}$$

$$\sin(\varphi) = -j \cdot \frac{e^{j \cdot \varphi} - e^{-j \cdot \varphi}}{2}$$

und erhalten

$$f(t) = \frac{a_0}{2} + \sum_{n=1}^{\infty} a_n \cdot \cos(n \cdot \omega_0 \cdot t) + \sum_{n=1}^{\infty} b_n \cdot \sin(n \cdot \omega_0 \cdot t)$$

$$= \frac{a_0}{2} + \sum_{n=1}^{\infty} \frac{a_n}{2} \cdot \left(e^{j \cdot n \cdot \omega_0 \cdot t} + e^{-j \cdot n \cdot \omega_0 \cdot t} \right) - j \cdot \sum_{n=1}^{\infty} \frac{b_n}{2} \cdot \left(e^{j \cdot n \cdot \omega_0 \cdot t} - e^{-j \cdot n \cdot \omega_0 \cdot t} \right).$$

$$= \underbrace{\frac{a_0}{2}}_{\triangleq \underline{c}_0} + \sum_{n=1}^{\infty} \left[\underbrace{\left(\frac{a_n}{2} - j \cdot \frac{b_n}{2} \right)}_{\triangleq \underline{c}_n} \cdot e^{j \cdot n \cdot \omega_0 \cdot t} + \underbrace{\left(\frac{a_n}{2} + j \cdot \frac{b_n}{2} \right)}_{\triangleq \underline{c}_{-n}} \cdot e^{-j \cdot n \cdot \omega_0 \cdot t} \right].$$

Mit den Definitionen

$$\underline{c}_0 \triangleq \frac{a_0}{2}, \quad \underline{c}_n \triangleq \frac{a_n - j \cdot b_n}{2}, \quad \underline{c}_{-n} \triangleq \frac{a_n + j \cdot b_n}{2}$$

resultiert daraus die folgende Darstellung einer periodischen Funktion f(t) als komplexe Fourierreihe

$$f(t) = \sum_{n=-\infty}^{+\infty} \underline{c}_n \cdot e^{j \cdot n \cdot \omega_0 \cdot t}.$$

Die komplexen Fourierkoeffizienten $\underline{c}_n$ lassen sich mit der Beziehung

$$\underline{c}_n = \frac{1}{T} \cdot \int_{-\frac{T}{2}}^{+\frac{T}{2}} f(t) \cdot e^{-j \cdot n \cdot \omega_0 \cdot t} dt$$

bestimmen.

Da die komplexe Fourierreihe auch negative Frequenzen (n<0) enthält, ist sie vielleicht auf den ersten Blick nicht ganz so anschaulich wie die reelle Fourierreihe. Mathematisch ist es jedoch oft von Vorteil, wenn man nicht zwischen Sinus- und Cosinuskoeffizienten unterscheiden muss. Zudem hat die Darstellung mit komplexen Koeffizienten den Vorteil, dass sich das Integral oft einfacher auswerten lässt. Für die Elektrotechnik ist jedoch entscheidend, dass die Begriffe und Verfahren der komplexen

Wechselstromrechnung direkt übernommen werden können. Zu diesem Zweck werden die komplexen Fourierkoeffizienten des periodischen Eingangssignals bestimmt und als komplexe Zeiger der harmonischen Schwingung bei der Kreisfrequenz $n \cdot \omega_0$ interpretiert. Die Reaktion der Schaltung auf diese Harmonische kann dann mithilfe der komplexen Wechselstromrechnung ermittelt werden. Die Überlagerung der Effekte aller Harmonischen führt schließlich zum Verhalten der Schaltung.

14.3.1 Zusammenhang zwischen a_n, b_n und $\underline{c}_n$

Die reelle und die komplexe Fourierreihe sind unterschiedliche Darstellungen ein und derselben periodischen Funktion f(t). Es ist deshalb einleuchtend, dass zwischen den entsprechenden Koeffizienten ein enger Zusammenhang bestehen muss. Es gelten die Beziehungen

$$\underline{c}_n = \begin{cases} \frac{a_n - j \cdot b_n}{2}, & n > 0 \\ \frac{a_0}{2}, & n = 0 \\ \frac{a_{-n} + j \cdot b_{-n}}{2}, & n < 0 \end{cases}$$

beziehungsweise

$$a_0 = 2 \cdot \underline{c}_0, \ a_n = \underline{c}_n + \underline{c}_{-n}, \ b_n = j \cdot (\underline{c}_n - \underline{c}_{-n}).$$

Ist f(t) eine reelle Funktion, so gilt

$$\underline{c}_{-n} = \underline{c}_n^*,$$

d. h. die Koeffizienten mit negativen Indizes sind konjugiert komplex zu den entsprechenden Koeffizienten mit positiven Indizes.

Damit vereinfacht sich der Zusammenhang mit den Koeffizienten der reellen Fourierreihe[2]

$$a_n = 2 \cdot \mathrm{Re}\left[\underline{c}_n\right], \ b_n = -2 \cdot \mathrm{Im}\left[\underline{c}_n\right].$$

Beispiel

Von der in Abb. 14.2 angegebenen Funktion f(t) sollen die Koeffizienten der komplexen Fourierreihe bestimmt werden.

Da f(t) nur im Intervall $(-T_i/2, T_i/2)$ einen von null verschiedenem Wert aufweist, ergibt sich

---

[2]Wir benützen die Beziehungen: $\underline{x} + \underline{x}^* = 2 \cdot \mathrm{Re}[\underline{x}]$ und $\underline{x} - \underline{x}^* = 2 \cdot j \cdot \mathrm{Im}[\underline{x}]$.

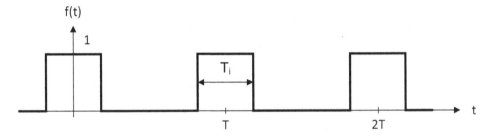

Abb. 14.2 Periodische Folge von Rechteckpulsen

$$c_n = \frac{1}{T} \cdot \int_{-\frac{T_i}{2}}^{+\frac{T_i}{2}} 1 \cdot e^{-j \cdot \omega_0 \cdot n \cdot t} \, dt$$

$$= \frac{1}{T} \cdot \frac{e^{j \cdot \omega_0 \cdot n \cdot \frac{T_i}{2}} - e^{-j \cdot \omega_0 \cdot n \cdot \frac{T_i}{2}}}{-j \cdot \omega_0 \cdot n}.$$

Mit $\omega_0 = 2 \cdot \pi / T$ erhält man

$$c_n = \frac{\sin \left(\pi \cdot n \cdot \frac{T_i}{T} \right)}{\pi \cdot n}.$$

Da in diesem Beispiel f(t) gerade ist, sind die Koeffizienten c_n ausnahmsweise rein reell. ◄

14.4 Das Linienspektrum

Eine periodische Funktion enthält nur spektrale Anteile bei ganzzahligen Vielfachen der Grundfrequenz. Man spricht von einem diskreten Spektrum (im Gegensatz zu einem kontinuierlichen Spektrum). Die graphische Darstellung der Fourierkoeffizienten liefert ein sogenanntes Linienspektrum.

Wird dazu die reelle Fourierreihe verwendet, die nur nicht-negative Frequenzanteile enthält ($n \geq 0$), resultiert ein einseitiges Linienspektrum. Im Gegensatz dazu umfasst die komplexe Fourierreihe auch negative Frequenzen, woraus sich ein zweiseitiges Linienspektrum ergibt (siehe Abb. 14.3). Auch hier erscheint das einseitige Spektrum auf den ersten Blick anschaulicher, da es keine negativen Frequenzen enthält. Für den erfahrenen Ingenieur ist das zweiseitige Spektrum aber mindestens so nützlich und wird entsprechend häufig verwendet. Viele Beziehungen der Signalverarbeitung und der Kommunikationstechnik lassen sich dadurch einfacher erklären.

Einseitiges
Spektrum

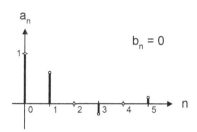

Zweiseitiges
Spektrum

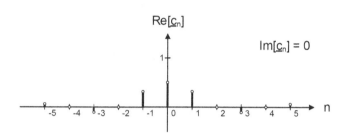

Abb. 14.3 Einseitiges und zweiseitiges Spektrum

Im Allgemeinen müssen zur vollständigen Darstellung des Spektrums zwei Grössen graphisch dargestellt werden. Bei der reellen Fourierreihe sind dies wahlweise die Sinus- und Cosinuskoeffizienten a_n und b_n oder die Amplituden- und Phasenwerten A_n und φ_n. Das zweiseitige Spektrum wird meistens mit Betrag $|c_n|$ und Phasenwinkel $\angle c_n$ der komplexen Koeffizienten c_n beschrieben.

14.5 Effektivwert

Ist die Fourierzerlegung einer periodischen Funktion bekannt, so kann der Effektivwert der Funktion aus den Fourierkoeffizienten bestimmt werden. Die Fourierzerlegung eines periodischen Spannungsverlaufs u(t) habe beispielsweise ergeben

$$u(t) = U_0 + \sum_{n=1}^{\infty} \hat{U}_n \cdot \cos(n \cdot \omega_0 \cdot t + \varphi_n).$$

Dabei ist U_0 der Gleichspannungsanteil, $\hat{U}_n$ ist der Spitzenwerte und φ_n der Nullphasenwinkel der n-ten Harmonischen bei der Kreisfrequenz $n \cdot \omega_0$.

Der Effektivwert der Spannung ist wie folgt definiert

$$U_{\text{eff}} = \sqrt{\frac{1}{T} \cdot \int_0^T [u(t)]^2 \cdot dt}.$$

Als erstes muss also die Spannung u(t) quadriert werden. Man erhält

$$[u(t)]^2 = \left[U_0 + \sum_{n=1}^{\infty} \hat{U}_n \cdot \cos(n \cdot \omega_0 \cdot t + \varphi_n) \right]^2$$

$$= U_0^2 + 2 \cdot U_0 \cdot \sum_{n=1}^{\infty} \hat{U}_n \cdot \cos(n \cdot \omega_0 \cdot t + \varphi_n) + \left[\sum_{n=1}^{\infty} \hat{U}_n \cdot \cos(n \cdot \omega_0 \cdot t + \varphi_n) \right]^2.$$

Wir schreiben nun den letzten Quadratterm als Produkt. Um Verwechslungen zu vermeiden, müssen wir für den zweiten Produktterm eine andere Bezeichnung der Laufvariablen wählen

$$[u(t)]^2 = U_0^2 + 2 \cdot U_0 \cdot \sum_{n=1}^{\infty} \hat{U}_n \cdot \cos(n \cdot \omega_0 \cdot t + \varphi_n) +$$

$$+ \left[\sum_{n=1}^{\infty} \hat{U}_n \cdot \cos(n \cdot \omega_0 \cdot t + \varphi_n) \right] \cdot \left[\sum_{m=1}^{\infty} \hat{U}_m \cdot \cos(m \cdot \omega_0 \cdot t + \varphi_m) \right].$$

Aufgrund des Distributivgesetzes dürfen schliesslich Summation und Produktbildung vertauscht werden

$$[u(t)]^2 = U_0^2 + 2 \cdot U_0 \cdot \sum_{n=1}^{\infty} \hat{U}_n \cdot \cos(n \cdot \omega_0 \cdot t + \varphi_n) +$$

$$+ \sum_{n=1}^{\infty} \sum_{m=1}^{\infty} \hat{U}_n \cdot \cos(n \cdot \omega_0 \cdot t + \varphi_n) \cdot \hat{U}_m \cdot \cos(m \cdot \omega_0 \cdot t + \varphi_m).$$

Der erste Term, $(U_0)^2$, ist konstant. Er liefert bei der nachfolgenden Integration den Beitrag $T \cdot (U_0)^2$. Der zweite Term ist eine Summe von sinusförmigen Funktionen. Deren Integration über eine Periode der Grundschwingung liefert keinen Beitrag, da sich positive und negative Anteile aufheben. Der letzte Term verlangt nach einer genaueren Untersuchung. Jeder Summand kann wie folgt umgeschrieben werden

$$\hat{U}_n \cdot \hat{U}_m \cdot \cos(n \cdot \omega_0 \cdot t + \varphi_n) \cdot \cos(m \cdot \omega_0 \cdot t + \varphi_m)$$

$$= \hat{U}_n \cdot \hat{U}_m \cdot \frac{1}{2} \cdot \{ \cos[(n-m) \cdot \omega_0 \cdot t + \varphi_n - \varphi_m] + \cos[(n+m) \cdot \omega_0 \cdot t + \varphi_n + \varphi_m] \}.$$

Diese Summanden sind im Allgemeinen sinusförmig und besitzen keinen Gleichanteil, weshalb die Integration über eine Periode den Wert null ergibt. Es gibt jedoch eine entscheidende Ausnahme. Für den Fall n = m resultiert nämlich

$$\hat{U}_n \cdot \hat{U}_n \cdot \cos(n \cdot \omega_0 \cdot t + \varphi_n) \cdot \cos(n \cdot \omega_0 \cdot t + \varphi_n) = \hat{U}_n^2 \frac{1}{2} \cdot \{ 1 + \cos[2 \cdot n \cdot \omega_0 \cdot t + 2 \cdot \varphi_n] \}.$$

Da dieser Summand den Gleichanteil ½ besitzt, liefert die Integration den Wert

$$\frac{\hat{U}_n^2 \cdot T}{2}.$$

Fasst man diese Ergebnisse zusammen, so folgt

$$U_{\text{eff}} = \sqrt{U_0^2 + \sum_{n=1}^{\infty} \frac{\hat{U}_n^2}{2}}.$$

Indem wir den Effektivwert

$$U_n = \frac{\hat{U}_n}{\sqrt{2}}$$

der n-ten Harmonischen definieren, resultiert für den Effektivwert der nichtsinus-förmigen Spannung u(t)

$$U_{\text{eff}} = \sqrt{\sum_{n=0}^{\infty} U_n^2}. \tag{14.1}$$

Entsprechend ist

$$U_{\text{AC}} = \sqrt{\sum_{n=1}^{\infty} U_n^2}$$

der Effektivwert der dem Gleichanteil überlagerten Wechselspannung. Das Verhältnis aus U_{AC} und dem Gleichspannungsanteil

$$w = \frac{U_{\text{AC}}}{U_0}$$

wird Welligkeit genannt.

Die Aussage in Gl. 14.1 lässt sich zum Satz von Parseval verallgemeinern.

▶ **Satz von Parseval**
Es sei f(t) eine periodische Funktion mit der Fourierreihenentwicklung

$$f(t) = \sum_{n=-\infty}^{+\infty} \underline{c}_n \cdot e^{j \cdot n \cdot \omega_0 \cdot t},$$

dann gilt

$$\frac{1}{T} \cdot \int_0^T \left[f(t) \right]^2 \cdot dt = \sum_{n=-\infty}^{+\infty} |c_n|^2.$$

14.6 Klirrfaktor

In einem perfekt linearen System treten keine Frequenzanteile auf, die nicht schon am Eingang vorhanden sind. Wird ein solches System mit einem sinusförmigen Signal der Frequenz f angeregt, so sind alle Signale im System gleichfalls sinusförmig mit der Frequenz f. Durch nichtlineare Verzerrungen können jedoch Signale entstehen, die Oberschwingungen aufweisen, d. h. Anteile bei den Frequenzen 2·f, 3·f, usw. Ein Mass für den Grad der nichtlinearen Verzerrung ist das Verhältnis des Effektivwerts der Oberschwingungen zum Effektivwert des Gesamtsignals,

$$k = \sqrt{\frac{\sum\limits_{n=2}^{\infty} U_n^2}{\sum\limits_{n=1}^{\infty} U_n^2}}.$$

Dieses Verhältnis wird Klirrfaktor genannt und meistens in Prozent angegeben.

14.7 Leistung

Die Wirkleistung bei nichtsinusförmigen, periodischen Strömen und Spannungen lässt sich ebenfalls mittels der Fourierzerlegung ermitteln. Wir nehmen an, der Spannungs- sowie der Stromverlauf seien gegeben durch

$$u(t) = U_0 + \sum_{n=1}^{\infty} \hat{U}_n \cdot \cos(n \cdot \omega_0 \cdot t + \alpha_n),$$

$$i(t) = I_0 + \sum_{m=1}^{\infty} \hat{I}_m \cdot \cos(m \cdot \omega_0 \cdot t + \beta_m).$$

Der Momentanwert der Leistung folgt durch Multiplikation

$$p(t) = u(t) \cdot i(t)$$

$$= \left[U_0 + \sum_{n=1}^{\infty} \hat{U}_n \cdot \cos(n \cdot \omega_0 \cdot t + \alpha_n) \right] \cdot \left[I_0 + \sum_{m=1}^{\infty} \hat{I}_m \cdot \cos(m \cdot \omega_0 \cdot t + \beta_m) \right]$$

$$= U_0 \cdot I_0 + U_0 \cdot \sum_{m=1}^{\infty} \hat{I}_m \cdot \cos(m \cdot \omega_0 \cdot t + \beta_m) + I_0 \cdot \sum_{n=1}^{\infty} \hat{U}_n \cdot \cos(n \cdot \omega_0 \cdot t + \alpha_n) +$$

$$+ \left[\sum_{n=1}^{\infty} \hat{U}_n \cdot \cos(n \cdot \omega_0 \cdot t + \alpha_n) \right] \cdot \left[\sum_{m=1}^{\infty} \hat{I}_m \cdot \cos(m \cdot \omega_0 \cdot t + \beta_m) \right].$$

Den zeitlichen Mittelwert der Leistung

$$P = \frac{1}{T} \cdot \int_0^T p(t) \cdot dt$$

erhält man durch Integration des Momentanwerts über eine Periode.

Analoge Überlegungen wie bei der Berechnung des Effektivwerts zeigen, dass nur gleichfrequente (n = m) Produktterme einen Beitrag zum Integral liefern. Und zwar liefert der Term

$$\hat{U}_n \cdot \hat{I}_n \cdot \cos(n \cdot \omega_0 \cdot t + \alpha_n) \cdot \cos(n \cdot \omega_0 \cdot t + \beta_n)$$
$$= \frac{\hat{U}_n \cdot \hat{I}_n}{2} \cdot [\cos(\alpha_n - \beta_n) + \cos(2 \cdot n \cdot \omega_0 \cdot t + \alpha_n + \beta_n)]$$

den Beitrag

$$\frac{\hat{U}_n \cdot \hat{I}_n}{2} \cdot \cos(\alpha_n - \beta_n).$$

Die Phasenverschiebung zwischen Strom und Spannung wird in der Regel mit dem Symbol φ_n gekennzeichnet,

$$\varphi_n = \alpha_n - \beta_n.$$

Damit erhalten wir für die Wirkleistung

$$P = U_0 \cdot I_0 + \sum_{n=1}^{\infty} U_n \cdot I_n \cdot \cos(\varphi_n).$$

▶   Bei nichtsinusförmigen Strömen und Spannungen findet im zeitlichen Mittel ein Leistungsumsatz nur zwischen Strömen und Spannungen der gleichen Frequenz statt.

Berechnung von Einschwingvorgängen 15

▶ Die komplexe Wechselstromrechnung setzt voraus, dass sämtliche Signale im Netzwerk sinusförmig sind. Lineare Netzwerke, welche mit sinusförmigen Quellen gespeist werden und bei denen die Einschaltvorgänge abgeklungen sind, erfüllen diese Vorbedingung. Nach dem Einschalten der Quellen benötigt das Netzwerk jedoch eine gewisse Zeit, bis es diesen stationären Zustand erreicht. In diesem Kapitel geht es darum, diese Einschalt- oder Einschwingvorgänge zu berechnen. Zu diesem Zweck müssen im Wesentlichen lineare Differentialgleichungen gelöst werden, was mithilfe der Laplace-Transformation einfach zu bewerkstelligen ist.

15.1 Lineare Differentialgleichungen

Bei der Analyse des Einschwingverhaltens werden wie gewohnt Maschen- und/oder Knotengleichungen formuliert. Dabei dürfen jedoch nicht die komplexen Zeiger verwendet werden, da diese ja nur sinusförmige Zeitverläufe repräsentieren. Vielmehr müssen die in Tab. 15.1 wiedergegebenen Definitionsgleichungen der einzelnen Bauelemente im Zeitbereich benutzt werden.

Das Aufstellen der Maschen- und Knotengleichungen führt auf lineare Differentialgleichungen mit konstanten Koeffizienten

$$a_n \cdot y^{(n)} + a_{n-1} \cdot y^{(n-1)} + \cdots + a_1 \cdot y^{(1)} + a_0 \cdot y = s(t).$$

Die Störfunktion s(t) ist meist entweder eine Konstante

$$s(t) = S_0$$

© Springer Fachmedien Wiesbaden GmbH, ein Teil von Springer Nature 2021
M. Hufschmid, *Grundlagen der Elektrotechnik*,
https://doi.org/10.1007/978-3-658-30386-0_15

Tab. 15.1 Lineare Zweipole, ihre Definitionsgleichungen und Anfangsbedingungen

Bauelement		Definitionsgleichung	Anfangsbedingung
Ohmscher Widerstand		$u(t) = R \cdot i(t)$	Keine
Induktivität		$u(t) = L \cdot \frac{di(t)}{dt}$	$i(t_0) = I_0$
Kapazität		$i(t) = C \cdot \frac{du(t)}{dt}$	$u(t_0) = U_0$

oder eine harmonische Funktion

$$s(t) = \hat{S} \cdot \cos(\omega \cdot t + \varphi).$$

Der zeitliche Verlauf der gesuchten Grösse y(t) ergibt sich aus der Lösung der entsprechenden Differentialgleichung.

15.1.1 Lineare Differentialgleichung mit konstanten Koeffizienten

Die Analyse linearer, zeitinvarianter Systeme führt auf lineare Differentialgleichungen mit konstanten Koeffizienten

$$a_n \cdot y^{(n)} + a_{n-1} \cdot y^{(n-1)} + \cdots + a_1 \cdot y^{(1)} + a_0 \cdot y = s(t).$$

Falls $a_n \neq 0$ wird der Parameter n als die Ordnung der Differentialgleichung bezeichnet. Die allgemeine Lösung setzt sich zusammen aus der Lösung der entsprechenden homogenen Differentialgleichung mit s(t) = 0 und einer Partikularlösung (d. h. einer speziellen Lösung) der inhomogenen Gleichung

$$y(t) = y_h(t) + y_p(t).$$

15.1.2 Lösung der homogenen Differentialgleichung

Die allgemeine Lösung der homogenen Differentialgleichung

$$a_n \cdot y^{(n)} + a_{n-1} \cdot y^{(n-1)} + \cdots + a_1 \cdot y^{(1)} + a_0 \cdot y = 0$$

kann mit dem Ansatz

$$y(t) = K \cdot e^{\lambda \cdot t}$$

gefunden werden. Durch Einsetzen in die homogene Differentialgleichung erhält man für die Konstanten λ die Bedingung

$$K \cdot e^{\lambda \cdot t} \cdot \left(a_n \cdot \lambda^n + a_{n-1} \cdot \lambda^{n-1} + \cdots + a_1 \cdot \lambda + a_0 \right) = 0.$$

Abgesehen vom trivialen Fall K = 0 ist diese Bedingung genau dann erfüllt, falls λ eine Lösung der charakteristischen Gleichung

$$a_n \cdot \lambda^n + a_{n-1} \cdot \lambda^{n-1} + \cdots + a_1 \cdot \lambda + a_0 = 0$$

ist. Die Konstante K kann in diesem Fall beliebig gewählt werden.

Die charakteristische Gleichung hat gemäss dem Hauptsatz der Algebra genau n reelle oder komplexe Lösungen. In der Regel sind alle Koeffizienten a_k der Differentialgleichung reell, woraus folgt, dass eventuelle komplexe Lösungen immer als konjugiert komplexe Paare auftreten.

Sind alle n Lösungen der charakteristischen Gleichungen voneinander verschieden ($\lambda_r \neq \lambda_p$ für $r \neq p$), so lautet die allgemeine Lösung der homogenen Differentialgleichung

$$y_h(t) = C_1 \cdot e^{\lambda_1 \cdot t} + C_2 \cdot e^{\lambda_2 \cdot t} + \cdots + C_n \cdot e^{\lambda_n \cdot t}.$$

Es ist aber auch möglich, dass gewisse Lösungen der charakteristischen Gleichung mehrmals auftreten (z. B. $\lambda_1 = \lambda_2 = \ldots = \lambda_m$). Eine solche m-fach auftretende Wurzel liefert den Beitrag

$$C_1 \cdot e^{\lambda_1 \cdot t} + C_2 \cdot t \cdot e^{\lambda_1 \cdot t} + \cdots + C_m \cdot t^{m-1} \cdot e^{\lambda_1 \cdot t}$$

zur Lösung der homogenen Differentialgleichung.

Die Konstanten C_1 bis C_n ergeben sich aus den n Anfangsbedingungen (Spannungen über den Kapazitäten oder Ströme durch die Induktivitäten) des Netzwerkes.

15.1.3 Partikuläre Lösungen für spezielle s(t)

Wir beschränken uns auf die beiden häufigsten Fälle

$$s(t) = S_0$$

und

$$s(t) = \hat{S} \cdot \cos(\omega \cdot t + \varphi).$$

Ist die Störfunktion konstant $s(t) = S_0$, so führt der Ansatz $y_p(t) = Y_0$ auf die Bedingung

$$a_0 \cdot Y_0 = S_0$$

und somit auf die Lösung

$$y_p(t) = Y_0 = \frac{S_0}{a_0}.$$

Bei einer harmonischen Störfunktion

$$s(t) = \hat{S} \cdot \cos(\omega \cdot t + \varphi)$$

hat die partikuläre Lösung in der Regel die Form

$$y_p(t) = \hat{Y} \cdot \cos{(\omega \cdot t + \Psi)},$$

ist also auch wieder eine harmonische Schwingung mit derselben Kreisfrequenz ω. Die Amplitude und der Phasenwinkel der partikulären Lösung können dann mithilfe der komplexen Wechselstromrechnung bestimmt werden. Besitzt die charakteristische Gleichung jedoch rein imaginäre Lösungen ($\omega_{1,2} = \pm j \cdot \omega_0$) und ist die Kreisfrequenz ω der Störfunktion gleich der Resonanzfrequenz ω_0 des Systems, so ist die partikuläre Lösung eine angefachte Schwingung der Form

$$y_p(t) = t \cdot \left[\hat{Y} \cdot \cos{(\omega \cdot t + \Psi)} \right].$$

15.1.4 Diskussion der allgemeinen Lösung

Die allgemeine Lösung setzt sich zusammen aus der homogenen Lösung und einer Partikularlösung

$$y(t) = y_h(t) + y_p(t).$$

Alle Anteile der homogene Lösung $y_h(t)$ haben die Form

$$C_i \cdot t^k \cdot e^{\lambda_i \cdot t} = C_i \cdot t^k \cdot e^{(\sigma_i + j \cdot \omega_i) \cdot t} = C_i \cdot t^k \cdot e^{\sigma_i \cdot t} \cdot e^{j \cdot \omega_i \cdot t}.$$

Bei stabilen Netzwerken[1] sind die Realteile σ_i aller Lösungen der charakteristischen Gleichung negativ. Da $e^{\sigma_i \cdot t}$ für negative σ_i schneller abklingt als t^k anwächst, strebt der homogene Anteil der Lösung mit der Zeit gegen null. Lange Zeit nach dem Einschalten beobachten wir deshalb nur noch die partikuläre Lösung $y_p(t)$. Diese wird deshalb auch als stationäre (unveränderliche) Lösung bezeichnet. Diese stationäre Lösung kann wie gewohnt mithilfe der komplexen Wechselstromrechnung oder – bei Anregung mit einer konstanten Quelle – mittels der Gleichstromtheorie berechnet werden. Für deren Berechnung spielen die Anfangsbedingungen im Netzwerk keine Rolle mehr.

15.2 Laplace-Transformations

Zur Lösung von linearen Differentialgleichungen mit konstanten Koeffizienten und damit zur Berechnung von Schaltvorgängen in linearen Schaltungen kann ein spezielles mathematisches Verfahren verwendet werden, welches nach dem Mathematiker P. de Laplace (1749–1827) als Laplace-Transformation bezeichnet wird.

---

[1]Wir betrachten hier die BIBO (Bounded Input – Bounded Output) Stabilität. Dies bedeutet, dass das Ausgangssignal beschränkt bleibt, solange das Eingangssignal beschränkt ist.

Tab. 15.2 Eigenschaften der Laplace-Transformation

Eigenschaft	Zeitbereich	Frequenzbereich
Linearität	$\alpha_1 \cdot f_1(t) + \alpha_2 \cdot f_2(t)$	$\alpha_1 \cdot F_1(s) + \alpha_2 \cdot F_2(s)$
Ähnlichkeitssatz	$f(a \cdot t)$	$\frac{1}{a} \cdot F\left(\frac{s}{a}\right)$
Verschiebungssatz im Zeitbereich	$f(t - \tau)$	$e^{-s \cdot \tau} \cdot F(s)$
Verschiebungssatz im Frequenzbereich	$e^{-a \cdot t} \cdot f(t)$	$F(s + a)$
Ableitung im Zeitbereich	$\frac{d}{dt} f(t)$	$s \cdot F(s) - f(t = 0)$
Integration im Zeitbereich	$\int\limits_0^t f(\tau)\, d\tau$	$\frac{1}{s} \cdot F(s)$

▶ **Wichtig**

Ist f(t) eine für die Zeiten $t \geq 0$ definierte Funktion, so wird ihre Laplace-Transformation F(s) durch das Integral

$$F(s) = \mathcal{L}\{f(t)\} = \int\limits_0^\infty f(t) \cdot e^{-s \cdot t}\, dt$$

definiert.

Die Laplace-Transformierten ist eine Funktion einer neuen, komplexen Variablen $s = \sigma + j \cdot \omega$. Die wichtigsten Eigenschaften der Laplace-Transformation sind in der Tab. 15.2 zusammengestellt.

Von besonderem Interesse beim Lösen von Differentialgleichungen ist die Regel für die Ableitung im Zeitbereich. Durch den Term f(t = 0) können Anfangsbedingungen direkt berücksichtigt werden.

Die Grenzwerte der Funktion f(t) für $t \to 0$ und $t \to \infty$ lassen sich aus den Grenzwertsätzen

$$\lim_{t \to +0} f(t) = \lim_{s \to \infty} s \cdot F(s)$$

und

$$\lim_{t \to +\infty} f(t) = \lim_{s \to 0} s \cdot F(s)$$

bestimmen. Beim Anwenden dieser Sätze ist jedoch Vorsicht geboten. Sie liefern nur dann ein korrektes Resultat, falls der entsprechende Grenzwert auch existiert.

15.2.1 Lösung von Differentialgleichungen mittels der Laplace-Transformation

Ein sogenanntes Anfangswertproblem besteht aus einer Differentialgleichung mit den dazugehörigen Anfangsbedingungen. Wie Abb. 15.1 zeigt, kann ein Anfangswertproblem durch Anwendung der Laplace-Transformation in eine lineare algebraische Gleichung umgewandelt werden, welche in der Regel einfach lösbar ist. Die Rücktransformation in den Zeitbereich liefert die gesuchte Lösung des Anfangswertproblems.

Der Vorteil der Laplace-Transformation ist, dass die Anfangsbedingungen von vornherein berücksichtigt werden. Eine Unterscheidung in homogene und partikuläre Lösung ist nicht notwendig. Meistens kann die Laplace-Transformierte der Störfunktion s(t) in Tabellen nachgeschlagen werden. Die Transformation des Anfangswertproblems in den Frequenzbereich bereitet deshalb in der Regel keine Schwierigkeiten. Die Lösung der linearen algebraischen Gleichung ist gewöhnlich von der Form

$$Y(s) = \frac{N(s)}{D(s)} = \frac{b_m \cdot s^m + b_{m-1} \cdot s^{m-1} + \cdots + b_1 \cdot s + b_0}{a_n \cdot s^n + a_{n-1} \cdot s^{n-1} + \cdots + a_1 \cdot s + a_0},$$

wobei N(s) und D(s) für Polynome in s stehen. Eine solche gebrochen rationale Funktion lässt sich in Partialbrüche zerlegen

$$Y(s) = \frac{c_1}{s - s_1} + \frac{c_2}{s - s_2} + \cdots + \frac{c_n}{s - s_n}.$$

Dabei bezeichnen s_1, s_2, ..., s_n die n Nullstellen des Nennerpolynoms D(s). Die (im Allgemeinen komplexen) Konstanten c_1, c_2, ..., c_n können durch Koeffizientenvergleich oder durch Anwendung der Beziehung

$$c_k = \lim_{s \to s_k} \frac{N(s)}{D(s)} \cdot (s - s_k)$$

gefunden werden.

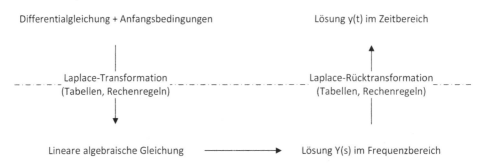

Abb. 15.1 Vorgehen beim Lösen von Differentialgleichungen mithilfe der Laplace-Transformation

Die einzelnen Terme der Partialbruchzerlegung lassen sich anschliessend mit der Beziehung

$$\mathcal{L}^{-1}\left\{\frac{c_k}{s - s_k}\right\} = c_k \cdot e^{s_k \cdot t}$$

einfach rücktransformieren.

Treten gewisse Nullstellen von D(s) mehrfach auf (z. B. $s_1 = s_2 = \ldots = s_m$), so muss der Ansatz für die Partialbruchzerlegung wie folgt modifiziert werden

$$Y(s) = \frac{c_1}{s - s_1} + \frac{c_2}{(s - s_1)^2} + \cdots + \frac{c_m}{(s - s_1)^m} + \cdots.$$

Auch diese Terme lassen sich einfach rücktransformieren. Es gilt nämlich

$$\mathcal{L}^{-1}\left\{\frac{c_k}{(s - s_k)^r}\right\} = c_k \cdot \frac{t^{r-1}}{(r - 1)!} \cdot e^{s_k \cdot t}.$$

Beispiel

Der Schalter des Netzwerkes in Abb. 15.2 wird zum Zeitpunkt $t = 0$ geschlossen. Zu diesem Zeitpunkt sei der Kondensator vollständig entladen $u_C(t = 0) = 0$. Gesucht ist der zeitliche Verlauf der Kondensatorspannung $u_C(t)$.

Nach dem Schliessen des Schalters gilt die Maschengleichung

$$u_Q(t) = u_R(t) + u_C(t)$$
$$= R \cdot i(t) + u_C(t)$$
$$= R \cdot C \cdot \dot{u}_C(t) + u_C(t).$$

Mit der Beziehung

$$\mathcal{L}\{u_Q(t)\} = \frac{s}{s^2 + \omega^2}$$

lässt sich diese Differentialgleichung in den Frequenzbereich transformieren,

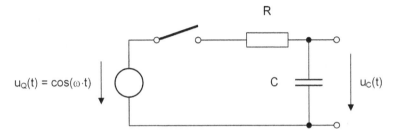

Abb. 15.2 Beispiel zur Bestimmung von Einschwingvorgängen

$$\frac{s}{s^2 + \omega^2} = R \cdot C \cdot (s \cdot U_C(s) - u_C(t = 0)) + U_C(s).$$

Durch Einsetzen der Anfangsbedingung $u_C(t=0)=0$ und Auflösen nach der Laplace-Transformierten der gesuchten Grösse erhält man

$$U_C(s) = \frac{\frac{s}{RC}}{\left(s^2 + \omega^2\right) \cdot \left(s + \frac{1}{RC}\right)}.$$

Der Nenner besitzt die Nullstellen $s_{1,2}=\pm j\cdot\omega$ und $s_3 = -1/(RC)$. Damit lautet der Ansatz für die Partialbruchzerlegung wie folgt

$$U_C(s) = \frac{c_1}{s - j \cdot \omega} + \frac{c_2}{s + j \cdot \omega} + \frac{c_3}{s + \frac{1}{RC}}.$$

Ein Koeffizientenvergleich führt auf das lineare Gleichungssystem

$$\left| \begin{array}{rcl} c_1 + c_2 + c_3 & = & 0 \\ \left(j \cdot \omega + \frac{1}{R \cdot C}\right) \cdot c_1 + \left(-j \cdot \omega + \frac{1}{R \cdot C}\right) \cdot c_2 & = & \frac{1}{R \cdot C} \\ j \cdot \frac{\omega}{R \cdot C} \cdot c_1 - j \cdot \frac{\omega}{R \cdot C} \cdot c_2 + \omega^2 \cdot c_3 & = & 0 \end{array} \right|$$

mit der Lösung

$$c_1 = \frac{1}{2} \cdot \frac{1}{1 + j \cdot \omega \cdot R \cdot C},$$

$$c_2 = \frac{1}{2} \cdot \frac{1}{1 - j \cdot \omega \cdot R \cdot C},$$

$$c_3 = \frac{-1}{1 + (\omega \cdot R \cdot C)^2}.$$

Damit erhält man

$$U_C(s) = \frac{\frac{1}{2} \cdot \frac{1}{1+j\cdot\omega\cdot RC}}{s - j \cdot \omega} + \frac{\frac{1}{2} \cdot \frac{1}{1-j\cdot\omega\cdot RC}}{s + j \cdot \omega} + \frac{-\frac{1}{1+(\omega\cdot RC)^2}}{s + \frac{1}{RC}}.$$

und, durch Rücktransformation der einzelnen Terme,

$$
\begin{aligned}
u_C(t) &= \frac{1}{2} \cdot \frac{1}{1 + j \cdot \omega \cdot RC} \cdot e^{j\cdot\omega\cdot t} + \frac{1}{2} \cdot \frac{1}{1 - j \cdot \omega \cdot RC} \cdot e^{-j\cdot\omega\cdot t} - \frac{1}{1 + (\omega \cdot RC)^2} \cdot e^{-\frac{t}{RC}} \\
&= \frac{1}{1 + (\omega \cdot RC)^2} \cdot \left(\frac{e^{j\cdot\omega\cdot t} + e^{-j\cdot\omega\cdot t} - j \cdot \omega \cdot RC \cdot \left(e^{j\cdot\omega\cdot t} - e^{-j\cdot\omega\cdot t}\right)}{2} - e^{-\frac{t}{RC}} \right) \\
&= \frac{1}{1 + (\omega \cdot RC)^2} \cdot \left(\cos(\omega \cdot t) + \omega \cdot RC \cdot \sin(\omega \cdot t) - e^{-\frac{t}{RC}} \right).
\end{aligned}
$$

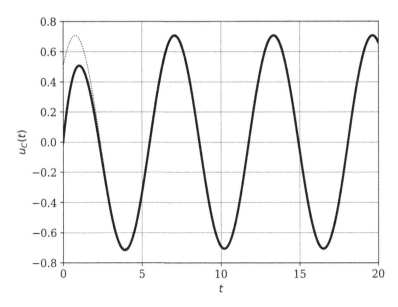

Abb. 15.3 Zeitlicher Verlauf der Spannung uC(t) nach Einschalten der Quelle

Der Term

$$\frac{1}{1+(\omega \cdot RC)^2} \cdot (\cos(\omega \cdot t) + \omega \cdot RC \cdot \sin(\omega \cdot t))$$

ist offensichtlich die stationäre Lösung, welche übrigbleibt, wenn der Einschwingvorgang abgeklungen ist.

Die Abb. 15.3 zeigt den zeitlichen Verlauf der Kondensatorspannung für $\omega = 1$ und $R \cdot C = 1$. Obwohl die Spannung der Quelle zum Zeitpunkt $t = 0$ nicht null ist, erzwingt die Anfangsbedingung des Kondensators, dass die Kondensatorspannung $u_C(t)$ zu diesem Zeitpunkt null ist. ◄

15.3 Übertragungsfunktion, Frequenzgang und Stossantwort

Wir betrachten ein lineares, zeitinvariantes elektrisches Netzwerk mit diskreten Bauelementen. Im Allgemeinen kann der Zusammenhang zwischen dem Eingangssignal x(t) und dem Ausgangssignal y(t) durch eine lineare Differentialgleichung

$$\frac{d^n}{dt^n}y(t) + a_{n-1} \cdot \frac{d^{n-1}}{dt^{n-1}}y(t) + \cdots + a_0 \cdot y(t) = b_m \cdot \frac{d^m}{dt^m}x(t) + b_{m-1} \cdot \frac{d^{m-1}}{dt^{m-1}}x(t) + \cdots + b_0 \cdot x(t)$$

beschrieben werden. Die Koeffizienten a_k und b_k sind dabei reell. Unter Vernachlässigung der Anfangsbedingungen[2] erhält man durch Laplace-Transformation die algebraische Gleichung

$$s^n \cdot Y(s) + a_{n-1} \cdot s^{n-1} \cdot Y(s) + \cdots + a_0 \cdot Y(s) = b_m \cdot s^m \cdot X(s) + b_{m-1} \cdot s^{m-1} \cdot X(s) + \cdots + b_0 \cdot X(s).$$

Dabei bezeichnen X(s) und Y(s) die Laplace-Transformierten des Eingangs-, resp. des Ausgangssignals. Für das Verhältnis dieser beiden Grössen ergibt sich eine gebrochen rationale Funktion mit reellen Koeffizienten

$$H(s) = \frac{Y(s)}{X(s)} = \frac{b_m \cdot s^m + b_{m-1} \cdot s^{m-1} + \cdots + b_0}{s^n + a_{n-1} \cdot s^{n-1} + \cdots + a_0}.$$

Als Verhältnis von Y(s) und X(s) ist die Funktion H(s) nicht vom Eingangssignal abhängig. Sie beschreibt vielmehr die Übertragungseigenschaft des Systems und wird deshalb als Übertragungsfunktion (oder Systemfunktion) bezeichnet.

▶ **Wichtig**
Bei einem linearen, zeitinvarianten System wird das Verhältnis der Laplace-Transformationen des Ausgangs- und Eingangssignals

$$H(s) = \frac{Y(s)}{X(s)}$$

als Übertragungsfunktion des Systems bezeichnet. Dabei werden die Anfangs-bedingungen vernachlässigt. Elektrische Netzwerke, die ausschliesslich lineare, diskrete Elemente enthalten, besitzen eine gebrochen rationale Übertragungs-funktion mit reellen Koeffizienten.

Wird die Übertragungsfunktion H(s) entlang der imaginären Achse aus-gewertet, d. h. substituiert man $s = j \cdot \omega$, so erhält man eine komplexwertige Funktion der Variablen ω,

$$H(\omega) = H(s)|_{s = j \cdot \omega},$$

den komplexen Frequenzgang des Systems[3]. Der Betrag des komplexen Frequenz-gangs wird als Amplitudengang, der Phasenwinkel als Phasengang bezeichnet.

---

[2]Für die Definition der Übertragungsfunktion nimmt man an, dass alle Anfangswerte von Ein-gangs- und Ausgangssignal gleich null sind. Es wird also vorausgesetzt, dass alle Energiespeicher (Induktivitäten, Kapazitäten) zum Zeitnullpunkt leer sind.

[3]Obwohl allgemein gebräuchlich, ist die hier verwendete Schreibweise irreführend. Üblicherweise werden Funktionen nicht durch unterschiedliche Bezeichnung ihrer Argumente unterschieden. So bezeichnen f(x) und f(u) in der Regel die gleiche Funktion. Bei den beiden Funktionen H(ω) und H(s) ist dies allerdings nicht der Fall, es handelt sich um zwei verschiedene Funktionen. Während H(s) eine gebrochen rationale Funktion mit reellen Koeffizienten ist, enthält H(ω) komplexe Koeffizienten.

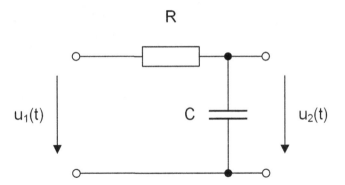

Abb. 15.4 Beispiel zur Bestimmung der Übertragungsfunktion

Beispiel

Wir betrachten einen RC-Tiefpass mit der Eingangsspannung $u_1(t)$ und der Ausgangsspannung $u_2(t)$ in Abb. 15.4. Aus der Maschengleichung

$$u_1(t) = R \cdot i(t) + u_2(t)$$

$$u_1(t) = R \cdot C \cdot \frac{du_2(t)}{dt} + u_2(t)$$

folgt eine lineare Differentialgleichung mit reellen Koeffizienten, welche die Beziehung zwischen der Eingangs- und der Ausgangsgrösse beschreibt. Unter der Annahme, dass der Kondensator zum Zeitpunkt $t = 0$ entladen war, liefert die Laplace-Transformation das Ergebnis

$$U_1(s) = (1 + s \cdot R \cdot C) \cdot U_2(s).$$

Folglich resultiert für die Übertragungsfunktion des Systems

$$H(s) = \frac{U_2(s)}{U_1(s)} = \frac{1}{1 + s \cdot R \cdot C}.$$

Wie erwartet, handelt es sich um eine gebrochen rationale Funktion mit reellen Koeffizienten. Der Parameter s und somit auch der Wert der Übertragungsfunktion H(s) sind jedoch im Allgemeinen komplexe Grössen.

Für den komplexen Frequenzgang erhält man

$$H(\omega) = H(s)|_{s = j \cdot \omega} = \frac{1}{1 + j \cdot \omega \cdot R \cdot C}. \blacktriangleleft$$

Mithilfe der Übertragungsfunktion H(s) kann die Antwort eines Systems auf ein beliebiges Eingangssignal x(t) bestimmt werden. Durch Multiplikation von H(s) mit der Laplace-Transformierten X(s) des Eingangssignals erhält man die Laplace-Transformierte Y(s) des Ausgangssignals

$$Y(s) = H(s) \cdot X(s).$$

Der Faltungssatz

$$\mathcal{L}^{-1}\{F_1(s) \cdot F_2(s)\} = \int_0^t f_1(\tau) \cdot f_2(t - \tau) \, d\tau$$

ermöglicht die Rücktransformation dieser Beziehung in den Zeitbereich

$$y(t) = \int_0^t h(\tau) \cdot x(t - \tau) \, d\tau.$$

Das Ausgangssignal y(t) ergibt sich demnach aus der Faltung von h(t) mit dem Eingangssignal x(t). Dabei bilden h(t) und H(s) ein Laplace-Transformationspaar.

Wird als Eingangssignal ein Dirac-Impuls verwendet, so erhält man als Ausgangssignal

$$y(t) = \int_0^t h(\tau) \cdot \delta(t - \tau) \, d\tau = h(t).$$

Die Funktion h(t) wird deshalb als Stoss- oder Impulsantwort des Systems bezeichnet. Sie beschreibt – genauso wie ihre Laplace-Transformierte H(s) – das Übertragungsverhalten des linearen Systems.

Das Übertragungsverhalten eines linearen, zeitinvarianten Systems kann also wahlweise durch die Stossantwort h(t) oder durch die Übertragungsfunktion H(s) beschrieben werden. Die beiden Grössen bilden ein Laplace-Transformationspaar

h(t) $\circ\!\!-\!\!\bullet$ H(s).

Elektrostatik

16

▶ In der Elektrostatik geht es um Phänomene, welche durch ruhende elektrische Ladungen verursacht werden. Das Coulomb'sche Gesetz beschreibt beispielsweise, dass elektrische Ladungen Kräfte aufeinander ausüben. Um dies zu erklären, wird der Begriff des elektrischen Feldes eingeführt. Jede elektrische Ladung verändert den Zustand des Raumes dahin gehend, dass eine Kraft auf andere Ladungen wirkt. Das Verschieben einer Probeladung im elektrischen Feld erfordert daher Arbeit. Im Falle der Elektrostatik ist diese Arbeit nur vom Start- und Endpunkt des Weges abhängig. Gibt man (willkürlich) einen Startpunkt vor, so kann jedem Punkt des Raums der Wert der Arbeit pro Probeladung, das sogenannte elektrische Potential, zugeordnet werden. Die elektrische Spannung zwischen zwei Punkten ist gleich der Differenz der Potentiale an diesen Punkten.

16.1 Coulomb'sches Gesetz

Bei Experimenten mit Punktladungen hat der französische Physiker Charles Auguste Coulomb (1736–1806) die folgenden Beobachtungen gemacht.

- Eine elektrische Ladung Q_2 übt auf eine andere Ladung Q_1 eine Kraft aus.
- Die Kraftwirkung ist direkt proportional zu den beiden Ladungen Q_1 und Q_2.
- Die Kraftwirkung ist umgekehrt proportional zum quadratischen Abstand zwischen den beiden Ladungen.
- Die Richtung des Kraftvektors $\vec{F}$ fällt mit der Verbindungslinie zwischen den beiden Ladungen zusammen.

© Springer Fachmedien Wiesbaden GmbH, ein Teil von Springer Nature 2021
M. Hufschmid, *Grundlagen der Elektrotechnik*,
https://doi.org/10.1007/978-3-658-30386-0_16

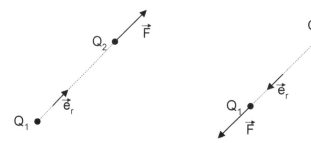

<table>
<tr><td>Die von der Ladung Q_1
hervorgerufene Änderung des
Raumzustands hat eine Kraft $\vec{F}$ auf
die Probeladung Q_2 zur Folge.</td><td>Die von der Ladung Q_2
hervorgerufene Änderung des
Raumzustands hat eine Kraft $\vec{F}$ auf
die Probeladung Q_1 zur Folge.</td></tr>
</table>

Abb. 16.1 Durch elektrische Ladungen verursachte Kräfte

Dieser Zusammenhang wird durch das Coulomb'sche Gesetz wiedergegeben.

▶   Coulomb'sche Gesetz

$$\vec{F} = \frac{1}{4 \cdot \pi \cdot \varepsilon} \cdot \frac{Q_1 \cdot Q_2}{r^2} \cdot \vec{e}_r$$

Wie Abb. 16.1 illustriert, stellt man sich diesen Vorgang so vor, dass eine felderzeugende Ladung (z. B. Q_2) den Zustand des Raums ändert. Diese Änderung hat zur Folge, dass auf eine Probeladung (z. B. Q_1) eine Kraft ausgeübt wird. Genauso gut kann man die Rolle der beiden Ladungen vertauschen. Nur ändert sich in diesem Fall die Richtung der Kraft. Der Einheitsvektor[1] $\vec{e}_r$ ist deshalb so definiert, dass er immer von der felderzeugenden Ladung hin zur Probeladung zeigt.

Im Vakuum (und mit guter Näherung in trockener Luft) gilt

$$\varepsilon = \varepsilon_0 = 8.85 \cdot 10^{-12} \frac{As}{Vm}.$$

Die Naturkonstante ε_0 wird als elektrische Feldkonstante oder als Dielektrizitätskonstante des Vakuums bezeichnet. Die relative Dielektrizitätszahl (auch Permittivitätszahl),

$$\varepsilon_r = \frac{\varepsilon}{\varepsilon_0},$$

---

[1]Ein Einheitsvektor hat immer die Länge 1.

Tab. 16.1 Werte der relativen Dielektrizitätskonstanten ε_r für einige typische Materialien

Material (Dielektrikum)	ε_r
Vakuum	1
Trockene Luft	1,0006
Epoxidharz	3.6
Glas	4 ... 7
Glimmer	5 ... 8
Polyethylen (PE)	2.4 ... 2.6
Wasser (20 °C)	81.1
Teflon (PTFE)	2.1

gibt an, um welchen Faktor sich die Dielektrizitätskonstante ε eines Materials von ε_0 unterscheidet. Die Tab. 16.1 enthält Werte der relativen Dielektrizitätszahl für einige typische Materialien.

Beispiel

Berechnen Sie die durch die Ladung $Q_1 = -300\,\mu\text{C}$ verursachte Kraft, welche auf die Ladung $Q_2 = 20\,\mu\text{C}$ wirkt. Die Positionen der Ladungen sind durch deren Ortsvektoren

$$\vec{P}_1 = \begin{pmatrix} 2 \\ 0 \\ 0 \end{pmatrix}\text{m} \quad \text{und} \quad \vec{P}_2 = \begin{pmatrix} 0 \\ 1 \\ 2 \end{pmatrix}\text{m}$$

gegeben (vgl. Abb. 16.2). Der Vektor zwischen der felderzeugenden und der Probeladung ergibt sich aus der Differenz der Ortsvektoren

$$\vec{r} = \vec{P}_2 - \vec{P}_1 = \begin{pmatrix} -2 \\ 1 \\ 2 \end{pmatrix}.$$

Er hat die Länge

$$r = \sqrt{(-2)^2 + 1^2 + 2^2} = 3.$$

Somit ist der gesuchte Einheitsvektor gegeben durch

$$\vec{e}_r = \frac{\vec{r}}{r} = \frac{1}{3} \cdot \begin{pmatrix} -2 \\ 1 \\ 2 \end{pmatrix}.$$

Für die gesuchte Kraft erhält man

$$\vec{F} = \frac{1}{4 \cdot \pi \cdot \varepsilon} \cdot \frac{Q_1 \cdot Q_2}{r^2} \cdot \vec{e}_r \approx 2 \cdot \begin{pmatrix} -2 \\ 1 \\ 2 \end{pmatrix}\text{N}.$$

Abb. 16.2 Zur Berechnung
der von Q_1 verursachten Kraft,
welche auf die Probeladung
Q_2 wirkt

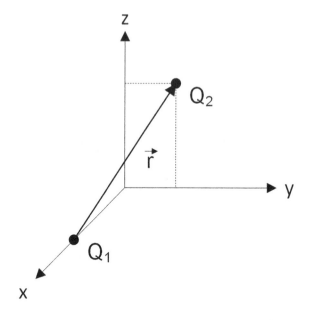

Auf die Ladung Q_2 wirkt demnach eine Kraft mit einem Betrag von

$$\left|\vec{F}\right| \approx 6$$

Newton. ◄

Ist man nur am Betrag der Kraft interessiert, so muss der Einheitsvektor nicht bestimmt werden. Es gilt

$$F = \frac{1}{4 \cdot \pi \cdot \varepsilon} \cdot \frac{Q_1 \cdot Q_2}{r^2}.$$

Wird die Kraftwirkung durch mehrere felderzeugende Ladungen hervorgerufen, überlagern sich die auf die Probeladung wirkenden Einzelkräfte vektoriell.

16.2 Elektrische Feldstärke

Die Kraft

$$\vec{F} = \vec{E} \cdot Q_2,$$

welche auf die Probeladung Q_2 wirkt, ist proportional zu deren Ladung.
Der Proportionalitätsfaktor

$$\vec{E} = \frac{1}{4 \cdot \pi \cdot \varepsilon} \cdot \frac{Q_1}{r^2} \cdot \vec{e}_r$$

ist ein Vektor, welcher offensichtlich ein Mass für die elektrische Wirkung der felderzeugenden Ladung Q_1 im Abstand r darstellt. Das Vorhandensein der Ladung Q_1 bewirkt eine Änderung der physikalischen Eigenschaften des Raums, welche als elektrisches Feld bezeichnet wird. Dieses hat seine Ursache in der felderzeugenden Ladung Q_1, ist jedoch unabhängig von der Probeladung Q_2. Den Vektor $\vec{E}$, welcher das elektrische Feld beschreibt, nennt man elektrische Feldstärke.

Die elektrische Feldstärke kann demnach wie folgt definiert werden.

▶ **Elektrische Feldstärke**
Die elektrische Feldstärke ist ein Vektor, der die Richtung und Stärke des elektrischen Feldes angibt. Sie ist definiert als

$$\vec{E} = \frac{\vec{F}}{Q_2},$$

wobei Q_2 eine Probeladung ist, auf die die Kraft $\vec{F}$ wirkt.

Daraus resultiert für die Einheit der elektrischen Feldstärke

$$[E] = \frac{[F]}{[Q]} = \frac{\mathrm{N}}{\mathrm{As}} = \frac{\mathrm{V}}{\mathrm{m}}.$$

Ist Q_2 eine positive Probeladung, so haben die Kraft $\vec{F}$, welche auf die Probeladung wirkt, und die elektrische Feldstärke $\vec{E}$ dieselbe Richtung.

▶ Die elektrische Feldstärke stimmt hinsichtlich der Richtung mit der Kraft überein, welche auf eine positive Probeladung ausgeübt wird.

Das elektrische Feld wird in jedem Punkt des Raums durch einen Vektor, die elektrische Feldstärke, beschrieben (vgl. Abb. 16.3). Ein solches vektorielles Feld wird oft auch durch sogenannte Feldlinien veranschaulicht (vgl. Abb. 16.4). Diese geben in jedem Punkt des Raumes die Richtung der elektrischen Feldstärke an. Die Dichte der Feldlinien an einem Ort ist ein Mass für den Betrag der elektrischen Feldstärke.

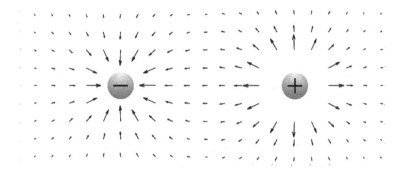

Abb. 16.3 Darstellung eines elektrostatischen Feldes mit Hilfe der Feldvektoren

Abb. 16.4 Darstellung eines
elektrostatischen Feldes mit
Hilfe von Feldlinien

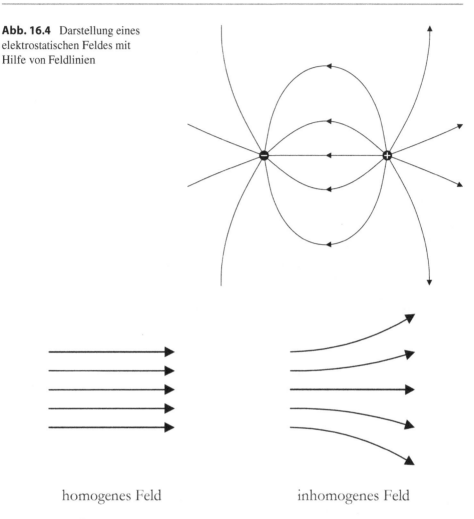

homogenes Feld   inhomogenes Feld

Abb. 16.5 Feldlinien im homogenen und inhomogenen Feld

Die Feldlinien des elektrischen Feldes beginnen immer auf positiven Ladungen und
enden auf negativen Ladungen.

Sind wie in Abb. 16.5 sowohl der Betrag als auch die Richtung der elektrischen Feldstärke im betrachteten Raumabschnitt konstant, so spricht man von einem homogenen
Feld. Alle anderen Felder sind inhomogen.

Im elektrostatischen[2] Feld besitzen alle Feldlinien einen Anfang und ein Ende, wobei
diese Punkte auch im Unendlichen liegen können. Man bezeichnet solche Felder als

---

[2]Die Elektrostatik befasst sich mit ruhenden elektrischen Ladungen und deren Wirkungen. Alle
Funktionen sind von der Zeit unabhängig. Da es in der Elektrostatik keine bewegten Ladungen
gibt, fliesst auch kein Strom.

reine Quellenfelder. Im Gegensatz dazu sind die Feldlinien der magnetischen Felder in sich geschlossen, was als Wirbelfeld bezeichnet wird.

16.3   Leiter im elektrostatischen Feld

In der Elektrostatik sind alle Ladungen ruhend, sie bewegen sich nicht. Daraus kann die folgende Aussage abgeleitet werden.

▶   **Wichtig**
     Im Innern eines leitenden Körpers ist kein elektrostatisches Feld vorhanden.
     Es gilt

$$\vec{E} = \vec{0}.$$

Wäre ein elektrostatisches Feld vorhanden, so würde auf die im Leiter vorhandenen Ladungen Q eine Kraft gemäss

$$\vec{F} = Q \cdot \vec{E}$$

wirken. Da sich die Ladungen in einem Leiter frei bewegen können, würde daraus eine Beschleunigung und damit eine Bewegung der Ladungen resultieren. Dies aber widerspricht der Definition eines elektrostatischen Feldes.

Falls sich elektrische Ladungen auf einem Leiter befinden, müssen diese also so angeordnet sein, dass das Feld im Innern gleich null ist. Voraussetzung dafür ist, dass sich im Innern des Leiters keine Ladungen befinden dürfen.

▶   Im elektrostatischen Feld sind im Innern eines leitenden Körpers keine
     Ladungen vorhanden. Eventuell vorhandene Ladungen befinden sich an der
     Oberfläche des Leiters.

Zudem gilt:

▶   Die Feldlinien des elektrostatischen Feldes stehen stets senkrecht auf
     der Leiteroberfläche. Dies ist gleichbedeutend mit der Aussage, dass der
     elektrische Feldstärkevektor senkrecht auf der Leiteroberfläche steht.

Würde der elektrische Feldstärkevektor nicht senkrecht zur Leiteroberfläche stehen, so könnte man ihn in eine zur Oberfläche senkrechte und eine tangentiale Komponente zerlegen. Die tangentiale Komponente hätte eine Kraft in der Ebene der Oberfläche zur Folge, was zu einer Verschiebung der Ladungen entlang der Oberfläche führen müsste. Solange aber Ladungen bewegt werden, liegt kein elektrostatischer Fall vor.

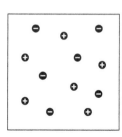 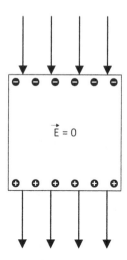

Abb. 16.6 Influenz durch Einfluss eines externen Felds

16.3.1 Influenz

Wird ein ungeladener Leiter in ein elektrostatisches Feld gebracht, so ordnen sich die Ladungen im Leiter derart um, dass das äussere Feld kompensiert wird und das Innere des Leiters feldfrei bleibt (Abb. 16.6). Dieses Phänomen wird als Influenz bezeichnet.

▶ Unter Influenz versteht man die Änderung der Ladungsverteilung auf einem Leiter durch den Einfluss eines äusseren elektrischen Feldes.

In der Regel sind in einem Leiter nur die negativ geladenen Elektronen frei beweglich. Die hier dargestellten positiven Ladungen stellen eigentlich ein Mangel an Elektronen dar.

16.4 Elektrische Spannung und Potential

16.4.1 Elektrische Spannung

In einem elektrostatischen Feld wirken auf eine elektrische Probeladung anziehende und abstossende Kräfte. Die Verschiebung dieser Ladung von A nach B ist deshalb mit Arbeitsaufwand oder -gewinn verbunden.

   Wir wollen nun die physikalische Arbeit berechnen, die geleistet werden muss, um eine Ladung von A nach B zu verschieben. In der Regel ist die Kraft entlang des Wegs nicht konstant. Deshalb muss der gesamte Weg, wie in Abb. 16.7 gezeigt, in sehr viele, sehr kurze Wegstücke $\vec{ds}$ unterteilt werden, von denen man dann annehmen darf, dass dort die Kraft $\vec{F}$ konstant ist. Die Arbeit, die geleistet werden muss um ein solch kurzes

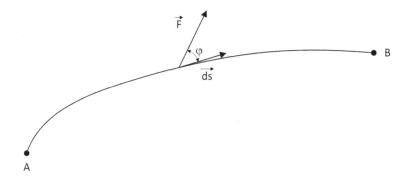

Abb. 16.7 Zur Berechnung der Arbeit

Wegstück zurückzulegen, ist nicht nur von der Länge des Wegstücks und dem Betrag der Kraft sondern auch von den Richtungen der beiden Grössen abhängig. Wirkt die Kraft senkrecht zum Wegstück, so muss keine Arbeit verrichtet werden. Dieser Sachverhalt wird durch die Verwendung des Skalarprodukts berücksichtigt. Ausserdem muss beachtet werden, dass die zu leistende Arbeit negativ ist, falls Kraft und Wegstück die gleiche Richtung aufweisen

$$dW = -\vec{F} \cdot \vec{ds} = -F \cdot ds \cdot \cos(\varphi).$$

Wird der gesamte Weg von A nach B zurückgelegt, so müssen die einzelnen Beiträge aufsummiert werden. Für infinitesimal kurze Wegstücke mutiert die Summe zu einem Linienintegral[3]

$$W_{BA} = -\int_A^B \vec{F} \cdot \vec{ds}.$$

Die Kraft F, welche auf die Probeladung Q wirkt, kann durch die elektrische Feldstärke E ausgedrückt werden, woraus schliesslich folgt

$$W_{BA} = -Q \cdot \int_A^B \vec{E} \cdot \vec{ds}.$$

Die Arbeit, welche geleistet werden muss, um die Probeladung von A nach B zu verschieben, ist proportional zur Probeladung Q. Die Arbeit pro Ladung ist folglich nicht mehr von der willkürlichen Wahl der Probeladung abhängig und wird als elektrische Spannung U_{BA} zwischen den Punkten B und A bezeichnet

---

[3]Gemäss allgemein gebräuchlicher Schreibweise bezeichnet der zweite Index jeweils den Bezugspunkt. In unserem Beispiel ist dies der Punkt A, da dort der Integrationsweg beginnt.

$$U_{BA} = \frac{W_{BA}}{Q} = -\int\limits_A^B \vec{E} \cdot \vec{ds} = \int\limits_B^A \vec{E} \cdot \vec{ds}.$$

Zu beachten ist dabei das negative Vorzeichen, falls der Integrationsweg im Bezugspunkt startet.

Wählt man den Punkt B als Bezugspunkt, so resultiert für die Spannung U_{AB} zwischen den Punkten A und B:

▶   **Spannung zwischen den Punkten A und B**

Die Spannung zwischen zwei Punkten A und B ist die pro Ladung zu leisten Arbeit, um eine Probeladung von A nach B zu verschieben. Sie wird durch das Linienintegral

$$U_{AB} = \int\limits_A^B \vec{E} \cdot \vec{ds}$$

berechnet.

16.4.2 Wegunabhängigkeit der elektrostatischen Spannung

Im Allgemeinen ist der Wert eines Linienintegrals vom gewählten Weg abhängig. Man kann jedoch durch eine einfache Überlegung zeigen, dass in der Elektrostatik das Integral

$$\int\limits_A^B \vec{E} \cdot \vec{ds}$$

nur von den Endpunkte A und B und nicht vom Verlauf des Wegs abhängt.

Würden beispielsweise die beiden Wege s_1 und s_2 in Abb. 16.8 verschiedene Werte liefern, so könnte dauernd Energie gewonnen werden, indem man die Probeladung zuerst auf dem Weg s_1 von A nach B verschiebt und anschliessend auf dem Weg s_2 wieder zum Punkt A zurückbewegt. Dies ist in einem System, welches sich im Gleichgewichtszustand befindet und bei dem kein Energieaustausch mit der Aussenwelt stattfindet, nicht möglich. Das Linienintegral der elektrischen Feldstärke entlang eines geschlossenen Wegs ist folglich immer null

$$\oint \vec{E} \cdot \vec{ds} = 0.$$

Ein Feld, bei dem diese Beziehung gilt, wird als konservativ bezeichnet. Der genannte Sachverhalt gilt jedoch nur in der Elektrostatik, wo die Ableitungen der Grössen nach der Zeit allesamt gleich null sind. Ist dies nicht der Fall, so ist die Arbeit vom zurück-

Abb. 16.8 Die Arbeit ist im
elektrostatischen Feld nicht
vom Weg abhängig

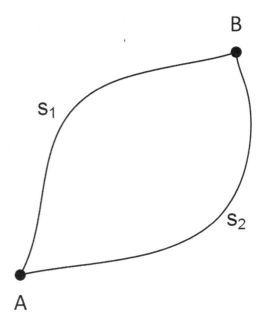

gelegten Weg abhängig und unsere Definition der Spannung macht keinen Sinn mehr.
Dies ist ein Grund, weshalb in der Hochfrequenztechnik praktisch ausschliesslich mit
Leistungen und kaum je mit Spannungen gearbeitet wird.

16.4.3 Elektrisches Potential

Offensichtlich ist die elektrische Spannung nur von dem Start- und dem Endpunkt der
Integration abhängig und nicht vom gewählten Weg. Es macht deshalb Sinn, jedem
Punkt des Raums einen (skalaren) Wert zuzuordnen, das sogenannte elektrische Potential
$\varphi(\mathrm{r})$. Es gilt dann

$$U_{BA} = \varphi(\vec{r}_B) - \varphi(\vec{r}_A).$$

Die elektrische Spannung zwischen zwei Punkten lässt sich damit auch als Potential-
differenz interpretieren.

Die elektrische Potentialfunktion $\varphi(\mathrm{r})$ ist nur bis auf eine additive Konstante
bestimmt. Diese Konstante wird in der Regel so gewählt, dass das Potential in einem
(willkürlich gewählten) Bezugspunkt null wird. Nehmen wir beispielsweise den Punkt A
als Bezugspunkt an, so ist die Potentialfunktion wie folgt definiert

$$\varphi(\vec{r}_B) = \underbrace{\varphi(\vec{r}_A)}_{=0} - \int_A^B \vec{E} \cdot \vec{ds} = - \int_A^B \vec{E} \cdot \vec{ds}.$$

Abb. 16.9 Zur Berechnung
des Potentials einer
Punktladung Q

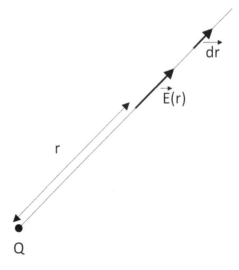

Potential einer Punktladung

Aus Symmetriegründen hängt das Potential einer punktförmigen Ladung einzig vom
Abstand r von ihr ab. Die Feldlinien verlaufen alle radial. Als Bezugspunkt wird in
der Regel ein unendlich weit entfernter Punkt ($r = \infty$) gewählt.

Eine Punktladung Q wie in Abb. 16.9 erzeugt im Abstand r eine elektrische Feldstärke von

$$\vec{E}(r) = \frac{1}{4 \cdot \pi \cdot \varepsilon_0} \cdot \frac{Q}{r^2} \cdot \vec{e}_r.$$

Dabei bezeichnet $\vec{e}_r$ den Einheitsvektor, der radial von der Punktladung wegzeigt. Den
Integrationsweg wählen wir entlang einer Feldlinie. Dies hat den Vorteil, so dass in
diesem Fall $\vec{dr}$ und $\vec{e}_r$ beide die gleiche Richtung aufweisen.

Damit ergibt sich für die Potentialfunktion

$$\varphi(r) = \underbrace{\varphi(\infty)}_{=0} - \int_{\infty}^{r} \vec{E}(r) \cdot \vec{dr}$$

$$= -\frac{Q}{4 \cdot \pi \cdot \varepsilon_0} \cdot \int_{\infty}^{r} \frac{1}{r^2} \cdot \underbrace{\vec{e}_r \cdot \vec{dr}}_{=dr}$$

$$= -\frac{Q}{4 \cdot \pi \cdot \varepsilon_0} \cdot \left[-\frac{1}{r} \right]_{\infty}^{r}$$

$$= \frac{Q}{4 \cdot \pi \cdot \varepsilon_0 \cdot r}. \qquad \blacktriangleleft$$

Wie das obige Beispiel zeigt, ist es meistens von Vorteil, entlang einer Feldlinie zu integrieren. Der elektrische Feldstärkevektor $\vec{E}$ und das Wegelement $\vec{ds}$ haben dann die gleiche Richtung und es gilt

$$\vec{E} \cdot \vec{ds} = E \cdot ds.$$

16.4.4 Äquipotentialflächen

Punkte im Raum, die das gleiche elektrische Potential aufweisen ($\varphi =$ konstant), bilden eine sogenannte Äquipotentialfläche. Für eine Verschiebung einer Probeladung entlang einer Potentialfläche muss also keine Arbeit geleistet werden. Insbesondere gilt bei einer Verschiebung um ein kleines Wegstück $\vec{ds}$

$$dW = -Q \cdot \vec{E} \cdot \vec{ds} = 0,$$

was im Allgemeinen nur erfüllt sein kann, falls der elektrische Feldstärkevektor $\vec{E}$ und das Wegelement $\vec{ds}$ senkrecht aufeinander stehen. Da dies unabhängig von der Lage des Wegelements gilt, folgt:

▶   Die Feldlinien von $\vec{E}$ stehen immer senkrecht auf einer Äquipotentialfläche.

16.5   Verschiebungsflussdichte und Fluss

Die elektrische Feldstärke ist vom Material abhängig. Man erkennt dies an der Material-konstanten ε. Es ist deshalb zweckmässig, eine weitere Grösse zu definieren, welche materialunabhängig ist, die sogenannte elektrische Verschiebungsflussdichte $\vec{D}$. Die beiden Feldgrössen $\vec{E}$ und $\vec{D}$ haben dieselbe Richtung und unterscheiden sich nur durch einen skalaren Faktor[4]

$$\vec{D} = \varepsilon \cdot \vec{E} = \varepsilon_r \cdot \varepsilon_0 \cdot \vec{E}.$$

Dem Namen elektrische Verschiebung liegt die Erscheinung der Verschiebung von Ladungen bei der Influenz zugrunde. Da diese Erscheinung schon in der Frühzeit der Elektrizitätslehre bekannt war, hat sich auch zunächst der Name dielektrische Ver-schiebung für die Feldgrösse $\vec{D}$ durchgesetzt. In der physikalisch-technischen Literatur wird aber zunehmend der Name elektrische Flussdichte bevorzugt. Diese Bezeichnung drückt den Zusammenhang mit dem elektrischen Fluss und somit mit der Ladung aus.

---

[4]Diese einfache Beziehung gilt nur in linearen, isotropen Dielektrika. Von dieser Voraussetzung wollen wir im Folgenden ausgehen.

16.5.1 Der elektrische Fluss Ψ

Wir wollen nun den Begriff des elektrischen Flusses einführen. Dazu denken wir uns, wie in Abb. 16.10 gezeigt, eine beliebige Fläche, die durch ein Netz in ebene Flächenelemente ΔA_i aufgeteilt ist.

Das elektrische Feld am Ort des Flächenelements ΔA_i wird nach Richtung und Betrag durch die elektrische Flussdichte $\vec{D}_i$ charakterisiert. Wählt man die Flächenelemente hinreichend klein, so kann man davon ausgehen, dass alle Vektoren $\vec{D}_i$ über dem Flächenelement parallel und von gleicher Länge sind.

▶ **Wichtig**
Unter dem elektrischen Fluss $\Delta \Psi_i$ durch das Flächenelement ΔA_i versteht man das Skalarprodukt

$$\Delta \Psi_i = \vec{D}_i \cdot \Delta \vec{A}_i = D_i \cdot \Delta A_i \cdot \cos(\alpha).$$

Der Flächenvektor $\Delta \vec{A}_i$ ist dabei so definiert, dass er senkrecht auf dem Flächenelement ΔA_i steht und sein Betrag $\left| \Delta \vec{A}_i \right|$ gleich dem Flächeninhalt von ΔA_i ist.

▶ **Wichtig**
Den elektrischen Fluss durch eine beliebige Fläche A erhält man, indem man die Summe über sämtliche Flächenelemente ΔA_i bildet

$$\Psi = \sum_i \Delta \Psi_i = \sum_i \vec{D}_i \cdot \Delta \vec{A}_i.$$

Unterteilt man die Fläche A in immer kleinere Flächenelemente ΔA_i, so strebt die Anzahl Summanden gegen unendlich. Für den Grenzfall $\Delta A \rightarrow dA$ wird die obige Summe als Oberflächenintegral geschrieben

$$\Psi = \iint\limits_A \vec{D} \cdot d\vec{A}.$$

Die exakte Definition des elektrischen Flusses lautet somit:

▶ **Elektrischer Fluss**
Der elektrische Fluss durch eine Fläche A ist das Oberflächenintegral der elektrischen Flussdichte über dieser Fläche

$$\Psi = \iint\limits_A \vec{D} \cdot d\vec{A}.$$

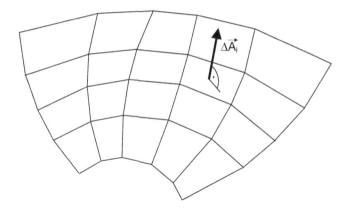

Abb. 16.10 Aufteilung einer Fläche in kleine, ebene Teilflächen ΔA_i

Die Einheit des elektrischen Flusses ergibt sich nach dessen Definition als Produkt aus den Einheiten für die elektrischen Flussdichte

$$[D] = \frac{C}{m^2}$$

und für die Fläche

$$[A] = m^2$$

zu

$$[\Psi] = \frac{C}{m^2} \cdot m^2 = C.$$

▶ Die Einheit des elektrischen Flusses ist gleich der Einheit der elektrischen Ladung.

16.5.2 Elektrischer Fluss durch eine Hüllfläche

Eine Hüllfläche ist eine beliebig geformte, aber geschlossene Fläche. Ein Beispiel dafür ist die Kugelfläche. Wir wollen im Folgenden den gesamten elektrischen Fluss einer Punktladung Q durch die Kugelschale mit Radius R berechnen. Da die Kugelschale eine Äquipotentialfläche ist, stehen die elektrischen Feldlinien und somit auch die Verschiebungsdichtevektoren $\vec{D}$ immer senkrecht auf ihr. Zudem ist der Betrag der Verschiebungsdichtevektoren auf der Kugeloberfläche konstant, nämlich

$$D = \varepsilon \cdot E = \frac{Q}{4\pi R^2}.$$

Deshalb lässt sich der elektrische Fluss einfach berechnen

$$\Psi = \oiint_{\text{Kugel}} \vec{D} \cdot d\vec{A} = \oiint_{\text{Kugel}} D \cdot dA = \oiint_{\text{Kugel}} \frac{Q}{4\pi R^2} \cdot dA = \frac{Q}{4\pi R^2} \oiint_{\text{Kugel}} dA.$$

Der Ausdruck

$$\oiint_{\text{Kugel}} dA$$

bedeutet, dass alle Flächenelemente dA, welche die Kugeloberfläche bilden, auf-summiert werden und beschreibt deshalb die Kugeloberfläche

$$\oiint_{\text{Kugel}} dA = 4\pi R^2.$$

Damit folgt für den elektrischen Fluss

$$\Psi = \frac{Q}{4\pi R^2} 4\pi R^2 = Q.$$

Wir stellen also fest, dass der Fluss durch die gesamte Kugeloberfläche gleich der ein-geschlossenen Ladung ist! James Clerk Maxwell (1831 – 1879) hat gezeigt, dass dieser Zusammenhang für beliebige Hüllflächen und für beliebige Ladungsverteilungen gilt.

▶ **Dritte Maxwell-Gleichung**
   Der elektrische Fluss durch eine beliebige geschlossene Fläche ist gleich der
   Summe der durch diese Fläche eingeschlossenen Ladungen

$$\Psi = \oiint_{\text{Hüllfläche}} \vec{D} \cdot d\vec{A} = \sum_i Q_i.$$

Diese Beziehung wird auch als Grundgesetz der Elektrostatik bezeichnet. Sie bedeutet, dass elektrostatische Felder durch elektrische Ladungen erzeugt werden. In der obigen Formel muss beachtet werden, dass die Teilladungen Q_i vorzeichenbehaftet sind. Ferner muss die Richtung des Vektors $d\vec{A}$ so gewählt werden, dass er von der Hüllfläche weg zeigt.

Es macht anfänglich Schwierigkeiten zu verstehen, weshalb für das elektrische Feld zwei Vektoren, $\vec{D}$ und $\vec{E}$, definiert werden, die sich nur durch eine Konstante unterscheiden. Dahinter steckt aber ein fundamentales Naturgesetz: Die elektrische Flussdichte beschreibt, dass Ladungen den Raum – unabhängig davon, ob Materie vorhanden ist oder nicht – in einen Zwangszustand versetzen, der durch ein Feld von Vektoren $\vec{D}$ beschrieben werden kann. Sie ist also direkt der felderzeugenden Ladung und damit der Ursache zugeordnet und ist materialunabhängig. Die elektrische Feldstärke

$$\vec{E} = \vec{F}/Q$$

ist dagegen Ausdruck der Tatsache, dass bei diesem Raumzustand auf andere Ladungen Kräfte ausgeübt werden. Sie beschreibt also eine Wirkung des elektrischen Feldes. $\vec{D} = \varepsilon \cdot \vec{E}$ schliesslich ist das Naturgesetz, welches die Proportionalität dieser zwei Erscheinungen formuliert.

16.5.3 Berechnung von Feldstärke und Potential

Das Grundgesetz der Elektrostatik wird häufig zur Berechnung der elektrischen Feldstärke bei vorgegebener Ladungsverteilung benützt. Nach geeigneter Wahl der Hüllfläche wird mit Hilfe der Beziehung

$$\oiint_{\text{Hüllfläche}} \vec{D} \cdot d\vec{A} = \sum_i Q_i$$

die Verschiebungsdichte $\vec{D}$ bestimmt. Damit die Berechnung des Oberflächenintegrals möglichst einfach wird, sollte die Hüllfläche nach den folgenden Kriterien gewählt werden:

1. Die durch die örtliche Ladungsverteilung vorgegebenen Symmetrieeigenschaften für das elektrische Feld sollten berücksichtigt werden.
2. Für die Bestimmung des Skalarprodukts $\vec{D} \cdot d\vec{A}$ ist es von Vorteil, wenn eine der folgenden Bedingungen erfüllt ist.
   - Die Verschiebungsdichte und das Flächenelement stehen senkrecht aufeinander

$$\vec{D} \perp d\vec{A} \Rightarrow \vec{D} \cdot d\vec{A} = 0.$$

   - Die Verschiebungsdichte und das Flächenelement haben dieselbe Richtung

$$\vec{D} \| d\vec{A} \Rightarrow \vec{D} \cdot d\vec{A} = D \cdot dA.$$

   - Die Verschiebungsdichte ist gleich null

$$\vec{D} = 0.$$

Das Oberflächenintegral kann auch stückweise zusammengesetzt werden. Es genügt deshalb, wenn die genannten Bedingungen nur auf Teilflächen erfüllt sind.

Beispiel

Wir betrachten einen unendlich langen Draht mit der gleichmässigen Ladungsdichte

$$\rho = \frac{Q}{\ell}.$$

Von dieser Linienladung soll die Verschiebungsdichte sowie das elektrische Potential berechnet werden.

Als Hüllfläche wird mit Vorteil ein Zylinder gewählt, auf dessen Achse die Linienladung liegt (Abb. 16.11). Die elektrische Verschiebungsdichte kann aufgrund der Symmetrie (und da wir eine unendlich lange Linienladung annehmen) nur radial verlaufen. Zudem ist deren Betrag lediglich vom Abstand von der Linienladung abhängig. Auf den Stirnflächen des Zylinders stehen alle Feldstärkevektoren senkrecht auf den Flächenvektoren und liefern somit keinen Beitrag an den elektrischen Fluss. Auf der Mantelfläche hingegen gilt $\vec{D} \| d\vec{A}$ und somit $\vec{D} \cdot d\vec{A} = D \cdot dA$. Mit diesen Überlegungen lässt sich das Oberflächenintegral leicht bestimmen,

$$\underset{\text{Zylinder}}{\oiint} \vec{D} \cdot d\vec{A} = \underset{\text{Mantelfläche}}{\iint} \vec{D} \cdot d\vec{A} + 2 \cdot \underbrace{\underset{\text{Stirnfläche}}{\iint} \vec{D} \cdot d\vec{A}}_{=0}$$

$$= \underset{\text{Mantelfläche}}{\iint} D(r) \cdot dA$$

$$= D(r) \cdot \underset{\text{Mantelfläche}}{\iint} dA$$

$$= D(r) \cdot 2 \cdot \pi \cdot r \cdot \ell.$$

Gemäss dem dritten Maxwell'schen Gesetz ist dieses Resultat identisch mit der insgesamt vom Zylinder eingeschlossenen Ladung

$$D(r) \cdot 2 \cdot \pi \cdot r \cdot \ell = Q = \rho \cdot \ell,$$

woraus folgt

$$D(r) = \frac{\rho}{2 \cdot \pi \cdot r}$$

und weiter

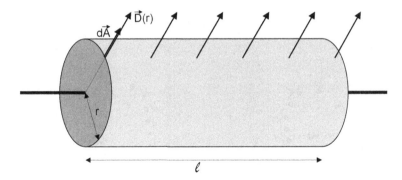

Abb. 16.11 Definition der Hüllfläche um einen langen Draht mit gleichmässiger Ladungsdichte

$$E(r) = \frac{\rho}{2 \cdot \pi \cdot r \cdot \varepsilon}.$$

Für die Berechnung des Potentials wird angenommen, dass $\varphi(r_0) = 0$, wobei r_0 ein beliebiger Radius ist

$$
\begin{aligned}
\varphi(r) &= \underbrace{\varphi(r_0)}_{=0} - \int\limits_{r_0}^{r} E(r) \cdot dr \\
&= - \int\limits_{r_0}^{r} \frac{\rho}{2 \cdot \pi \cdot r \cdot \varepsilon} \cdot dr \\
&= - \frac{\rho}{2 \cdot \pi \cdot \varepsilon} \cdot \int\limits_{r_0}^{r} \frac{1}{r} \cdot dr \\
&= - \frac{\rho}{2 \cdot \pi \cdot \varepsilon} \cdot \ln(r) \Big|_{r_0}^{r} \\
&= \frac{\rho}{2 \cdot \pi \cdot \varepsilon} \cdot \ln\left(\frac{r_0}{r}\right).
\end{aligned}
\tag{16.1}
$$

Aus dem Resultat wird ersichtlich, dass eine Wahl des Bezugspunkts im Unendlichen ($r_0 = \infty$) in diesem Fall nicht zulässig ist. ◄

16.6 Kapazität

Wie in Abb. 16.12 illustriert, betrachten wir zwei voneinander isolierte, leitende Körper, welche entgegengesetzte Ladungen tragen. Zwischen den beiden geladenen Körpern, welche auch als Elektroden bezeichnet werden, bildet sich ein elektrisches Feld aus. Die entsprechenden Feldlinien stehen senkrecht auf den Elektroden. Eine solche Anordnung nennt man Kondensator.

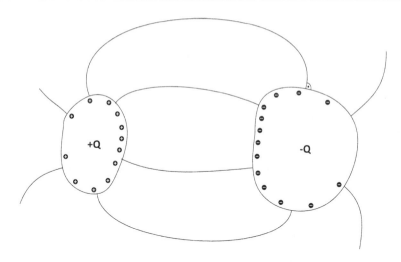

Abb. 16.12 Zur Definition des Kondensators

▶ **Kondensator**
   Eine Anordnung von zwei voneinander isolierten leitenden Körpern, welche
   entgegengesetzte Ladungen tragen, nennt man Kondensator.

Die beiden Elektroden sind Äquipotentialflächen des elektrischen Feldes. Die Potential-
differenz zwischen den Elektroden lässt sich gemäss der Beziehung

$$U_{12} = \int\limits_1^2 \vec{E} \cdot d\vec{s} = \int\limits_1^2 \frac{\vec{D}}{\varepsilon} \cdot d\vec{s}$$

berechnen. Da die Verschiebungsdichte proportional zur felderzeugenden Ladung ist,

$$D \propto Q,$$

folgt schliesslich, dass Spannung und Ladung zueinander proportional sind

$$Q = C \cdot U_{12}.$$

Die entsprechende Proportionalitätskonstante C ist eine wesentliche Kenngrösse des
Kondensators und wird als dessen Kapazität

$$C = \frac{Q}{U_{12}}$$

bezeichnet.
   Sie ist abhängig von der Form und den Abmessungen der beiden Elektroden sowie
dem dazwischen liegenden Dielektrikum. Hingegen hängt die Kapazität in erster
Näherung weder von der Spannung U noch von der Ladung Q ab.

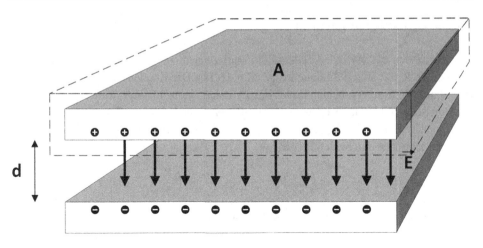

Abb. 16.13 Plattenkondensator

16.6.1 Plattenkondensator

Der in Abb. 16.13 dargestellte Plattenkondensator besteht aus zwei gleichen, ebenen, parallelen Metallplatten mit den Flächen A, deren Abstand d sehr gering ist ($d^2 \ll A$).

Aufgrund der gemachten Voraussetzungen kann das elektrische Feld zwischen den beiden Platten als nahezu homogen angenommen werden. Für die Berechnung der elektrischen Feldstärke wird eine Hüllfläche gewählt, welche eine der beiden Platten einschliesst. Für den elektrischen Fluss durch diese Hüllfläche resultiert dann

$$\Psi = D \cdot A = \varepsilon \cdot E \cdot A.$$

Dieser kann mit der eingeschlossenen Ladung gleichgesetzt werden

$$\varepsilon \cdot E \cdot A = Q,$$

woraus folgt

$$E = \frac{Q}{\varepsilon \cdot A}.$$

Die Spannung zwischen den beiden Kondensatorplatten lässt sich damit einfach bestimmen

$$U_{12} = \int\limits_1^2 \vec{E} \cdot \vec{ds} = E \cdot d = \frac{Q}{\varepsilon \cdot A} \cdot d.$$

Man erhält schliesslich für die Kapazität des Plattenkondensators

$$C = \frac{Q}{U_{12}} = \varepsilon \cdot \frac{A}{d}.$$

16.6.2 Zylinderkondensator

Die Elektroden des Zylinderkondensators sind zwei dünne koaxiale Hohlzylinder mit den Radien $R_a > R_i$ und der Länge l (vgl. Abb. 16.14). Der Kondensator soll so lang sein, dass Randeffekte an den beiden Enden des Zylinders vernachlässigt werden können.

Auf Seite 249 (Gl. 16.1) wurde der Potentialverlauf einer solchen Anordnung berechnet. Wird beispielsweise der äussere Hohlzylinder als Bezugspotential gewählt, so resultiert zwischen den beiden Platten

$$\varphi(r) = \frac{\rho}{2 \cdot \pi \cdot \varepsilon} \cdot \ln\left(\frac{R_a}{r}\right) = \frac{Q}{2 \cdot \pi \cdot \varepsilon \cdot \ell} \cdot \ln\left(\frac{R_a}{r}\right), \quad R_i \leq r \leq R_a.$$

Als Potentialdifferenz zwischen den beiden Elektroden erhält man

$$U_{12} = \varphi(R_i) = \frac{Q}{2 \cdot \pi \cdot \varepsilon \cdot \ell} \cdot \ln\left(\frac{R_a}{R_i}\right),$$

woraus für die Kapazität des Zylinderkondensators folgt

$$C = \frac{2 \cdot \pi \cdot \varepsilon \cdot \ell}{\ln\left(\frac{R_a}{R_i}\right)}.$$

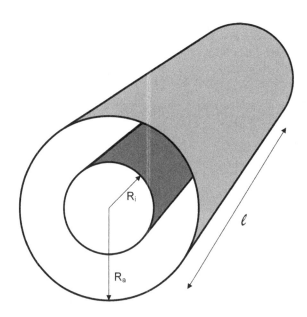

Abb. 16.14 Zylinderkondensator

16.6.3 Berechnung von Kapazitäten

Die beiden soeben betrachteten Beispiele zeigen auf, wie die Kapazität einer allgemeinen Elektrodenanordnung berechnet wird. Die Ladung Q der Elektroden wird vorerst als bekannt angenommen. Dies ist zulässig, da die Kapazität bekanntlich nicht von der Ladung abhängt. Mit Hilfe des Grundgesetzes der Elektrostatik

$$\oiint_{\text{Hüllfläche}} \vec{D} \cdot d\vec{A} = \sum_i Q_i$$

wird die Verschiebungsflussdichte $\vec{D}$ bestimmt. Dazu muss eine geeignete Hüllfläche gewählt werden, wobei mit Vorteil vorhandene Symmetrien ausgenutzt werden.

Danach wird die Spannung zwischen den beiden Elektroden berechnet

$$U_{12} = \int_1^2 \vec{E} \cdot \vec{ds} = \int_1^2 \frac{\vec{D}}{\varepsilon} \cdot \vec{ds}.$$

Die Kapazität ist schliesslich das Ergebnis der Beziehung

$$C = \frac{Q}{U_{12}}.$$

16.7 Energie im elektrischen Feld

Für den Aufbau eines elektrischen Feldes zwischen zwei Elektroden muss Arbeit geleistet werden, wie das folgende Gedankenexperiment zeigt.

Wir betrachten einen Plattenkondensator, dessen Elektroden mit $+Q$, resp. $-Q$ geladen sind. Damit herrscht zwischen den Platten ein homogenes elektrisches Feld mit

$$E = \frac{U}{d} = \frac{Q}{d \cdot C}.$$

Nun soll eine sehr kleine Elektrizitätsmenge dQ von der einen auf die andere Platte transportiert werden. Die Ladungsmenge sei derart klein, dass das elektrische Feld dennoch als unverändert angenommen werden Auf die transportierte Ladung wirkt im elektrischen Feld eine Kraft E·dQ und deshalb erfordert der Transport über die Strecke d die Arbeit

$$dW = F \cdot d = E \cdot dQ \cdot d = \frac{Q}{C} \cdot dQ.$$

Um den Kondensator vom ungeladenen Zustand ($Q = 0$) auf eine Endladung $Q = Q_e$ aufzuladen, muss also gesamthaft die Arbeit

$$W_e = \int\limits_0^{Q_e} dW = \frac{1}{C} \int\limits_0^{Q_e} Q \cdot dQ = \frac{Q_e^2}{2 \cdot C}$$

aufgewendet werden. Diese geleistete Arbeit muss gemäss dem Energieerhaltungssatz irgendwo gespeichert sein. Diesbezüglich hat sich die Vorstellung bewährt, dass die Arbeit im elektrischen Feld, also im Raum zwischen den Platten, gespeichert wird. Diese Energiespeicherung ist nicht vom Vorhandensein von Materie abhängig, da ein elektrisches Feld auch im Vakuum existieren kann. Damit erhält der Feldbegriff eine neue Bedeutung.

Das soeben hergeleitete Ergebnis gilt nicht nur für den Plattenkondensator, sondern ganz allgemein.

▶ **Energie im elektrischen Feld eines Kondensators**
Im elektrischen Feld eines Kondensators mit der Kapazität C, der Spannung U und der Ladung Q wird die Energie

$$W_e = \frac{1}{2} \cdot \frac{Q^2}{C} = \frac{1}{2} \cdot C \cdot U^2 = \frac{1}{2} \cdot Q \cdot U \qquad (16.2)$$

gespeichert.

Ebenfalls sehr aufschlussreich ist die Berechnung der Energiedichte w_e im Kondensator, also der Energie pro Volumen. Für den Plattenkondensator ergibt sich

$$w_e = \frac{W_e}{V} = \frac{\frac{1}{2} \cdot C \cdot U^2}{A \cdot d} = \frac{\frac{1}{2} \cdot \varepsilon \cdot \frac{A}{d} \cdot (E \cdot d)^2}{A \cdot d} = \frac{1}{2} \cdot \varepsilon \cdot E^2.$$

Auch dieses Ergebnis ist allgemein gültig.

▶ **Energiedichte im elektrischen Feld**
Die Energiedichte im elektrischen Feld ist gegeben durch

$$w_e = \frac{1}{2} \cdot \varepsilon \cdot E^2 = \frac{1}{2} \cdot \frac{D^2}{\varepsilon} = \frac{1}{2} \cdot D \cdot E.$$

Dass die hier hergeleitete Beziehung für beliebige elektrische Felder Gültigkeit hat, folgt aus der Tatsache, dass für genügend kleine Volumenelemente jedes Feld als homogen betrachtet werden darf und deshalb mit dem Feld eines Plattenkondensators verglichen werden kann. Man kann sich jeden grösseren Raum aus solchen Volumenelementen aufgebaut denken.

Selbstverständlich kann die gesamte Energie eines elektrischen Feldes dadurch gefunden werden, dass die Energiedichte über dem ganzen Raum aufintegriert wird

$$W_e = \iiint w_e \cdot dV = \frac{1}{2} \cdot \iiint D \cdot E \cdot dV.$$

Die Energiebeziehungen sind sehr hilfreich bei der Berechnung der Anziehungskräfte zwischen den Kondensatorelektroden. Dazu wird das Prinzip der virtuellen Verschiebung angewandt. Da sich die beiden Elektroden anziehen, muss für eine (gedachte) Verschiebung der Elektroden mechanische Arbeit geleistet werden, welche danach im elektrischen Feld gespeichert ist. Die Energieänderung des elektrischen Feldes kann mit Hilfe der Formeln auf Seite 254 (Gl. 16.2) berechnet werden. Durch Gleichsetzen der mechanischen Arbeit und der Energieänderung des elektrischen Feldes können schliesslich Rückschlüsse auf die Kraft zwischen den Elektroden gezogen werden können.

Beispiel

Wir betrachten einen Plattenkondensator mit der Fläche A, dem Elektrodenabstand d und der Dielektrizitätszahl ε. Welche Kraft wirkt zwischen den Platten, wenn die Spannung zwischen ihnen U ist?

Im elektrischen Feld des Kondensators ist die Energie

$$W_{e,1} = \frac{1}{2} \cdot \frac{Q^2}{C_1} = \frac{1}{2} \cdot \frac{Q^2}{\varepsilon \cdot A} \cdot d$$

gespeichert. Nun denken wir uns eine Vergrösserung des Plattenabstands um Δd. Damit ändert sich die Kapazität des Kondensators und damit – bei gleichbleibender Ladung – auch der Energieinhalt des Feldes

$$W_{e,2} = \frac{1}{2} \cdot \frac{Q^2}{C_2} = \frac{1}{2} \cdot \frac{Q^2}{\varepsilon \cdot A} \cdot (d + \Delta d).$$

Die Energieänderung von

$$\Delta W_e = W_{e,2} - W_{e,1} = \frac{1}{2} \cdot \frac{Q^2}{\varepsilon \cdot A} \cdot \Delta d$$

wurde dadurch geleistet, dass die Platten entgegengesetzt der Anziehungskraft F um die Strecke Δd verschoben wurden. Aus der Energiebilanz

$$\Delta W_e = F \cdot \Delta d$$

folgt für die Anziehungskraft

$$F = \frac{\Delta W_e}{\Delta d} = \frac{1}{2} \cdot \frac{Q^2}{\varepsilon \cdot A}.$$

Die Ladung Q kann noch durch die Spannung U ausgedrückt werden

$$Q = C \cdot U = \frac{\varepsilon \cdot A}{d} \cdot U$$

woraus folgt

$$F = \frac{1}{2} \cdot \frac{\varepsilon \cdot A}{d^2} \cdot U^2. \blacktriangleleft$$

16.8   Verhalten an Grenzflächen

Wir betrachten die Grenzfläche zwischen zwei Materialien mit unterschiedlichen Dielektrizitätskonstanten. Es soll untersucht werden, welche Gesetzmässigkeiten für die Feldvektoren $\vec{E}$ und $\vec{D}$ gelten. Ganz allgemein gilt, dass jeder Vektor zerlegt werden kann in eine Komponente senkrecht und eine Komponente tangential zur Grenzfläche.

   Wie in Abb. 16.15 veranschaulicht, wählen wir als Hüllfläche einen sehr kurzen Zylinder mit der Stirnfläche A um die Bedingung für die Verschiebungsflussdichte an der Grenzfläche herzuleiten. Der Zylinder sei so klein, dass die Verschiebungsflussdichte als konstant angenommen werden kann. Bei der Berechnung des elektrischen Flusses durch den Zylinder liefern nur die Normalkomponenten von $\vec{D}$ einen Beitrag. Unter der Voraussetzung, dass die Grenzfläche zwischen den beiden Materialien nicht geladen ist, liefert das Grundgesetz der Elektrostatik die Beziehung

$$\Psi = A \cdot D_{2n} - A \cdot D_{1n} = 0,$$

woraus folgt

$$D_{1n} = D_{2n}.$$

▶   Beim Übergang von einem Material auf das andere ändert die Normal-
     komponente der Verschiebungsflussdichte nicht.

Eine zweite Gesetzmässigkeit folgt aus der Bedingung

$$\oint \vec{E} \cdot \vec{ds} = 0,$$

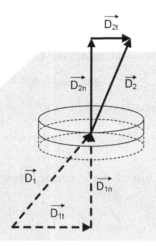

Abb. 16.15 Verhalten der Verschiebungsflussdichte an der Grenzfläche zwischen zwei Medien

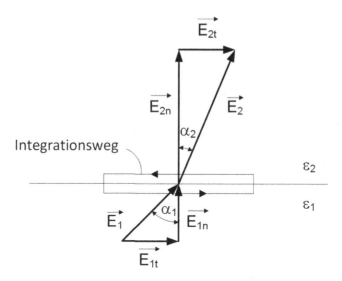

Abb. 16.16 Verhalten der elektrischen Feldstärke an der Grenzfläche zwischen zwei Medien

welche für einen beliebigen geschlossenen Integrationsweg gilt. Wir wählen den in Abb. 16.16 gezeigten Integrationsweg, der knapp oberhalb der Grenzfläche hin- und knapp unterhalb der Grenzfläche zurückläuft. Die Länge eines Wegstücks bezeichnen wir mit l. Diese sei so kurz, dass die elektrische Feldstärke als konstant angenommen werden darf.

Da das Linienintegral das Skalarprodukt enthält, liefern nur die tangentialen Komponenten der elektrischen Feldstärke Beiträge zum Resultat. Daraus folgt

$$\oint E \cdot ds = E_{1t} \cdot \ell - E_{2t} \cdot \ell = 0$$

oder

$$E_{1t} = E_{2t}.$$

▶ Beim Übergang von einem Material auf das andere bleiben die Tangential-komponenten der elektrischen Feldstärke unverändert.

16.8.1 Brechungsgesetz

Für die in Abb. 16.16 definierten Einfallswinkel gilt offensichtlich

$$\tan(\alpha_1) = \frac{E_{1t}}{E_{1n}} \quad \text{und} \quad \tan(\alpha_2) = \frac{E_{2t}}{E_{2n}}.$$

Indem man die Normalkomponenten E_n durch D_n/ε ersetzt, resultiert

$$\tan(\alpha_1) = \frac{E_{1t}}{D_{1n}} \cdot \varepsilon_1 \quad \text{und} \quad \tan(\alpha_2) = \frac{E_{2t}}{D_{2n}} \cdot \varepsilon_2.$$

Da $E_{1t} = E_{2t}$ und $D_{1n} = D_{2n}$ gilt, folgt für das Verhältnis der beiden Tangensfunktionen

$$\frac{\tan(\alpha_1)}{\tan(\alpha_2)} = \frac{\varepsilon_1}{\varepsilon_2}.$$

Dies wird als Brechungsgesetz der Elektrostatik bezeichnet.

Stationäres Strömungsfeld

17

▶ In der Elektrostatik sind die Ladungen unbeweglich, es fliesst kein elektrischer Strom. Diese Bedingung wollen wir in diesem Kapitel etwas lockern, indem nun gleichförmige Bewegungen von Ladungen zugelassen werden. Diese Bewegung der geladenen Teilchen kann wiederum mittels Feldbegriffen beschrieben werden. Da es sich um einen zeitlich gleichbleibenden Strom von Ladungen handelt, spricht man in diesem Zusammenhang vom stationären Strömungsfeld. Wie in der Elektrostatik sind auch im stationären Strömungsfeld alle Grössen zeitunabhängig.

17.1 Stromdichte

Bis jetzt wurde der elektrische Strom so definiert, dass die pro Zeiteinheit Δt durch eine vorgegebene Fläche transportierte Ladung ΔQ betrachtet wurde. Der Quotient

$$I = \frac{\Delta Q}{\Delta t}$$

wurde als elektrische Stromstärke definiert. Untersucht man die erwähnte Fläche genauer, so ist es durchaus denkbar, dass an gewissen Stellen kaum Ladungen durch diese hindurchfliessen, während an anderen Stellen ein starker Ladungsfluss beobachtet wird. Um diese Verteilung von Ladungsträgern genauer beschreiben zu können, wird die elektrische Stromdichte $\vec{j}$ eingeführt. Der Vektor $\vec{j}$ zeigt in Richtung des Ladungstransports, ist also parallel zur Geschwindigkeit der elektrischen Ladungen. Seine Länge ist gleich dem Strom pro Querschnittsfläche ΔA

$$\left|\vec{j}\right| = \lim_{\Delta A \to 0} \frac{\Delta I}{\Delta A},$$

© Springer Fachmedien Wiesbaden GmbH, ein Teil von Springer Nature 2021
M. Hufschmid, *Grundlagen der Elektrotechnik*,
https://doi.org/10.1007/978-3-658-30386-0_17

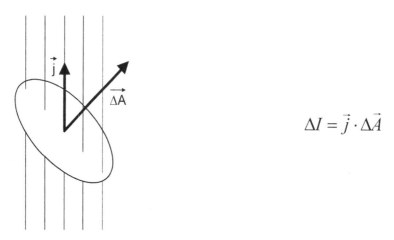

$$\Delta I = \vec{j} \cdot \Delta\vec{A}$$

Abb. 17.1 Der Strom durch ein Flächenelement ergibt sich aus dem Skalarprodukt $\vec{j} \cdot \Delta\vec{A}$

wobei vorausgesetzt wird, dass die Fläche ΔA senkrecht auf $\vec{j}$ steht. Im Allgemeinen ist der Stromdichtevektor vom Ort abhängig.

Um den Gesamtstrom durch eine vorgegebene Fläche zu bestimmen, wird diese in sehr viele, sehr kleine Flächenelemente aufgeteilt (Abb. 17.1). Die Richtung und die Fläche jedes dieser Elemente wird durch den dazugehörigen Flächenvektor $\Delta\vec{A}$ beschrieben. Da die Flächenelemente sehr klein sind, darf vorausgesetzt werden, dass der Stromdichtevektor konstant ist. Für den Strom durch das Flächenelement liefert lediglich die zur Fläche senkrecht stehende Komponente des Stromdichtevektors einen Beitrag. Dieser Tatsache wird durch die Verwendung des Skalarprodukts Rechnung getragen.

Der Gesamtstrom resultiert aus der Summe aller Einzelströme oder – bei infinitesimal kleinen Flächenelementen dA – aus dem Flächenintegral

$$I = \iint_{\text{Fläche}} \vec{j} \cdot d\vec{A}.$$

Offensichtlich besteht rein formal ein Zusammenhang zwischen Stromdichte und Strom einerseits und Verschiebungsflussdichte und elektrischem Fluss andererseits. Wiederum ist es interessant, den Spezialfall einer geschlossenen Fläche zu untersuchen. Im stationären Fall sind alle Grössen zeitunabhängig. Dies muss insbesondere auch für die in einer Hüllfläche eingeschlossene Ladung gelten. Fliessen also Ladungen in die Hüllfläche hinein, so muss gleichzeitig an einem anderen Ort die gleiche Ladungsmenge die Hüllfläche verlassen. Der Gesamtstrom durch eine geschlossene Fläche ist im stationären Fall stets null

$$\oiint \vec{j} \cdot d\vec{A} = 0.$$

Abb. 17.2 Definition der Hüllfläche zur Herleitung der Kirchhoff'schen Knotenregel

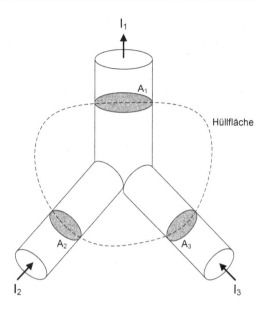

Dies ist eine allgemeinere Formulierung der Kirchhoff'schen Knotenregel. Laufen mehrere Leiter in einem Knoten zusammen, so braucht das oben angegebene Integral nur auf den Querschnittsflächen der Leiter ausgewertet zu werden, da die Stromdichte im übrigen Gebiet sowieso null ist.

Mit den in Abb. 17.2 definierten Flächen resultiert

$$\oiint \vec{j} \cdot d\vec{A} = \underbrace{\iint_{A_1} \vec{j} \cdot d\vec{A}}_{I_1} + \underbrace{\iint_{A_2} \vec{j} \cdot d\vec{A}}_{-I_2} + \underbrace{\iint_{A_3} \vec{j} \cdot d\vec{A}}_{-I_3} = I_1 - I_2 - I_3 = 0,$$

was der Kirchhoff'schen Knotenregel entspricht.

Die Beziehung

$$\oiint \vec{j} \cdot d\vec{A} = 0$$

ähnelt formal dem Grundgesetz der Elektrostatik

$$\oiint_{\text{Hüllfläche}} \vec{D} \cdot d\vec{A} = \sum_i Q_i.$$

Im stationären Strömungsfeld ist die rechte Seite der Gleichung jedoch immer null, das heisst es gibt keine Grösse, welche der elektrischen Ladung Q entspricht. Dies hat unter anderem zur Folge, dass die Feldlinien des elektrischen Strömungsfeldes keinen

Anfang und kein Ende besitzen, sie sind stets geschlossen. Ein Gleichstrom kann nur in geschlossenen Kreisen fliessen! Ein solches Feld nennt man quellenfrei.

17.2 Ohmsches Gesetz im Strömungsfeld

Wie in Abb. 17.3 illustriert, betrachten wir das stationäre Strömungsfeld in einem kleinen Quader mit Querschnittsfläche A und Höhe d, an den eine konstante Spannung U angelegt wird. Der Quader besteht aus Material mit dem spezifischen Widerstand ρ. Damit resultiert für den ohmschen Widerstand des Quaders

$$R = \rho \cdot \frac{d}{A}.$$

Das elektrische Feld im Innern des Quaders kann näherungsweise als homogen betrachtet werden, dessen Betrag folgt aus der Beziehung

$$U = E \cdot d.$$

Schliesslich erhält man für den Gesamtstrom I durch den Quader

$$I = A \cdot j.$$

Aus dem ohmschen Gesetz

$$U = R \cdot I$$

kann dann der Zusammenhang

$$E \cdot d = \rho \cdot \frac{d}{A} \cdot A \cdot j$$

oder

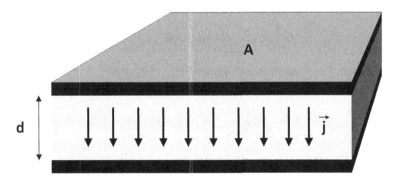

Abb. 17.3 Strömungsfeld in einem Quader mit Querschnittsfläche A und Höhe d

$$E = \rho \cdot j$$

abgeleitet werden.

Da die elektrische Feldstärke und die Stromdichte die gleiche Richtung besitzen, kann diese Beziehung auch in vektorieller Form geschrieben werden

$$\vec{E} = \rho \cdot \vec{j}.$$

Dass die elektrische Feldstärke und die Stromdichte zueinander proportional sind, ist leicht zu erklären: Strom ist die Folge einer geordneten Bewegung der freien Ladungsträger. Diese entsteht dadurch, dass auf die Ladungsträger eine Kraft einwirkt, welche ihrerseits proportional zur Feldstärke E ist. Die soeben hergeleitete Gesetzmässigkeit ist allgemeingültig, sofern das Material isotrop[1] ist.

Vielfach wird statt des spezifischen Widerstands ρ die spezifische Leitfähigkeit

$$\kappa = \frac{1}{\rho}$$

verwendet. Damit erhält man

$$\vec{j} = \kappa \cdot \vec{E}.$$

17.3 Wegunabhängigkeit der elektrischen Spannung

Die Eigenschaft der Wirbelfreiheit

$$\oint \vec{E} \cdot \vec{ds} = 0$$

aus der Elektrostatik bleibt im stationären Strömungsfeld erhalten. Die elektrische Spannung zwischen zwei Punkten A und B

$$U_{AB} = \int_{A}^{B} \vec{E} \cdot \vec{ds}$$

ist also vom Integrationsweg unabhängig. Sie hängt ausschliesslich vom Start- und Endpunkt der Integration ab. Deshalb kann der elektrischen Feldstärke im Strömungsfeld – wie beim elektrostatischen Feld – ein Potential zugeordnet werden. Jedem Punkt $\vec{r}$ des Felds wird dadurch ein Wert $\varphi(\vec{r})$ zugeordnet und es gilt

$$U_{AB} = \varphi(\vec{r}_A) - \varphi(\vec{r}_B).$$

---

[1]isotrop = Eigenschaft ist nicht von der Richtung abhängig.

17.4   Energieumwandlung in Leitern

In den Leitern des stationären Strömungsfelds wird elektrische Leistung in Wärme umgewandelt. Betrachten wir wiederum die Anordnung in Abb. 17.3, so wird im Raum zwischen den Platten die elektrische Leistung

$$P = U \cdot I = j \cdot A \cdot E \cdot d$$

umgesetzt. Bezogen auf das Volumen $V = A \cdot d$ ergibt sich somit eine Leistungsdichte von

$$p = \frac{P}{V} = j \cdot E = \frac{j^2}{\kappa} = \kappa \cdot E^2.$$

Ist das Material nicht isotrop und sind deswegen die beiden Vektoren $\vec{j}$ und $\vec{E}$ nicht parallel, so gilt verallgemeinert

$$p = \vec{j} \cdot \vec{E}.$$

Die gesamte in einem Leiter umgesetzte Leistung ergibt sich aus dem Volumenintegral

$$P = \iiint p \cdot \mathrm{d}V = \iiint \vec{j} \cdot \vec{E} \cdot \mathrm{d}V.$$

17.5   Vergleich: Elektrostatik ↔ stationäres Strömungsfeld

Ein Vergleich des elektrostatischen Feldes und des stationären Strömungsfeldes zeigt, dass zwischen den beiden gewisse Analogien bestehen. Diese sind in der Tab. 17.1 zusammengefasst.

Der Gauss'sche Satz sagt aus, dass die elektrischen Ladungen die Quellen des elektrostatischen Feldes sind. Das stationäre Strömungsfeld dagegen ist quellenfrei. In beiden Fällen ist die elektrische Feldstärke E wirbelfrei.

Aufgrund der erwähnten Analogien können für das Strömungsfeld die Gesetzmässigkeiten an den Grenzflächen zwischen zwei unterschiedlichen Materialien sofort angegeben werden. Mit exakt den gleichen Überlegungen wie in der Elektrostatik folgt aus dem Gauss'schen Satz

Tab. 17.1 Vergleich zwischen Elektrostatik und stationärem Strömungsfeld

	Elektrostatik	Stationäres Strömungsfeld
Gauss'scher Satz	$\oiint \vec{D} \cdot \mathrm{d}\vec{A} = Q$	$\oiint \vec{j} \cdot \mathrm{d}\vec{A} = 0$
Wegunabhängigkeit der Spannung	$\oint \vec{E} \cdot \overrightarrow{\mathrm{d}s} = 0$	$\oint \vec{E} \cdot \overrightarrow{\mathrm{d}s} = 0$
Materialgesetz	$\vec{D} = \varepsilon \cdot \vec{E}$	$\vec{j} = \kappa \cdot \vec{E}$

$$j_{1n} = j_{2n}.$$

Die zur Grenzfläche normalen Komponenten des Stromdichtevektors bleiben also erhalten.

Die Wirbelfreiheit hat zur Konsequenz, dass gilt

$$E_{1t} = E_{2t}.$$

Beim Übergang von einem Material auf das andere bleiben die Tangentialkomponenten der elektrischen Feldstärke unverändert.

Mit der Beziehung $\vec{j} = \kappa \cdot \vec{E}$ erhält man schliesslich das Brechungsgesetz des Strömungsfeldes

$$\frac{\tan(\alpha_1)}{\tan(\alpha_2)} = \frac{\kappa_1}{\kappa_2}.$$

17.6 Berechnung von Leitwerten

Beim stationären Strömungsfeld hat der Leitwert

$$G = \frac{I}{U} = \frac{\iint \vec{j} \cdot d\vec{A}}{\int \vec{E} \cdot \overrightarrow{ds}}$$

die gleiche Bedeutung wie die Kapazität im elektrostatischen Feld. Zur Berechnung des Leitwerts zwischen zwei Elektroden kommen deshalb auch die gleichen Methoden zur Anwendung.

1. Der Strom I wird vorerst als bekannt angenommen. Dies ist zulässig, da der Leitwert nicht vom Strom abhängt.
2. Mit Hilfe der Beziehung

$$\iint \vec{j} \cdot d\vec{A} = I$$

wird die Stromdichte $\vec{j}$ bestimmt. Dazu werden eventuell vorhandene Symmetrien ausgenutzt.
3. Danach kann die Spannung zwischen den beiden Elektroden berechnet werden

$$U_{12} = \int\limits_1^2 \vec{E} \cdot \overrightarrow{ds} = \int\limits_1^2 \frac{\vec{j}}{\kappa} \cdot \overrightarrow{ds}.$$

4. Der Leitwert resultiert schliesslich aus der Beziehung

$$G = \frac{I}{U_{12}}.$$

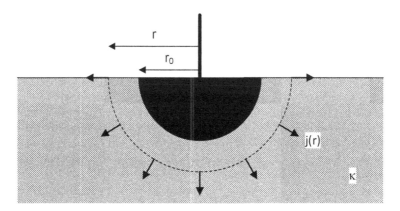

Abb. 17.4 Halbkugel-Erder

Beispiel: Halbkugel-Erder

Wie in Abb. 17.4 gezeigt, wird im Erdboden mit der spezifischen Leitfähigkeit[2] $\kappa = 0{,}01$ S/m eine leitende Halbkugel mit Radius $r_0 = 1$ m als Erdungspunkt versenkt. Aufgrund von Symmetrieüberlegungen kann das Strömungsfeld als radial angenommen werden. Für den Strom durch eine Halbkugel mit dem Radius r erhält man demnach

$$I = \iint\limits_{\text{Halbkugel}} \vec{j} \cdot \mathrm{d}\vec{A} = j(r) \cdot 2 \cdot \pi \cdot r^2,$$

woraus für die Stromdichte folgt

$$j(r) = \frac{I}{2 \cdot \pi \cdot r^2}.$$

Damit resultiert für die elektrische Feldstärke

$$E(r) = \frac{j(r)}{\kappa} = \frac{I}{2 \cdot \pi \cdot r^2 \cdot \kappa}.$$

Unter der Annahme, dass das elektrische Potential $\varphi(r)$ im Unendlichen gleich null ist, ergibt sich

---

[2]Die Leitfähigkeit des Erdbodens variiert zwischen etwa 0,001 S/m (trockenes Gestein) und 0,1 S/m (nasser Ackerboden).

$$\varphi(r) = \underbrace{\varphi(\infty)}_{=0} - \int\limits_{\infty}^{r} E(r) \cdot \mathrm{d}r = -\int\limits_{\infty}^{r} \frac{I}{2 \cdot \pi \cdot r^2 \cdot \kappa} \cdot \mathrm{d}r = \frac{I}{2 \cdot \pi \cdot \kappa} \cdot \frac{1}{r}\bigg|_{\infty}^{r} = \frac{I}{2 \cdot \pi \cdot \kappa \cdot r}$$

oder

$$U = \varphi(r_0) - \varphi(\infty) = \frac{I}{2 \cdot \pi \cdot \kappa \cdot r_0}.$$

Der Leitwert des Halbkugel-Erders ist also

$$G = \frac{I}{U} = 2 \cdot \pi \cdot \kappa \cdot r_0 \approx 63 \text{ mS}.$$

Aus dem Potentialverlauf $\varphi(r)$ lässt sich die Spannung zwischen zwei Punkten im Abstand r_1 und r_2 vom Mittelpunkt des Erders berechnen

$$U = \varphi(r_1) - \varphi(r_1) = \frac{I}{2 \cdot \pi \cdot \kappa} \cdot \left(\frac{1}{r_1} - \frac{1}{r_2} \right).$$

Die Schrittweite eines erwachsenen Menschen liegt in der Grössenordnung von etwa einem Meter. Für $r_2 - r_1 \approx 1$ m wird die soeben berechnete Spannung als Schrittspannung bezeichnet. Diese ist von der Entfernung vom Erder abhängig. Schlägt beispielsweise ein Blitz mit $I = 20$ kA in den Erder ein, so beträgt die Schrittspannung im Abstand $r_1 = 10$ m gefährliche

$$U = 2894 \text{ V. } \blacktriangleleft$$

Magnetfeld

18

▶ **Trailer**

Schon im Altertum wurden Kraftwirkungen beobachtet, die von gewissen Eisenerzen ausgingen. Nach der Stadt Magnesia
in Kleinasien wurden diese Eisenerze als Magnete bezeichnet. Im 19. Jahrhundert entdeckte Hans Christian Oersted (1777–1851) den Zusammenhang zwischen elektrischem Strom und Magnetismus, was in der Folge zur wissenschaftlichen Untersuchung der magnetischen Erscheinungen durch Ampère, Faraday und Maxwell führte.

Genau wie in der Elektrostatik erklärt man sich die Kraftwirkungen als Folge einer Veränderung des Raumzustands, dem sogenannten magnetischen Feld. Diese können entweder durch Dauermagnete oder durch stromdurchflossenen Leiter verursacht werden. Die Kräfte zwischen zwei Magneten können anziehend oder abstossend sein. Es werden deshalb zwei Magnetpole unterschieden, die mit Nord- respektive Südpol bezeichnet werden. Im Gegensatz zur Elektrostatik lassen sich die beiden Pole jedoch nicht trennen. Wird ein Dauermagnet wie in Abb. 18.1 in der Mitte aufgetrennt, entstehen zwei neue Magnete, die beide wiederum über je einen Nord- und einen Südpol verfügen. Im Unterschied zum elektrischen Feld existieren also beim Magnetfeld nur Dipole[1].

---

[1]Analog zu den elektrischen Ladungen wären magnetische Monopole Quellen des magnetischen Feldes. Das Magnetfeld wäre in diesem Fall nicht mehr quellenfrei. Der Physiker und Nobelpreisträger Paul Dirac hat schon 1931 gezeigt, dass magnetische Monopole theoretisch möglich sind. Im Experiment wurden tatsächlich schon „Spin-Spaghetti" beobachtet, die an ihren Enden magnetische Monopole enthalten. Da diese aber immer paarweise vorkommen, treten sie makroskopisch nicht in Erscheinung.

© Springer Fachmedien Wiesbaden GmbH, ein Teil von Springer Nature 2021
M. Hufschmid, *Grundlagen der Elektrotechnik*,
https://doi.org/10.1007/978-3-658-30386-0_18

Abb. 18.1 Magnete existieren
nur als Dipole

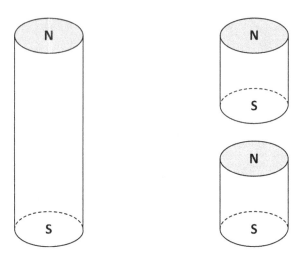

Bei näherer Betrachtung zeigt es sich, dass auch die durch Dauermagnete
verursachten Magnetfelder letztlich das Ergebnis von bewegten elektrischen
Ladungen im atomaren Bereich sind. Der Magnetismus muss demnach als
elektrisches Phänomen betrachtet werden.

18.1   Magnetische Flussdichte und Magnetfeld

Zur Beschreibung des magnetischen Feldes werden wiederum zwei Vektoren verwendet:
Die magnetische Flussdichte (auch magnetischen Induktion) $\vec{B}$ und die magnetische
Feldstärke $\vec{H}$. Diese beiden Grössen sind eng miteinander verknüpft. So gilt beispiels-
weise im Vakuum

$$\vec{B} = \mu_0 \cdot \vec{H},$$

wobei die Naturkonstante

$$\mu_0 = 4 \cdot \pi \cdot 10^{-7} \ \frac{\mathrm{V} \cdot \mathrm{s}}{\mathrm{A} \cdot \mathrm{m}}$$

als magnetische Feldkonstante oder auch als Permeabilität des Vakuums bezeichnet
wird. Grundsätzlich beschreibt jedoch $\vec{B}$ die Kraftwirkungen im Magnetfeld während der
Vektor $\vec{H}$ über das Durchflutungsetz direkt mit dem erzeugenden Strom in Verbindung
gebracht werden kann.

Bei Anwesenheit von Materie ist der Zusammenhang

$$\vec{B}\left(\vec{H}\right)$$

zwischen $\vec{B}$ und $\vec{H}$ nicht mehr in jedem Fall proportional. Er kann stark nichtlinear sein
und ist häufig nicht nur vom Material sondern auch von der Vorgeschichte abhängig.

18.2 Die magnetischen Wirkungen des elektrischen Stromes

Die Beobachtung des dänischen Physikers Oersted, dass sich eine Magnetnadel beim Vorhandensein eines elektrischen Stroms aus ihrer Ruhelage bewegt, veranlassten André Marie Ampère (1775–1836) dazu, dieses Phänomen genauer zu untersuchen. Dazu spannte er zwei lange, dünne Drähte parallel zueinander auf und mass die Kräfte in Abhängigkeit des Stroms und des Abstands der beiden Leiter. Er machte dabei folgende Feststellungen:

- Die beiden Drähte ziehen sich an, wenn die Ströme gleichsinnig fliessen.
- Die beiden Drähte stossen sich ab, wenn die Ströme entgegengesetzt fliessen.
- Die Kraftwirkung ist direkt proportional zu den beiden Strömen I_1 und I_2.
- Die Kraftwirkung ist direkt proportional zur Länge l der Drähte.
- Die Kraftwirkung ist umgekehrt proportional zum Abstand r der beiden Drähten.

Damit ergibt sich folgender Zusammenhang

$$F = \frac{\mu}{2 \cdot \pi} \cdot \frac{I_1 \cdot I_2 \cdot \ell}{r},$$

wobei die Proportionalitätskonstante $\mu/(2 \cdot \pi)$ aus der international vereinbarten Definition der Stromstärke folgt. Die Konstante μ wird als magnetische Permeabilität bezeichnet. Sie setzt sich formal aus der Permeabilität des Vakuums μ_0 und der relativen Permeabilität μ_r des Materials zusammen

$$\mu = \mu_r \cdot \mu_0.$$

Dabei ist jedoch zu beachten, dass μ_r nicht für alle Materialien eine Konstante ist.

18.3 Magnetfeld eines langen Leiters

Genau wie in der Elektrostatik stellt man sich das Zustandekommen der Kraft so vor, dass der Strom im einen Leiter den Zustand des Raums ändert. Diese Änderung hat zur Folge, dass auf den zweiten stromdurchflossenen Leiter eine Kraft ausgeübt wird. Die Kraft, welche auf den zweiten Leiter wirkt, ist proportional zum Strom I_2 und zur Länge l des Leiters

$$F = B \cdot I_2 \cdot \ell.$$

Der Proportionalitätsfaktor

$$B = \frac{\mu \cdot I_1}{2 \cdot \pi \cdot r}$$

ist der Betrag der magnetischen Flussdichte $\vec{B}$ und stellt offensichtlich ein Mass für die magnetische Wirkung des felderzeugenden Stroms I_1 im Abstand r dar. Das

Vorhandensein des Stroms I_1 bewirkt eine Änderung der physikalischen Eigenschaften des Raums, welche als magnetisches Feld bezeichnet wird.

Die magnetische Flussdichte besitzt die Einheit

$$[B] = \frac{[F]}{[I] \cdot [l]} = \frac{N}{A \cdot m} = \frac{V \cdot s}{m^2} = \text{Tesla}.$$

Sie ist also, ähnlich wie die Verschiebungsflussdichte, eine flächenbezogene Grösse. Veraltet ist die Einheit 1 Gauss $= 10^{-4}$ T.

Aus Symmetriegründen ist es plausibel, dass die Wirkung eines Stromes in einem (unendlich) langen geraden Leiter lediglich vom Strom selber und vom Achsabstand abhängt. Das entsprechende magnetische Feld ist deshalb zylindersymmetrisch.

Als Richtung der magnetischen Flussdichte $\vec{B}$ wird willkürlich diejenige festgelegt, in welche der Nordpol einer Magnetnadel im Magnetfeld zeigen würde. Damit gilt für den Zusammenhang zwischen dem Strom und der magnetischen Flussdichte die in Abb. 18.2 veranschaulichte Rechtsschraubenregel. Diese wird auch als Rechte-Faust-Regel bezeichnet und sagt aus, dass die Finger der rechten Hand die Richtung der Feldlinien angeben, falls der Daumen der rechten Hand in Richtung des Stroms zeigt.

Im Gegensatz zum elektrostatischen Feld geben die Feldlinien des magnetischen Felds also nicht die Richtung der Kraft an!

Neben der magnetischen Flussdichte wird eine materialunabhängige Grösse eingeführt, die magnetische Feldstärke H. Für einen langen, stromdurchflossenen Leiter gilt

$$H = \frac{I}{2 \cdot \pi \cdot r},$$

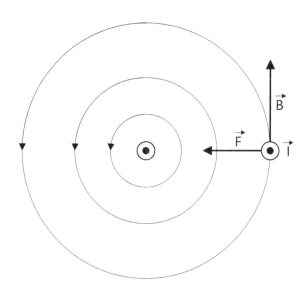

Abb. 18.2 Rechtsschraubenregel

woraus für H die Einheit

$$[H] = \frac{[I]}{[r]} = \frac{\mathrm{A}}{\mathrm{m}}$$

folgt. Offensichtlich gilt

$$\vec{B} = \mu \cdot \vec{H}.$$

18.4 Kraftwirkung auf einen stromdurchflossenen Leiter

Im obigen Beispiel resultiert für die Kraft, welche auf einen stromdurchflossenen Leiter wirkt

$$F = I \cdot \ell \cdot B.$$

Diese einfache Beziehung gilt jedoch nur, falls der stromdurchflossenen Leiter senkrecht zur magnetischen Flussdichte $\vec{B}$ steht. Ist der Winkel α zwischen Leiter und Feld beliebig, so gilt

$$F = I \cdot \ell \cdot B \cdot \sin(\alpha).$$

Der Kraftvektor steht sowohl auf dem Leiter als auch auf dem Magnetfeld senkrecht. Definiert man einen Vektor $\vec{\ell}$, dessen Richtung derjenigen des Stroms entspricht und dessen Betrag gleich der Länge des Leiters ist, so kann der Kraftvektor als Vektorprodukt geschrieben werden

$$\vec{F} = I \cdot \left(\vec{\ell} \times \vec{B} \right).$$

Ist die magnetische Flussdichte nicht entlang des ganzen Leiters konstant, so muss der Leiter in lauter sehr kurze Stücke $\mathrm{d}\vec{\ell}$ unterteilt werden, auf denen $\vec{B}$ jeweils konstant ist. Für dieses Leiterelement gilt dann

$$\mathrm{d}\vec{F} = I \cdot \left(\mathrm{d}\vec{\ell} \times \vec{B} \right).$$

Die gesamte Kraft ergibt sich aus der Integration aller Teilkräfte

$$\vec{F} = I \cdot \int\limits_{\text{Leiter}} \mathrm{d}\vec{\ell} \times \vec{B}.$$

18.5 Kraftwirkung auf eine bewegte Ladung

Bewegt sich eine Ladung Q mit der Geschwindigkeit $\vec{v}$ durch ein Magnetfeld, so wirkt auf diese Ladung eine Kraft, die ebenfalls mit der Beziehung

$$\vec{F} = I \cdot \left(d\vec{\ell} \times \vec{B} \right)$$

bestimmt werden kann. In der Zeitdifferenz dt legt die Ladung den Weg

$$d\vec{\ell} = dt \cdot \vec{v}$$

zurück. Die transportierte Ladung entspricht einem elektrischen Strom von

$$I = \frac{Q}{dt}.$$

Damit resultiert für die Kraft auf die Ladung

$$\vec{F} = \frac{Q}{dt} \cdot \left(dt \cdot \vec{v} \times \vec{B} \right)$$

und schliesslich

$$\vec{F} = Q \cdot \left(\vec{v} \times \vec{B} \right).$$

18.6   Biot-Savart

In der Praxis hat man es nicht mit unendlichen langen, geraden Leitern zu tun. Vielmehr kann der stromdurchflossene Leiter einen nahezu beliebigen Verlauf besitzen.

Das Magnetfeld eines elektrischen Stroms in einem dünnen Draht ist in einem Punkt P ausserhalb des Drahtes durch die Formel von Biot-Savart bestimmt[2]. Dabei wird der Draht in infinitesimal kurze Leiterelemente d$\vec{s}$ aufgeteilt. Die Überlagerung der Beiträge dieser Elemente ergibt das Magnetfeld

$$\vec{H} = \frac{I}{4 \cdot \pi} \cdot \oint_{\text{Leiter}} \frac{d\vec{s} \times \vec{r}}{r^3}. \tag{18.1}$$

Die Bedeutung der Formelzeichen geht aus Abb. 18.3 hervor.

Bei der Anwendung von Gl. 18.1 ist folgendes zu beachten:

- Stationäre Ströme können nur in einem geschlossenen Kreis fliessen. Die Integration muss deshalb entlang einer geschlossenen Kurve durchgeführt werden, wobei sich der Kreis auch im Unendlichen schliessen kann.
- Das Gesetz setzt eine im ganzen Raum konstante Permeabilität μ voraus.

---

[2]J. B. Biot (1774–1862), F. Savart (1791–1841).

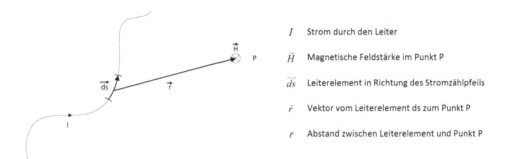

I	Strom durch den Leiter
$\vec{H}$	Magnetische Feldstärke im Punkt P
$\vec{ds}$	Leiterelement in Richtung des Stromzählpfeils
$\vec{r}$	Vektor vom Leiterelement ds zum Punkt P
r	Abstand zwischen Leiterelement und Punkt P

Abb. 18.3 Zur Berechnung des Magnetfelds mit Biot-Savart

Magnetfeld einer Stromschleife

Abb. 18.4 zeigt eine Leiterschleife mit dem Radius R, die in der x-z-Ebene liegt und vom Strom I durchflossen wird. Die magnetische Feldstärke im Punkt P auf der y-Achse soll bestimmt werden.

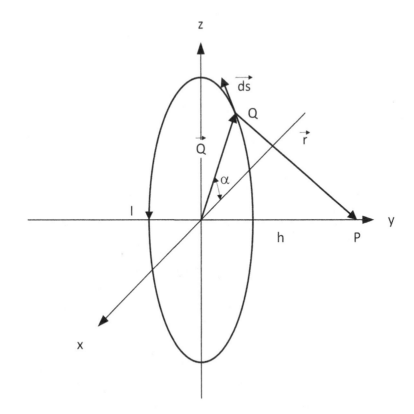

Abb. 18.4 Beispiel zu Biot-Savart

Ein beliebiger Punkt Q auf der Stromschleife kann durch Angabe des Winkels α definiert werden

$$\vec{Q} = \begin{bmatrix} -R \cdot \cos(\alpha) \\ 0 \\ R \cdot \sin(\alpha) \end{bmatrix}.$$

Das Leiterelement $\vec{ds}$ am Punkt Q hat die Länge $ds = R \cdot d\alpha$ und ist bestimmt durch

$$\vec{ds} = R \cdot d\alpha \cdot \begin{bmatrix} \sin(\alpha) \\ 0 \\ \cos(\alpha) \end{bmatrix}.$$

Der Verbindungsvektor $\vec{r}$ ergibt sich aus der Differenz der Ortkoordinaten von P und Q

$$\vec{r} = \begin{bmatrix} R \cdot \cos(\alpha) \\ h \\ -R \cdot \sin(\alpha) \end{bmatrix}$$

und hat die Länge

$$r = \sqrt{R^2 + h^2}.$$

Mit diesen Zwischenresultaten folgt für das Vektorprodukt

$$\vec{ds} \times \vec{r} = \begin{bmatrix} -R \cdot h \cdot \cos(\alpha) \\ R^2 \\ R \cdot h \cdot \sin(\alpha) \end{bmatrix} \cdot d\alpha.$$

Der Ausdruck

$$\frac{\vec{ds} \times \vec{r}}{r^3}$$

muss nun entlang der gesamten Stromschleife aufintegriert werden. Als Integrationsvariable wird dabei der Winkel α verwendet, welcher zwischen 0 und $2 \cdot \pi$ variiert wird. Der Abstand r ist jedoch nicht vom α abhängig und kann deshalb vor das Integral genommen werden

$$\vec{H} = \frac{I}{4 \cdot \pi \cdot r^3} \cdot \int_{0}^{2 \cdot \pi} \begin{bmatrix} -R \cdot h \cdot \cos(\alpha) \\ R^2 \\ R \cdot h \cdot \sin(\alpha) \end{bmatrix} \cdot d\alpha$$

$$= \frac{I}{4 \cdot \pi \cdot r^3} \cdot \begin{bmatrix} 0 \\ 2 \cdot \pi \cdot R^2 \\ 0 \end{bmatrix}$$

$$= \frac{I}{4 \cdot \pi \cdot \left(R^2 + h^2\right)^{3/2}} \cdot \begin{bmatrix} 0 \\ 2 \cdot \pi \cdot R^2 \\ 0 \end{bmatrix}.$$

Die magnetische Feldstärke hat demnach lediglich eine Komponente in y-Richtung. Diese beträgt

$$H_y = \frac{I}{2} \cdot \frac{R^2}{\left(R^2 + h^2\right)^{3/2}} \cdot \blacktriangleleft$$

18.7 Durchflutungsgesetz

Das Durchflutungsgesetz beschreibt den Zusammenhang zwischen der Ursache (Strom) und der Wirkung (magnetische Feldstärke) im Magnetfeld. Um es herzuleiten, betrachten wir vorerst wieder einen sehr langen, dünnen, geraden Draht. Fliesst durch diesen Draht ein Strom I, so beobachtet man im Abstand r die magnetische Feldstärke

$$H(r) = \frac{I}{2 \cdot \pi \cdot r}.$$

Daraus folgt

$$H(r) \cdot 2 \cdot \pi \cdot r = I,$$

wobei der Faktor $2 \cdot \pi \cdot r$ gerade dem Umfang eines Kreises mit Radius r entspricht. Entlang dieses Kreises ist die magnetische Feldstärke H(r) konstant und man könnte deshalb den obigen Zusammenhang wie folgt formulieren: Das Produkt aus der magnetischen Feldstärke entlang einer Feldlinie und der Länge dieser Feldlinie entspricht dem Strom, welcher durch die Feldlinie umschlungen wird.

Dieses Resultat lässt sich verallgemeinern. Dazu wählt man einen beliebigen, geschlossenen Weg und zerlegt diesen wie gewohnt in kurze Wegelemente, welche durch einen Vektor $\vec{ds}$ beschrieben werden. Für jedes Wegelement wird das Skalarprodukt

$$\vec{H} \cdot \vec{ds}$$

bestimmt. Das Integral über diese Produkte ist gleich dem vom Integrationsweg umschlungenen Gesamtstrom

$$\oint \vec{H} \cdot \vec{ds} = \sum I.$$

Die Gesamtheit der vom Integrationsweg umschlungenen Ströme $\sum I$ wird Durchflutung genannt. Folgerichtig spricht man beim soeben hergeleiteten Zusammenhang vom Durchflutungsgesetz.

▶ **Durchflutungsgesetz**
Das Linienintegral der magnetischen Feldstärke $\vec{H}$ entlang eines beliebigen geschlossenen Wegs ist gleich dem gesamten Strom, welcher durch die vom Weg berandete Fläche hindurchtritt.

Der Zusammenhang zwischen der Umlaufrichtung des Wegs und der positiven Stromrichtung ist durch die Rechte-Hand-Regel gegeben.

18.8   Magnetfeld einer Ringspule

Wir wollen das Magnetfeld der in Abb. 18.5 dargestellten Ringspule berechnen.

Aus Symmetriegründen ist das Magnetfeld in einer Ringspule nur vom Abstand r von
der Symmetrieachse abhängig. Deshalb lässt sich das Linienintegral leicht bestimmen

$$\oint \vec{H} \cdot d\vec{s} = 2 \cdot \pi \cdot r \cdot H(r).$$

Entsprechend dem Durchflutungsgesetz ist dies gleich dem gesamthaft vom Integrationsweg umschlungenen Strom. Bei N Windungen erhält man

$$\oint \vec{H} \cdot d\vec{s} = 2 \cdot \pi \cdot r \cdot H(r) = N \cdot I$$

oder

$$H(r) = \frac{N \cdot I}{2 \cdot \pi \cdot r}.$$

Wird der Integrationsweg ausserhalb des Spulenkerns gewählt, so ist die Summe der
Ströme und folglich auch die magnetische Feldstärke gleich null. Eine Ringspule ist also
praktisch streufrei, d. h. im Aussenraum wird kein Feld beobachtet.

Abb. 18.5 Ringspule

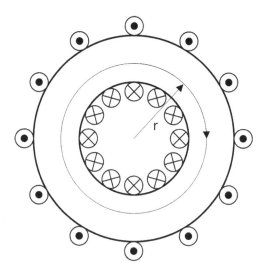

18.9 Magnetischer Fluss

In der Elektrostatik wurde der elektrische Fluss Ψ als Flächenintegral der Verschiebungs-flussdichte $\vec{D}$ eingeführt. Beim stationären Strömungsfeld besteht ein analoger Zusammenhang zwischen Strom I und Stromdichte $\vec{j}$. Bei der Behandlung von magnetischen Feldern erweist es sich ebenfalls als vorteilhaft, eine integrale Grösse, den magnetischen Fluss Φ einzuführen. Dieser ist als Flächenintegral der magnetischen Flussdichte $\vec{B}$ definiert

$$\Phi = \iint_A \vec{B} \cdot \mathrm{d}\vec{A}.$$

Als Einheit für den magnetischen Fluss erhält man

$$[\Phi] = [B] \cdot [A] = \frac{V \cdot s}{m^2} \cdot m^2 = V \cdot s,$$

wofür auch die Bezeichnung 1 Weber (1 Wb) verwendet wird.

Im Gegensatz zum elektrostatischen Feld ist das magnetische Feld quellenfrei. Es existieren keine magnetischen Ladungen, bei denen die magnetischen Feldlinien beginnen oder enden würden. Vielmehr sind die magnetischen Feldlinien immer geschlossene Kurven, die weder Anfang noch Ende besitzen. Daraus folgt, dass ein magnetischer Fluss, welcher in geschlossenes Volumen eintritt durch einen gleich grossen austretenden Fluss kompensiert wird. Der Gesamtfluss durch eine beliebige geschlossene Fläche ist folglich immer gleich null

$$\oiint \vec{B} \cdot \mathrm{d}\vec{A} = 0.$$

Ein ähnliches Gesetz galt auch für das stationäre Strömungsfeld. Im Fall des Magnetfelds gilt diese Aussage jedoch auch für nicht-stationäre Verhältnisse.

Beispiel

Im Abstand r_1 von einem unendlich langen, stromdurchflossenen Draht liegt eine rechteckige Drahtschleife (Abb. 18.6). Der magnetische Fluss Φ durch die Schleife ist zu berechnen.

Der Strom I erzeugt ein magnetisches Feld mit der Flussdichte

$$B(r) = \frac{\mu_0 \cdot I}{2 \cdot \pi \cdot r}.$$

Die Vektoren $\vec{B}(r)$ stehen alle senkrecht zur Ebene der Drahtschleife oder parallel zum Flächenvektor $\mathrm{d}\vec{A}$. Damit ergibt sich für den Fluss

$$\Phi = \iint \vec{B} \cdot \mathrm{d}\vec{A} = \iint B \cdot \mathrm{d}A.$$

Abb. 18.6 Magnetischer
Fluss durch eine rechteckige
Schleife

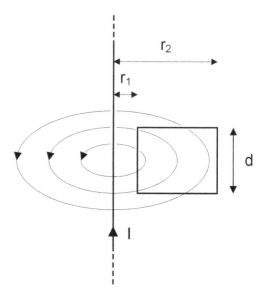

Entlang eines schmalen Streifens der Breite dr kann die magnetische Flussdichte als
konstant angenommen werden. Mit $dA = d \cdot dr$ resultiert

$$\Phi = \int\limits_{r_1}^{r_2} B(r) \cdot d \; dr = \frac{\mu_0 \cdot I \cdot d}{2 \cdot \pi} \cdot \int\limits_{r_1}^{r_2} \frac{dr}{r} = \frac{\mu_0 \cdot I \cdot d}{2 \cdot \pi} \cdot \ln\left(\frac{r_2}{r_1}\right). \; \blacktriangleleft$$

18.10 Bedingungen an Grenzflächen

Wendet man die Bedingung

$$\oiint \vec{B} \cdot d\vec{A} = 0$$

auf einen flachen Zylinder an, dessen Stirnflächen sich in zwei unterschiedlichen
Materialien befinden, so erhält man – ganz analog zur Elektrostatik – die Bedingung:

▶   Beim Übergang vom einen Material auf das andere ändert die Normal-
     komponente der magnetischen Flussdichte nicht,

$$B_{1n} = B_{2n}.$$

Das Verhalten der Tangentialkomponenten folgt aus dem Durchflutungsgesetz. Als
Integrationsweg wählt man eine geschlossene Kurve, welche dicht über der Grenzfläche

hin- und dicht unter der Grenzfläche zurückläuft. Falls entlang der Grenzfläche kein Strom fliesst, gilt dann:

▶ Beim Übergang vom einen Material auf das andere bleiben die Tangential-komponenten der magnetischen Feldstärke unverändert,

$$H_{2t} = H_{1t}.$$

Zusammen mit dem Materialgesetz $B = \mu \cdot H$ folgt schliesslich das Brechungsgesetz der magnetischen Feldlinien

$$\frac{\tan(\alpha_1)}{\tan(\alpha_2)} = \frac{\mu_1}{\mu_2}.$$

Interessant ist hierbei vor allem der Spezialfall, dass ein Material eine wesentlich höhere relative Permeabilitätskonstante aufweist als das andere ($\mu_2 \gg \mu_1$). Dies ist beispiels-weise dann der Fall, wenn die Grenze zwischen Luft und einem hochpermeablen Eisen ($\mu_r \gg 1$) betrachtet wird. Es gilt dann

$$\tan(\alpha_1) = \frac{\mu_1}{\mu_2} \cdot \tan(\alpha_2) \approx 0,$$

woraus für den Einfallswinkel im Material mit dem kleineren μ folgt

$$\alpha_1 \approx 0.$$

Die Feldlinien der magnetischen Flussdichte B stehen also in diesem Material nahezu senkrecht auf der Grenzfläche. Insbesondere stehen die Feldlinien in der Luft senkrecht auf Eisenoberflächen.

In ferromagnetischen Stoffen ($\mu_r \gg 1$) sind die Tangentialkomponenten B_t der magnetischen Flussdichte immer viel grösser als in der Luft

$$H_{t1} = H_{t2} \Rightarrow \frac{B_{t1}}{\mu_1} = \frac{B_{t2}}{\mu_2}$$
$$\Rightarrow B_{t2} = \frac{\mu_2}{\mu_1} \cdot B_{t1} \gg B_{t1}.$$

Die Feldlinien der magnetischen Flussdichte werden also in Materialien mit hoher Permeabilität „geführt", ähnlich wie die Strömungslinien in einem Leiter geführt werden.

18.11 Berechnung linearer Magnetkreise

Unter einem Magnetkreis versteht man eine Anordnung aus Dauermagneten, Spulen und ferromagnetischen Komponenten. Ferromagnetische Stoffe sind dadurch definiert, dass ihre relative Permeabilitätskonstante μ_r wesentlich grösser als 1 ist. Dazu gehören beispielsweise Eisen, Nickel und Kobalt. Aufgrund ihrer Eigenschaft, den magnetischen Fluss zu kanalisieren, haben ferromagnetische Stoffe eine überragende Bedeutung für das Magnetfeld.

Alle ferromagnetischen Stoffe weisen einen nichtlinearen Zusammenhang zwischen der magnetischen Flussdichte B und der magnetischen Feldstärke H auf. Dennoch wollen wir vorläufig von der Annahme ausgehen, dass μ_r konstant und die Beziehung $B = \mu \cdot H$ somit linear ist. Für geringe Feldstärken H ist diese Näherung meistens ausreichend.

Vereinfachend wird zusätzlich folgendes vorausgesetzt:

- Das magnetische Feld in den ferromagnetischen Teilen soll – wenigstens abschnittsweise – als homogen betrachtet werden können.
- Luftspalte zwischen den ferromagnetischen Teilen seien im Vergleich zur Breite so kurz, dass auch dort das magnetische Feld als homogen betrachtet werden kann.
- Die Streuung nach aussen sei vernachlässigbar.

18.11.1 Der magnetische Kreis ohne Verzweigung

Wir betrachten den in Abb. 18.7 gezeichneten unverzweigten magnetischen Kreis mit einem Luftspalt der Länge l_{Luft}. Die Querschnittsfläche A sei überall gleich. Die mittlere Länge der Feldlinien im Eisen sei mit l_{Fe} gegeben.

Unter der Annahme eines stückweise homogenen Feldverlaufs liefert das Durchflutungsgesetz die Beziehung

$$\oint \vec{H} \cdot d\vec{s} = H_{Fe} \cdot \ell_{Fe} + H_{Luft} \cdot \ell_{Luft} = N \cdot I.$$

Beim Übergang vom Eisen zur Luft bleibt die Normalkomponente der magnetischen Flussdichte erhalten, woraus folgt

$$B_{Fe} = B_{Luft} = B.$$

Mit dem Materialgesetz $B = \mu \cdot H$ resultiert schliesslich

$$\frac{B}{\mu_{Fe}} \cdot \ell_{Fe} + \frac{B}{\mu_{Luft}} \cdot \ell_{Luft} = N \cdot I$$

oder, mit dem Querschnitt A erweitert und nach Φ aufgelöst,

$$\Phi = B \cdot A = \frac{N \cdot I}{\frac{\ell_{Fe}}{\mu_{Fe} \cdot A} + \frac{\ell_{Luft}}{\mu_{Luft} \cdot A}}.$$

Die beiden Summanden im Nenner sind proportional zur Länge und umgekehrt proportional zum Querschnitt, ähneln diesbezüglich also der Beziehung zur Berechnung

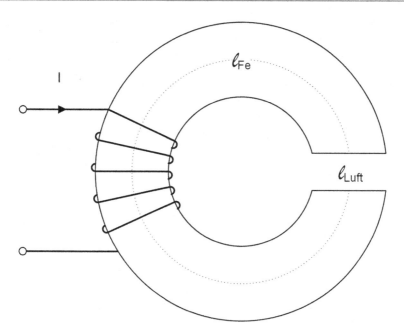

Abb. 18.7 Unverzweigter magnetischer Kreis mit einem Luftspalt

des elektrischen Widerstands eines Leiters. Tatsächlich wird in Analogie zum elektrischen Widerstand, ein magnetischer Widerstand (Reluktanz)

$$R_m = \frac{\ell}{\mu \cdot A}$$

definiert. In dieser einfachen Form ist diese Definition jedoch nur bei konstantem μ_r und homogenem Feld gültig.

Damit sind die Grössen im magnetischen Kreis durch die Gleichung

$$\Phi \cdot (R_{Fe} + R_{Luft}) = N \cdot I = \Theta$$

verknüpft, was in gewisser Weise an das ohmsche Gesetz erinnert. Wird eine magnetische Spannung

$$V_m = \int_1^2 \vec{H} \cdot \mathrm{d}\vec{s}$$

definiert, so können die Terme

$$V_{m,Fe} = H_{Fe} \cdot \ell_{Fe} = \Phi \cdot R_{Fe}$$
$$V_{m,Luft} = H_{Luft} \cdot \ell_{Luft} = \Phi \cdot R_{Luft}$$

Abb. 18.8 Elektrisches
Ersatzschaltbild des
Magnetkreises

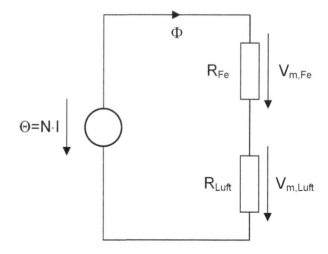

als magnetische Spannung im Eisen, resp. im Luftspalt interpretiert werden. Der magnetische Fluss Φ hat im Magnetkreis offensichtlich eine ähnliche Bedeutung wie der elektrische Strom.

Für einen beliebigen Abschnitt mit homogenem Feld und konstantem μ_r gilt offenbar der Zusammenhang

$$V_m = \Phi \cdot R_m,$$

was als ohmsches Gesetz des Magnetkreises bezeichnet wird.

Zwischen dem elektrischen und dem magnetischen Kreis besteht demnach eine Analogie. Entsprechend kann für den behandelten Magnetkreis ein elektrisches Ersatzschaltbild wie in Abb. 18.8 angeben werden.

Die magnetische Quellenspannung ergibt sich aus der Durchflutung $\Theta = N \cdot I$. Mit Hilfe des elektrischen Ersatzschaltbilds kann der magnetische Kreis nun in gewohnter Weise analysiert werden.

18.11.2 Der magnetische Kreis mit Verzweigung

Die Analogie zwischen elektrischen Stromkreis und Magnetkreis beruht auf der weitgehenden Übereinstimmung zwischen den Gesetzen des stationären Strömungsfelds und denjenigen des Magnetfelds. Der einzige wesentliche Unterschied besteht darin, dass das magnetische Feld im Gegensatz zum stationären Strömungsfeld nicht wirbelfrei ist.

Stationäres Strömungsfeld

$$\oint \vec{E} \cdot \mathrm{d}\vec{s} = 0$$

Stationäres Magnetfeld

$$\oint \vec{H} \cdot d\vec{s} = \Theta$$

Daraus ergibt sich eine Modifikation der Maschenregel.

Stationäres Strömungsfeld

$$\sum U = 0$$

Stationäres Magnetfeld

$$\sum V_m = \Theta$$

Wird dagegen die Durchflutung Θ als magnetische Quellenspannung interpretiert, so erhält man eine weitgehende Analogie zwischen den beiden Feldern. Es ist deshalb in der Regel möglich, einen Magnetkreis durch ein elektrisches Ersatzschaltbild zu beschreiben. Dazu wird wie folgt vorgegangen:

- Der gesamte Magnetkreis wird in Abschnitte mit konstantem Querschnitt und konstantem μ_r eingeteilt. In einem solchen Abschnitt kann das Magnetfeld als homogen angenommen werden. Zudem besteht ein einfacher Zusammenhang zwischen B und H.
- Für jeden Abschnitt wird der magnetische Widerstand $R_m = \frac{\ell}{\mu \cdot A}$ bestimmt. Da die Feldlinien in der Regel nicht alle gleich lang sind, wird eine mittlere Länge l_m benutzt.
- Für die Maschen werden die Gleichungen $\sum \Phi \cdot R_m = \Theta$ aufgestellt.

18.12 Magnetisches Verhalten

Im Vakuum gilt zwischen der magnetischen Flussdichte B und der magnetischen Feldstärke H der Zusammenhang

$$\vec{B} = \mu_0 \cdot \vec{H}.$$

Die beiden Feldgrössen sind zueinander proportional und haben die gleiche Richtung. Die Naturkonstante μ_0 hat den Wert

$$\mu_0 = 4 \cdot \pi \cdot 10^{-7} \frac{V \cdot s}{A \cdot m}.$$

Bei anderen Materialien kann man beobachten, dass diese die magnetische Flussdichte entweder abschwächen oder verstärken. Dieser Effekt wird durch die Magnetisierung

$$\vec{M} = \chi_m \cdot \vec{H}$$

beschrieben, wobei χ_m die sogenannte magnetische Suszeptibilität ist. Im Allgemeinen gilt

$$\vec{B} = \mu_0 \cdot \left(\vec{H} + \vec{M}\right) = \mu_0 \cdot \left(\vec{H} + \chi_m \cdot \vec{H}\right) = \mu_0 \cdot (1 + \chi_m) \cdot \vec{H} = \mu_0 \cdot \mu_r \cdot \vec{H}.$$

Bei diamagnetischen Stoffen ist χ_m negativ, das äussere Magnetfeld wird also abgeschwächt. Ist χ_m dagegen positiv, findet eine Verstärkung des magnetischen Feldes statt. Stoffe mit dieser Eigenschaft werden paramagnetisch genannt.

Bei den meisten Stoffen ist die Magnetisierung gering ($|\chi_m| \ll 1$) und verschwindet ohne äusseres Magnetfeld. Bei den ferromagnetischen Stoffen ist die magnetische Suszeptibilität jedoch deutlich grösser als eins und die Magnetisierung kann auch ohne äusseres Feld bestehen bleiben. Dies wird dadurch verursacht, dass die magnetischen Momente der Atome sich bei Vorhandensein eines Magnetfeldes parallel ausrichten. Fällt das externe Magnetfeld weg, bleibt eine gewisse magnetische Flussdichte zurück. Diese Restmagnetisierung wird als Remanenz bezeichnet. Bei sogenannt weichmagnetischen Materialen ist sie klein und verschwindet auch leicht wieder. Hartmagnetische Materialien behalten, einmal magnetisiert, eine hohe Remanenz bei. Aus solchen Materialen werden beispielsweise Permanentmagnete hergestellt.

Bei ferromagnetischen Materialien ist der Zusammenhang zwischen der magnetischen Flussdichte und der magnetischen Feldstärke nicht linear. Mit anderen Worten, die relative Permeabilität ist keine Konstante. Sie hängt vielmehr vom magnetischen Feld und von der Vorgeschichte ab.

Die Beziehung B(H) kann experimentell bestimmt werden. Ihre grafische Darstellung wird Magnetisierungskennlinie genannt. Ein Beispiel ist in Abb. 18.9 abgebildet.

Ist das Material zu Beginn noch nicht magnetisiert, so startet die Kennlinie B(H) im Ursprung. Mit steigender Erregung H nimmt auch die magnetische Flussdichte B zu. Die Kennlinie zeigt jedoch ein Sättigungsverhalten: Ab einer gewissen oberen Grenze nimmt die magnetische Flussdichte B kaum mehr zu. Die maximale Flussdichte liegt dabei je nach Material zwischen etwa 1 und höchstens 2,5 T.

Wird anschliessend die magnetische Feldstärke H wieder auf null verringert, so bleibt dennoch eine Restflussdichte B_R bestehen. Der Werkstoff ist magnetisiert und wirkt als Dauermagnet mit der Remanenzflussdichte B_R. Durch Anlegen eines negativen Magnetfelds H_C kann B wieder auf null gebracht werden. Der Wert H_C wird als Koerzitivfeldstärke bezeichnet. Materialien mit hoher Koerzitivfeldstärke sind sogenannt harte, solche mit kleiner Koerzitivfeldstärke sogenannt weiche magnetische Werkstoffe. Harte Werkstoffe werden vor allem für die Herstellung von Dauermagneten verwendet, da es relativ schwierig ist, sie zu entmagnetisieren.

Wird die Erregung H periodisch variiert, so wird die gezeigte Hystereseschleife dauernd durchlaufen. Zum Ummagnetisieren muss Energie aufgewendet werden. Der Energieaufwand pro Magnetisierungszyklus ist dabei proportional zur Fläche, welche

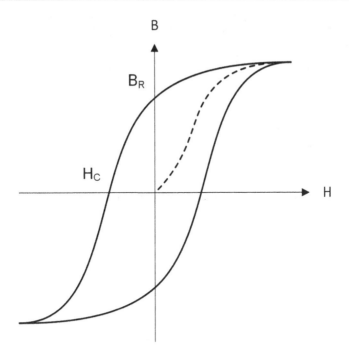

Abb. 18.9 Magnetisierungskennlinie mit Restflussdichte (B_R) und Koerzitivfeldstärke (H_C)

von der Hystereseschleife umschlungen wird. Um diese unerwünschten Verluste möglichst klein zu halten, müssen weichmagnetische Werkstoffe mit sehr schmaler Hystereseschleife eingesetzt werden. Dies ist umso wichtiger, je höher die Frequenz ist, mit der gearbeitet wird, da die Magnetisierungsleistung proportional zur Frequenz zunimmt. Bei weichmagnetischen Werkstoffen genügt es in der Regel, mit der vom Ursprung ausgehenden Magnetisierungskennlinie (Neukurve) zu arbeiten.

18.13   Berechnung nichtlinearer Magnetkreise

Falls der Zusammenhang zwischen B und H nicht mehr linear ist, können die magnetischen Widerstände nicht mehr ohne weiteres berechnet werden, da ja das μ_r vom magnetischen Feld abhängt und somit nicht zum Voraus bekannt ist. Das elektrische Ersatzschaltbild enthält dann spannungsabhängige Widerstände. Eine Lösung kann oft nur noch mit numerischen Methoden gefunden werden.

Grundsätzlich kann man beim Rechnen mit Magnetkreisen zwei Probleme unterscheiden:

Aus dem gegebenen Fluss Φ soll die dazu notwendige Durchflutung (resp. der Strom) berechnet werden
Dieses Problem ist ohne Iteration lösbar.

1. Der Magnetkreis wird in Abschnitte unterteilt, in denen das Magnetfeld als homogen angenommen werden kann und wo der Querschnitt A konstant ist. Für jeden Abschnitt kann die magnetische Flussdichte bestimmt werden,

$$\Phi \rightarrow B = \frac{\Phi}{A}.$$

2. Aus der Magnetisierungskennlinie kann für das derart ermittelte B die dazugehörige Erregung H herausgelesen werden,

$$B \rightarrow H.$$

3. Mit der für diesen Arbeitspunkt gültigen Permeabilitätskonstanten

$$\mu = \frac{B}{H}$$

erhält man die magnetischen Widerstände

$$R_m = \frac{\ell}{\mu \cdot A}$$

mit denen nun ein Ersatzschaltbild gezeichnet werden kann.

Bei bekannter Durchflutung (resp. Strom) ist der magnetische Fluss gesucht
Hier kann kein lineares Ersatzschaltbild gezeichnet werden, da die magnetischen Widerstände nichtlinear vom magnetischen Feld abhängen, welches wiederum erst mit Hilfe des Ersatzschaltbildes berechnet werden könnte. Dieses Problem führt auf nichtlineare Gleichungen, die iterativ gelöst werden müssen.

1. Mit einem angenommenen Φ_1 wird mittels linearem Ersatzschaltbild eine erste Näherung B_1 für die magnetische Flussdichte errechnet.
2. Für das derart ermittelte B_1 wird aus der Magnetisierungskennlinie das dazugehörige H_1 herausgelesen, woraus das μ_1 folgt. Damit können nun die magnetischen Widerstände bestimmt und eine verbesserte Annahme Φ_2 für den magnetischen Fluss berechnet werden.
3. Nun werden die Schritte 2 und 3 solange wiederholt, bis eine stationäre Lösung erhalten wird.

18.14 Kräfte auf hochpermeable Eisenflächen

Die Erfahrung zeigt, dass in einem Magnetfeld eine Kraft an der Grenzfläche zwischen Eisen und Luft wirkt. Und zwar üben diese Kräfte – unabhängig von der Richtung des Magnetfeldes – immer eine anziehende Wirkung aus. Die Kraft ist stets nach aussen gerichtet und steht senkrecht auf der Eisenfläche.

Wie im elektrischen Feld muss auch zum Aufbau eines magnetischen Feldes Arbeit geleistet werden. Diese wird als Energie im Magnetfeld gespeichert. In Analogie zum elektrischen Feld erhält man für die Energiedichte des magnetischen Feldes den Ausdruck

$$w_m = \frac{W_m}{V} = \frac{1}{2} \cdot B \cdot H.$$

Um die Kraft an der Grenzfläche zwischen Eisen und Luft zu bestimmen, stellt man sich einen Luftspalt mit dem Querschnitt A und der Länge l vor. Wird dieser Luftspalt um eine sehr kleine Strecke dl verlängert, so vergrössern sich das Volumen und damit die Energie des magnetischen Feldes um

$$dW_m = \frac{1}{2} \cdot B \cdot H \cdot dV = \frac{1}{2} \cdot B \cdot H \cdot A \cdot d\ell.$$

Dabei wurde vorausgesetzt, dass die kleine Modifikation in der Geometrie keine Feldänderung zu Folge hat. Diese Energieänderung kann mit der mechanischen Arbeit

$$dW_{\text{mech}} = F \cdot d\ell$$

gleichgesetzt werden, woraus folgt

$$F \cdot d\ell = \frac{1}{2} \cdot B \cdot H \cdot A \cdot d\ell$$

und schliesslich

$$F = \frac{1}{2} \cdot B \cdot H \cdot A = \frac{1}{2 \cdot \mu_0} \cdot B^2 \cdot A.$$

Die Kraft scheint auf den ersten Blick unabhängig vom Abstand zu sein. Es ist jedoch so, dass die magnetische Flussdichte mit abnehmendem Abstand zunimmt, was zur Folge hat, dass die Kraft ebenfalls zunimmt.

Induktionsgesetz und Induktivitäten 19

▶ **Trailer**

Das Induktionsgesetz ist die Grundlage sowohl für den elektrischen Generator als auch für den Transformator. Es sagt aus, dass zeitlich veränderliche Magnetfelder in einer Leiterschleife eine Spannung induzieren. Die zweite Maxwellsche Gleichung verallgemeinert diese Aussage dahin gehend, dass generell elektrische Wirbelfelder durch zeitlich veränderliche Magnetfelder erzeugt werden.

Fliesst durch eine Leiterschleife ein zeitlich variabler Strom, so wird dadurch ein zeitlich variables Magnetfeld erzeugt, dass seinerseits wiederum eine Spannung in der Leiterschleife induziert. Eine genaue Analyse ergibt, dass diese Spannung proportional zur zeitlichen Ableitung des Stromes ist. Zweitore mit diesem Verhalten werden als Induktivitäten bezeichnet, die entsprechenden Bauteile als Spulen.

Durchdringt das durch den Strom in einer Induktivität erzeugte Magnetfeld eine zweite Induktivität, so wird dort ebenfalls eine Spannung induziert. Diese wechselseitige Beeinflussung wird durch die sogenannte Gegeninduktivität beschrieben. Derart gekoppelte Spulen spielen unter anderem eine wichtige Rolle bei der Analyse von Transformatoren.

19.1 Zeitlich veränderliche magnetische Felder

19.1.1 Induktionsgesetz

Wir haben schon früher festgestellt, dass in einem Magnetfeld auf bewegte Ladungen Kräfte wirken. Diese Tatsache ist in Abb. 19.1 nochmals veranschaulicht.

© Springer Fachmedien Wiesbaden GmbH, ein Teil von Springer Nature 2021
M. Hufschmid, *Grundlagen der Elektrotechnik*,
https://doi.org/10.1007/978-3-658-30386-0_19

Abb. 19.1 Werden Ladungen
in einem Magnetfeld bewegt,
so wirkt auf diese ein Kraft

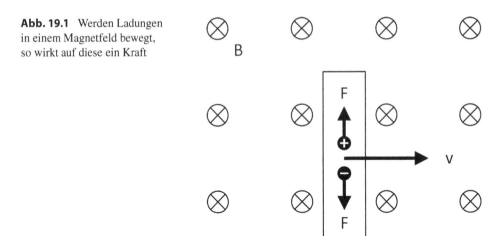

Wird ein elektrisch neutraler Leiterstab mit der Geschwindigkeit v durch ein homogenes Magnetfeld mit der Flussdichte B bewegt, so wirkt auf eine Ladung Q im Leiter die Kraft

$$\vec{F}_m = Q \cdot \left(\vec{v} \times \vec{B} \right).$$

Dadurch werden positive und negative Ladungen voneinander getrennt. Es entsteht ein elektrisches Feld E, welches seinerseits auf die Ladungen eine Kraft

$$\vec{F}_e = Q \cdot \vec{E}$$

ausübt. Nach einer gewissen Zeit bewegen sich die Ladungen nicht mehr weiter auseinander. Die durch das Magnetfeld bewirkte Kraft und die Kraft aufgrund des elektrischen Feldes heben sich auf

$$\vec{F}_m + \vec{F}_e = 0,$$

woraus folgt

$$\vec{E} = -\vec{v} \times \vec{B}.$$

In dem Gedankenexperiment in Abb. 19.2 bewegen wir den Leiterstab nun entlang zweier leitenden Schienen, an deren Ende ein ideales Voltmeter angeschlossen ist. Da das elektrische Feld im Leiterstab homogen ist, kann am Voltmeter die Spannung

$$U = E \cdot \ell$$

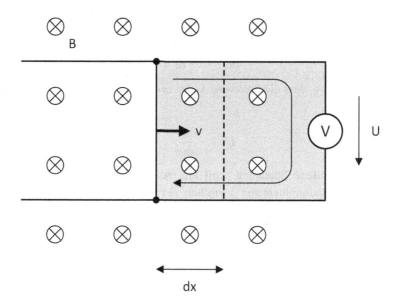

Abb. 19.2 Zur Herleitung des Induktionsgesetzes

abgelesen werden. Falls die Geschwindigkeit des Stabs und das magnetische Feld wie hier senkrecht aufeinander stehen, gilt $E = v \cdot B$ und somit

$$U = v \cdot B \cdot \ell.$$

Die Bewegung des Leiterstabes um dx führt zu einer Verkleinerung der durch die Masche umschlossenen Fläche

$$dA = -\ell \cdot dx.$$

Wird diese Veränderung pro Zeiteinheit dt betrachtet, so erhält man die Beziehung

$$\frac{dA}{dt} = -\ell \cdot \frac{dx}{dt} = -\ell \cdot v,$$

woraus für die Spannung U folgt

$$U = -B \cdot \frac{dA}{dt}.$$

Bei homogenem, zeitlich konstantem Magnetfeld gilt ferner

$$\Phi = B \cdot A$$

und somit

$$\frac{d\Phi}{dt} = B \cdot \frac{dA}{dt}.$$

Damit folgt schliesslich, dass die Spannung U der zeitlichen Abnahme des magnetischen Flusses Φ entspricht

$$U = -\frac{d\Phi}{dt}.$$

Die derart hervorgerufene Spannung wird als induzierte Spannung bezeichnet. Der soeben hergeleitete Zusammenhang zwischen der Spannung U und der zeitlichen Änderung des magnetischen Flusses ist deshalb auch als Induktionsgesetz bekannt.

▶ **Induktionsgesetz**

In einer Leiterschleife wird bei einer Änderung des magnetischen Flusses Φ durch diese Schleife eine Spannung U induziert. Sie genügt der Gleichung

$$U = -\frac{d\Phi}{dt}.$$

Es ist gleichgültig, auf welche Weise die Änderung des magnetischen Flusses herbeigeführt wird. In unserem Gedankenexperiment wurde der magnetische Fluss durch eine Verkleinerung der Fläche A verändert. Eine zeitliche Änderung des Flusses und damit eine induzierte Spannung kann jedoch auch durch eine zeitliche Änderung des Magnetfeldes B verursacht werden. Im Allgemeinen gilt

$$\frac{d\Phi}{dt} = B \cdot \frac{dA}{dt} + A \cdot \frac{dB}{dt}.$$

Entscheidend für die richtige Bestimmung des Vorzeichens der Spannung ist die korrekte Wahl der Umlaufrichtung innerhalb der Masche. Diese sollte mit den Vektoren der magnetischen Flussdichte ein Rechtssystem bilden.

19.1.2 Verketteter Fluss Ψ

Wird anstelle einer einzelnen Schleife eine Spule mit N Windungen betrachtet, so addieren sich die in jeder Windung induzierten Spannungen und man erhält die Beziehung

$$U = -N \cdot \frac{d\Phi}{dt} = -\frac{d\Psi}{dt}.$$

Man kann sich das so erklären, dass sich die einzelnen Flüsse Φ zum verketteten Fluss Ψ aufsummieren

$$\Psi = N \cdot \Phi.$$

Bei dieser Definition sind wir von der Voraussetzung ausgegangen, dass alle Windungen der Spule von derselben Flussänderung betroffen sind. Im Allgemeinen ist jedoch der Fluss in jeder Windung unterschiedlich. Dann setzt sich der verkettete Fluss Ψ aus der Summe der Teilflüsse zusammen. Die Beziehung

$$U = -\frac{d\Psi}{dt}$$

behält aber auch in diesem Fall ihre Gültigkeit bei.

19.1.3   Lenz'sche Regel

Zur Herleitung der Lenz'schen Regel betrachten wir die in Abb. 19.3 gezeigte Anordnung. Zwei Drahtschleifen seien so angeordnet, dass der magnetische Fluss in der einen Schleife auch die zweite Schleife durchsetzt. Ein Strom i_{prim} in der einen Schleife

Abb. 19.3 Ein Strom I_{prim} in einer Leiterschleife induziert in der zweiten Schleife einen Strom I_{ind}, der seinerseits ein Magnetfeld erzeugt, welches dem ursprünglichen Magnetfeld entgegenwirkt

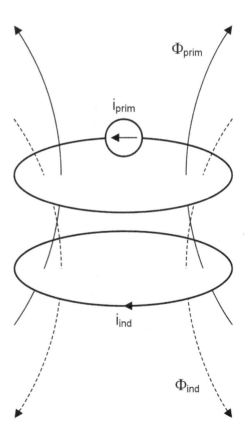

erzeugt ein magnetisches Feld und infolgedessen einen magnetischen Fluss Φ_{prim}. Wird nun der Strom erhöht, so vergrössert sich auch der magnetische Fluss. Gemäss Voraussetzung wird diese Flussänderung auch in der zweiten Schleife wahrgenommen. Sie hat dort eine induzierte Spannung und, da die Schleife geschlossen ist, einen induzierten Strom i_{ind} zur Folge. Dieser induzierte Strom erzeugt seinerseits ein magnetisches Feld. Der entsprechende magnetische Fluss Φ_{ind} versucht, der ursprünglichen Flussänderung entgegenzuwirken. Dieses Phänomen ist unter der Bezeichnung Lenz'sche Regel bekannt.

▶ **Lenz'sche Regel**
   Jeder durch Induktion erzeugte Strom ist so gerichtet, dass er der Änderung des induzierenden magnetischen Flusses entgegenwirkt.

Es ist zu beachten, dass die zeitliche Veränderung des Magnetfelds für die Richtung von Induktionsspannung und -strom bestimmend ist und nicht etwa das Magnetfeld selber!

19.1.4 Die zweite Maxwellsche Gleichung

Der magnetische Fluss durch eine beliebige Fläche A ist durch das Flächenintegral

$$\Phi = \iint\limits_A \vec{B} \cdot d\vec{A}$$

definiert. Jede zeitliche Änderung dieser Grösse hat ein elektrisches Feld zur Folge. Die Integration der dazugehörigen Feldstärke E entlang des geschlossenen Weges, welcher die Fläche A begrenzt, ergibt

$$\oint \vec{E} \cdot d\vec{s} = -\frac{d}{dt} \iint\limits_A \vec{B} \cdot d\vec{A}.$$

Dieser Zusammenhang wird als zweites Maxwellsches Gesetz bezeichnet. Die Integration der elektrischen Feldstärke E kann dabei entlang irgendeines geschlossenen Weges durchgeführt werden. Die magnetische Flussdichte B wird auf einer beliebigen Fläche A integriert, die von diesem Weg begrenzt wird. Die Umlaufrichtung des Weges wird so gewählt, dass sie mit dem Flächenelement $d\vec{A}$ gemäss der Rechtsschraubenregel verknüpft ist.

In der Elektrostatik wird das elektrische Feld durch das Vorhandensein von (ruhenden) Ladungen verursacht. Die Feldlinien verlaufen immer von Ladung zu Ladung. Es gibt keine geschlossenen Feldlinien. Zudem gilt

$$\oint \vec{E} \cdot d\vec{s} = 0,$$

d. h. das Linienintegral der elektrischen Feldstärke entlang eines geschlossenen Weges ist immer null. Dies hat zur Folge, dass die elektrische Spannung nur von dem Start- und dem Endpunkt der Integration abhängt und nicht vom gewählten Weg.

Die durch Induktion hervorgerufenen elektrischen Felder haben gänzlich andere Eigenschaften. Das zweite Maxwellsche Gesetz sagt nämlich aus, dass das Linienintegral der elektrischen Feldstärke entlang eines geschlossenen Weges nicht mehr generell null ist

$$\oint \vec{E} \cdot d\vec{s} = -\frac{d}{dt} \iint\limits_{A} \vec{B} \cdot d\vec{A}.$$

Damit ist die Definition einer elektrischen Spannung zwischen zwei Punkten nicht mehr eindeutig, da sie von der Wahl des Integrationswegs abhängt! Bei starken Magnetfeldern (Hochstromtechnik) oder schnellen Flussänderungen (Hochfrequenztechnik) ist dieser Effekt besonders ausgeprägt und kann beim Messen von Spannungen zu Problemen führen. In diesen Fällen ist sogar die Definition einer Spannung problematisch.

Elektrische Felder, die durch veränderliche Magnetfelder verursacht werden, sind im Gegensatz zu elektrostatischen Feldern nicht mehr wirbelfrei. Die elektrischen Feldlinien sind geschlossen. Ein veränderliches Magnetfeld erzeugt deshalb in einem elektrischen Leiter Wirbelströme, die zu einer meist unerwünschten Erwärmung des Leiters führen. Bei Elektromotoren, Generatoren und Transformatoren mit Eisenkernen werden die Wirbelströme unterdrückt, indem der Eisenkern aus Schichten von dünnen, voneinander isolierten Eisenblechen aufgebaut wird.

19.2 Selbstinduktivität

Um den Begriff der Selbstinduktion zu definieren, betrachen wir die in Abb. 19.4 stromdurchflossene Leiterschleife. Diese erzeugt ein Magnetfeld, welches zu einem magnetischen Fluss in der Leiterschleife selbst führt. Nach dem Gesetz von Biot-Savart ist die magnetische Flussdichte grundsätzlich proportional zum erzeugenden Strom i(t). Folglich ist auch der magnetische Fluss $\Phi(t)$ proportional zum Strom

$$\Phi(t) = L \cdot i(t).$$

Die Proportionalitätskonstante L ist eine Eigenschaft der Leiterschleife und wird als deren Selbstinduktivität bezeichnet. Sie hat die Einheit $1 \, V \cdot s/A = 1 \, H$ (Henry)[1].

---

[1]Nach dem amerikanischen Physiker Joseph Henry (1797–1878).

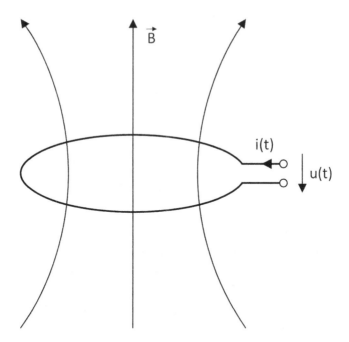

Abb. 19.4 Selbstinduktivität – Eine Stromänderung hat eine Änderung des magnetischen Flusses zur Folge, welcher seinerseits eine Spannung induziert

Eine Stromänderung in der Schleife hat eine Änderung des magnetischen Flusses durch die Schleife zur Folge und induziert in der felderzeugenden Schleife selbst auch eine Spannung. Mit der gewählten Richtung der Zählpfeile gilt

$$u(t) = \frac{\mathrm{d}\Phi(t)}{\mathrm{d}t} = L \cdot \frac{\mathrm{d}i(t)}{\mathrm{d}t}.$$

Bei einer Spule, welche aus N Windungen besteht, ist an Stelle von Φ der verkettete Fluss Ψ einzusetzen. Die Selbstinduktivität einer Spule ist deshalb definiert durch

$$L = \frac{\Psi(t)}{i(t)}.$$

Für den Zusammenhang zwischen Spannung und Strom bei einer Spule folgt

$$u(t) = \frac{\mathrm{d}\Psi(t)}{\mathrm{d}t} = L \cdot \frac{\mathrm{d}i(t)}{\mathrm{d}t}.$$

In einem Magnetkreis ist der magnetischem Fluss Φ über die Reluktanz R_{m} proportional mit der Durchflutung Θ verknüpft,

$$\Theta(t) = R_m \cdot \Phi(t).$$

Unter der Voraussetzung, dass alle Windungen einer Spule denselben Fluss umfassen, gilt $\Psi = N \cdot \Phi$ und deshalb

$$\Psi(t) = N \cdot \Phi(t) = N \cdot \frac{\Theta(t)}{R_m} = N \cdot \frac{N \cdot i(t)}{R_m} = \frac{N^2}{R_m} \cdot i(t),$$

woraus sich für die Selbstinduktivität ergibt

$$L = \frac{\Psi(t)}{i(i)} = \frac{N^2}{R_m}.$$

Die Selbstinduktivität ist also prinzipiell proportional zum Quadrat der Windungszahl.

19.3 Netzwerke mit Gegeninduktivitäten

19.3.1 Repetition Induktionsgesetz und Selbstinduktivität

Wird eine geschlossene Drahtschlaufe, wie in Abb. 19.5 veranschaulicht, von einem zeitlich veränderlichen magnetischen Fluss $\Phi(t)$ durchflutet, so bewirkt dies laut M. Faraday (1791–1867) an den Klemmen der Drahtschlaufe eine induzierte Spannung

$$u(t) = \frac{\mathrm{d}}{\mathrm{d}t} \Phi(t).$$

Betrachten wir die in Abb. 19.6 dargestellte Spule mit n Windungen, so addieren sich die in den einzelnen Schlaufen induzierten Spannungen zur Gesamtspannung

$$u(t) = n \cdot \frac{\mathrm{d}}{\mathrm{d}t} \Phi(t) = \frac{\mathrm{d}}{\mathrm{d}t} \Psi(t).$$

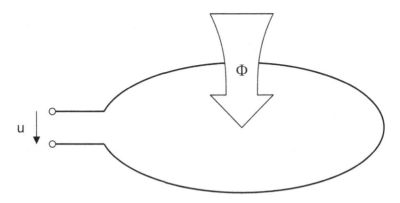

Abb. 19.5 Eine Änderung des magnetischen Flusses $\Phi(t)$ induziert eine Spannung u(t)

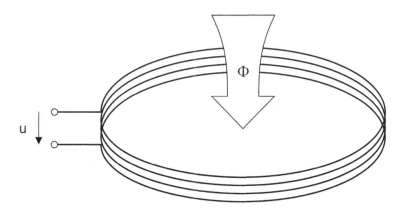

Abb. 19.6 Bei n Windungen addieren sich die in den einzelnen Windungen induzierten Spannungen

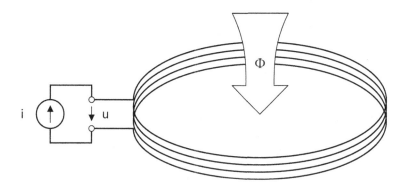

Abb. 19.7 Strom durch n Windungen erzeugt einen Induktionsfluss Ψ, welcher proportional zum Strom i ist

Die Summe der Teilflüsse $\Psi(t) = n \cdot \Phi(t)$ wird als verketteter Fluss oder Induktionsfluss bezeichnet. Die zeitliche Änderung des Induktionsflusses ist massgebend für die induzierte Spannung.

In Abb. 19.7. wird die Spule mit n Windungen von einem Strom i(t) gespeist. Der Strom i(t) hat ein Magnetfeld mit der magnetischen Feldstärke H(t) respektive der magnetischen Flussdichte $B(t) = \mu \cdot H(t)$ zur Folge. Dadurch ergibt sich ein magnetischer Fluss $\Phi(t)$ durch die Spulenfläche und schliesslich ein verketteter Fluss $\Psi(t) = n \cdot \Phi(t)$.

Da alle diese Beziehungen linear sind, ist der Induktionsfluss $\Psi(t)$ im Endeffekt zum Strom i(t) proportional[2]

$$\Psi(t) = L \cdot i(t).$$

---

[2]Hier wurde die Annahme getroffen, dass die Permeabilität konstant ist.

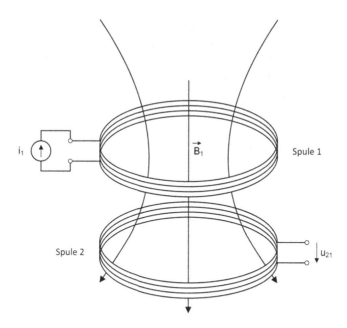

Abb. 19.8 Strom i_1 in der Spule 1 induziert im Endeffekt eine Spannung u_{21} an den Klemmen der Spule 2

Die Proportionalitätskonstante L wird Selbstinduktivität oder kurz Induktivität genannt

$$L = \frac{\Psi(t)}{i(t)}.$$

Aus dem Induktionsgesetz folgt

$$u(t) = \frac{\mathrm{d}}{\mathrm{d}t}\Psi(t) = L \cdot \frac{\mathrm{d}}{\mathrm{d}t}i(t).$$

19.3.2 Gegeninduktivität

Zwei Spulen sind, wie in Abb. 19.8 gezeigt, so angeordnet, dass ein Teil des in der einen Spule erzeugten magnetischen Felds die andere Spule durchdringt.

Ein Strom $i_1(t)$ in der Spule 1 erzeugt ein magnetisches Feld ($\vec{B}_1(t)$). Der Betrag von $\vec{B}_1(t)$ ist proportional zur Windungszahl n_1 der Spule 1 und zum Strom $i_1(t)$. Ein Teil des in Spule 1 erzeugten magnetischen Felds durchdringt die Spule 2 und hat dort eine magnetische Fluss $\Phi_{21}(t)$ zur Folge[3]. Multipliziert man $\Phi_{21}(t)$ mit der Anzahl

---

[3]Bezeichnungen

Bei Grössen mit zwei Indizes bezeichnet der erste Index den Ort der Wirkung, der zweite Index den Ort der Ursache. $\Phi_{21}(t)$ ist also der in der Spule 2 durch den Strom in der Spule 1 hervorgerufene Fluss.

Windungen n_2 der Spule 2, so erhält man den Induktionsfluss $\Psi_{21}(t) = n_2 \cdot \Phi_{21}(t)$. Der Induktionsfluss $\Psi_{21}(t)$ ist demnach proportional zu n_1, n_2 und dem Strom $i_1(t)$ in der Spule 1. Eine zeitliche Änderung des Induktionsflusses induziert, gemäss Induktionsgesetz, eine Spannung $u_{21}(t)$ an den Klemmen der Spule 2

$$u_{21}(t) = \frac{d}{dt} \Psi_{21}(t).$$

Ein zeitlich veränderlicher Strom i_1 in der Spule 1 hat also im Endeffekt eine Spannung $u_{21}(t)$ an den Klemmen der Spule 2 zur Folge. Umgekehrt hat natürlich auch ein zeitlich veränderlicher Strom $i_2(t)$ in der Spule 2 eine Spannung $u_{12}(t)$ an den Klemmen der Spule 1 zur Folge. Der vom Strom $i_1(t)$ erzeugte Induktionsfluss $\Psi_{21}(t)$ in der Spule 2 ist proportional zum Strom $i_1(t)$

$$\Psi_{21}(t) = M_{21} \cdot i_1(t).$$

Die Proportionalitätskonstante

$$M_{21} = \frac{\Psi_{21}(t)}{i_1(t)}$$

hat (wie die Selbstinduktivität) die Dimension ein Henry und wird Gegeninduktivität (mutual inductance) genannt. Der Zusammenhang zwischen dem Strom $i_2(t)$ in der Spule 2 und dem Induktionsfluss $\Psi_{12}(t)$ in der Spule 1 wird analog durch die Gegeninduktivität

$$M_{12} = \frac{\Psi_{12}(t)}{i_2(t)}$$

beschrieben.

Unter der Voraussetzung, dass die Permeabilität μ konstant ist, gilt

$$M_{12} = M_{21} = M,$$

was wir im Folgenden dauernd annehmen wollen.

19.3.3   Zusammenhang zwischen Strömen und Spannungen bei gekoppelten Spulen

Die gesamte Induktionsfluss $\Psi_1(t)$ durch die Spule 1 setzt sich zusammen aus zwei Anteilen:

1. Einen durch den Strom $i_1(t)$ hervorgerufenen Beitrag. Massgebend dafür ist die Selbstinduktivität L_1 der Spule 1

$$\Psi_{11}(t) = L_1 \cdot i_1(t).$$

2. Einen durch den Strom i_2 hervorgerufenen Beitrag. Massgebend dafür ist die Gegeninduktivität M

$$\Psi_{12}(t) = M \cdot i_2(t).$$

Diese beiden Anteile überlagern sich. Abhängig vom gegenseitigen Wicklungssinn kann dabei die Gegeninduktion Ψ_{12} die Selbstinduktion Ψ_{11} verstärken oder abschwächen

$$\Psi_1(t) = \Psi_{11}(t) \pm \Psi_{12}(t)$$
$$= L_1 \cdot i_1(t) \pm M \cdot i_2(t).$$

Wieder kann das Induktionsgesetz angewandt werden, um die gesamte an den Klemmen der Spule 1 induzierte Spannung zu berechnen

$$u_1(t) = \frac{\mathrm{d}}{\mathrm{d}t}\Psi_1(t)$$
$$= \underbrace{L_1 \cdot \frac{\mathrm{d}}{\mathrm{d}t}i_1(t)}_{\substack{\text{durch den Strom } i_1 \\ \text{verursachte Spannung}}} \pm \underbrace{M \cdot \frac{\mathrm{d}}{\mathrm{d}t}i_2(t)}_{\substack{\text{durch den Strom } i_2 \\ \text{verursachte Spannung}}} . \tag{19.1}$$

Entsprechend kann auch die gesamte an den Klemmen der Spule 2 induzierte Spannung bestimmt werden

$$u_2(t) = \underbrace{\pm M \cdot \frac{\mathrm{d}}{\mathrm{d}t}i_1(t)}_{\substack{\text{durch den Strom } i_1 \\ \text{verursachte Spannung}}} + \underbrace{L_2 \cdot \frac{\mathrm{d}}{\mathrm{d}t}i_2(t)}_{\substack{\text{durch den Strom } i_2 \\ \text{verursachte Spannung}}} . \tag{19.2}$$

19.3.4 Vorzeichenregel

Abhängig vom gegenseitigen Wicklungssinn der beiden Spulen, kann der Beitrag der Gegeninduktion positiv oder negativ sein. Um das Problem der Wahl des korrekten Vorzeichens zu vereinfachen, werden gekoppelte Spulen mit jeweils einem Punkt versehen, der die gleichsinnigen Wicklungen kennzeichnet.

Um einem Paar von gekoppelten Spulen Punkte zuzuordnen geht man wie folgt vor: Man schliesst (in Gedanken) eine Stromquelle an eine der beiden Spulen an. Denjenigen Anschluss, in den dieser Strom $i_1(t)$ hineinfliesst, markiert man mit einem Punkt. Danach bestimmt man den durch diesen Strom erzeugten Fluss Φ_1 mittels der Rechte-Hand-Regel. Der Fluss $\Phi_2(t)$ in der anderen Spule wirkt, gemäss der Lenz'schen Regel, dem ersten Fluss entgegen. Wiederum bestimmt man mittels der Rechte-Hand-Regel den Strom $i_2(t)$ in der zweiten Spule, der diesen zweiten Fluss erzeugt. Den Anschluss der zweiten Spule, aus dem der Strom herausfliesst, wird ebenfalls mit einem Punkt versehen.

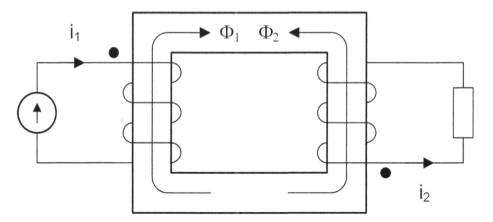

Abb. 19.9 Beispiel zur Vorzeichenregel

In der Anordnung in Abb. 19.9 erzeugt der Strom $i_1(t)$ den Fluss $\Phi_1(t)$. Die andere Windung reagiert mit einem Fluss $\Phi_2(t)$ in entgegengesetzter Richtung. Dazu muss ein Strom $i_2(t)$ in der eingezeichneten Richtung aus der zweiten Windung herausfliessen.

Nach dieser Kennzeichnung des Wicklungssinns mit Hilfe von Punkten, kann die folgende Regel verwendet werden.

▶ **Punkteregel**

Wie üblich werden die Strom- und Spannungspfeile über den einzelnen Spulen so gewählt, dass sie die gleiche Richtung aufweisen (Verbraucherzählpfeilsystem).

Falls an den mit Punkten markierten Anschlüssen beide Strompfeile entweder in die Spule hinein- oder aus der Spule herauszeigen, so gilt das positive Vorzeichen.

Falls an den mit Punkten markierten Anschlüssen ein Strompfeil in die Spule hinein-, der andere aus der Spule herauszeigt, so gilt das negative Vorzeichen.

Beispiel

Die Abb. 19.10 zeigt anhand zweier Beispiele die Anwendung der Vorzeichenregel bei Gegeninduktivitäten. ◀

19.3.5 Sinusförmige Grössen

Sind die Ströme und Spannungen sinusförmig und befindet sich das Netzwerk im eingeschwungenen Zustand, kann die komplexe Schreibweise angewandt werden. Aus den

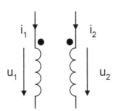
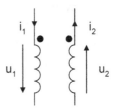

Beide Strompfeile zeigen bei den markierten Anschlüssen in die Spule hinein.

$$u_1 = L_1 \cdot \frac{d}{dt} i_1 + M \cdot \frac{d}{dt} i_2$$

$$u_2 = M \cdot \frac{d}{dt} i_1 + L_2 \cdot \frac{d}{dt} i_2$$

Ein Strompfeil zeigt in die Spule hinein, der andere zeigt heraus.

$$u_1 = L_1 \cdot \frac{d}{dt} i_1 - M \cdot \frac{d}{dt} i_2$$

$$u_2 = -M \cdot \frac{d}{dt} i_1 + L_2 \cdot \frac{d}{dt} i_2$$

Abb. 19.10 Beispiel zur Vorzeichenregel bei Gegeninduktivitäten

Formeln Gl. 19.1 und 19.2 ergeben sich die folgenden Beziehungen für die komplexen Ströme und Spannungen.

Spule 1

$$\underline{U}_1 = j \cdot \omega \cdot L_1 \cdot \underline{I}_1 \pm j \cdot \omega \cdot M \cdot \underline{I}_2$$

Spule 2

$$\underline{U}_2 = \pm j \cdot \omega \cdot M \cdot \underline{I}_1 + j \cdot \omega \cdot L_2 \cdot \underline{I}_2$$

Das Vorzeichen wird wiederum anhand der Punkteregel abgeleitet. Es resultieren schliesslich die in Abb. 19.11 dargestellten Beziehungen.

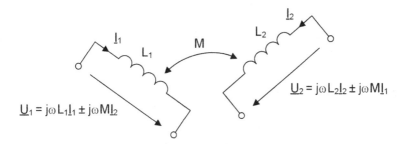

Abb. 19.11 Beziehung zwischen komplexen Strömen und Spannungen bei magnetisch gekoppelten Spulen

19.3.6 Kopplungsfaktor

Wie schon erwähnt, durchfliesst nur ein Teil des in der Spule 1 erzeugten magnetischen Flusses die Spule 2 (und umgekehrt). Das Verhältnis dieser beiden Flüsse wird durch den Kopplungsfaktor k beschrieben

$$k = \frac{\Phi_{21}}{\Phi_{11}} = \frac{\Phi_{12}}{\Phi_{22}}.$$

Aus dieser Definition folgt sofort, dass der Kopplungsfaktor nur Werte zwischen 0 und 1 annehmen kann. Ist $k = 0$, so sind die Spulen nicht gekoppelt. Bei $k = 1$ spricht man von vollständiger Kopplung.

Wie lautet nun der Zusammenhang zwischen dem Kopplungsfaktor k und den oben definierten Induktivitäten M, L_1 und L_2? Die Gegeninduktivität M ist definiert als das Verhältnis von Induktionsfluss Ψ_{21} und dem Strom i_1

$$M = \frac{\Psi_{21}}{i_1} = \frac{n_2 \cdot \Phi_{21}}{i_1}.$$

Benutzt man die obige Definition des Kopplungsfaktors, so erhält man

$$M = \frac{n_2 \cdot k \cdot \Phi_{11}}{i_1}. \tag{19.3}$$

Definiert man andererseits die Gegeninduktivität als Verhältnis von Ψ_{12} und i_2, so folgt analog

$$M = \frac{\Psi_{12}}{i_2} = \frac{n_1 \cdot \Phi_{12}}{i_2} = \frac{n_1 \cdot k \cdot \Phi_{22}}{i_2}. \tag{19.4}$$

Multipliziert man Gl. 19.3 und 19.4, so resultiert

$$
\begin{aligned}
M^2 &= \frac{n_2 \cdot k \cdot \Phi_{11} \cdot n_1 \cdot k \cdot \Phi_{22}}{i_1 \cdot i_2} \\
&= k^2 \cdot \frac{n_1 \cdot \Phi_{11}}{i_1} \cdot \frac{n_2 \cdot \Phi_{22}}{i_2} \\
&= k^2 \cdot \frac{\Psi_{11}}{i_1} \cdot \frac{\Psi_{22}}{i_2} \\
&= k^2 \cdot L_1 \cdot L_2
\end{aligned}
$$

oder, aufgelöst nach dem Kopplungsfaktor k,

$$k = \frac{M}{\sqrt{L_1 \cdot L_2}}.$$

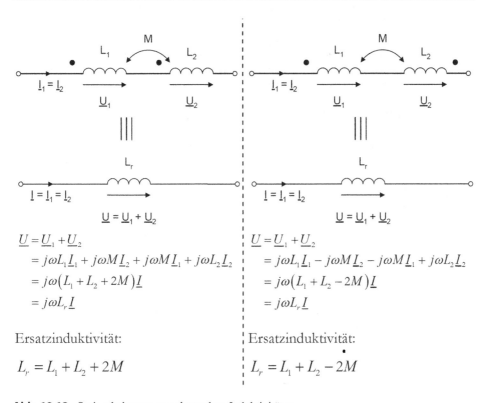

Abb. 19.12 Serieschaltung von gekoppelten Induktivitäten

19.3.7   Serieschaltung von gekoppelten Induktivitäten

Die in Abb. 19.12 gezeichnete Serieschaltung von zwei gekoppelten Spulen kann durch eine Ersatzinduktivität L_r nachgebildet werden. Dabei spielt der gegenseitige Wicklungssinn der beiden Spulen eine Rolle.

Mit Hilfe dieser Beziehungen kann die Gegeninduktivität M messtechnisch ermittelt werden. Zu diesem Zweck werden zuerst die beiden Induktivitäten L_1 und L_2 gemessen. Anschliessend wird die Induktivität L_r der Serieschaltung bestimmt. Die Gegeninduktivität ergibt sich aus

$$M = \frac{|L_r - L_1 - L_2|}{2}.$$

19.3.8   Vollständig gekoppelte Spulen

Für zwei vollständig gekoppelte Spulen gilt $k = 1$ und somit $M = \sqrt{L_1 \cdot L_2}$.

Nimmt man die in der Abb. 19.13 vorgegebenen Zählrichtungen an, so ergeben sich die folgenden Beziehungen zwischen den Spannungen und den Strömen.

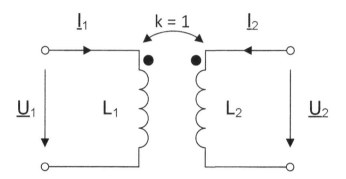

Abb. 19.13 Vollständig gekoppelte Spulen $(k = 1)$

$$\underline{U}_1 = j\omega L_1 \underline{I}_1 + j\omega M \underline{I}_2 = j\omega L_1 \cdot \underline{I}_1 + j\omega \sqrt{L_1 L_2} \underline{I}_2$$
$$\underline{U}_2 = j\omega M \underline{I}_1 + j\omega L_2 \underline{I}_2 = j\omega \sqrt{L_1 L_2} \underline{I}_1 + j\omega L_2 \underline{I}_2$$

Löst man die zweite Gleichung nach $\underline{I}_1$ auf

$$\underline{I}_1 = \frac{\underline{U}_2 - j\omega L_2 \underline{I}_2}{j\omega \sqrt{L_1 L_2}} \tag{19.5}$$

und setzt dies in die erste Gleichung ein

$$\underline{U}_1 = j\omega L_1 \cdot \frac{\underline{U}_2 - j\omega L_2 \underline{I}_2}{j\omega \sqrt{L_1 L_2}} + j\omega \cdot \sqrt{L_1 L_2} \underline{I}_2$$
$$= \frac{L_1}{\sqrt{L_1 L_2}} \cdot \underline{U}_2 - j\omega \cdot \frac{L_1 L_2}{\sqrt{L_1 L_2}} \cdot \underline{I}_2 + j\omega \cdot \sqrt{L_1 L_2} \underline{I}_2$$
$$= \sqrt{\frac{L_1}{L_2}} \cdot \underline{U}_2,$$

so erkennt man, dass das Verhältnis der beiden Spannungen konstant ist. Bei vollständig gekoppelten Spulen gilt

$$\frac{L_1}{L_2} = \frac{n_1^2}{n_2^2}$$

und deshalb

$$\frac{\underline{U}_1}{\underline{U}_2} = \frac{n_1}{n_2}.$$

Durch Umformen der Gl. 19.5

$$\underline{I}_1 = \frac{\underline{U}_2}{j\omega\sqrt{L_1 L_2}} - \frac{L_2}{\sqrt{L_1 L_2}}\underline{I}_2$$

$$= \frac{1}{j\omega\sqrt{L_1 L_2}} \cdot \sqrt{\frac{L_2}{L_1}} \cdot \underline{U}_1 - \sqrt{\frac{L_2}{L_1}} \cdot \underline{I}_2$$

$$= \underbrace{\frac{\underline{U}_1}{j\omega L_1}}_{\text{Magnetisierungsstrom}} - \underbrace{\sqrt{\frac{L_2}{L_1}} \cdot \underline{I}_2}_{\text{transformierter Strom}}$$

stellt man fest, dass sich der Strom $\underline{I}_1$ aus zwei Anteilen zusammensetzt. Einerseits fliesst aufgrund der Selbstinduktion der Spule ein Magnetisierungsstrom, der nur von der Spannung $\underline{U}_1$ über der Spule 1 abhängt. Andererseits wird ein Strom $\underline{I}_2$ in der zweiten Spule mit dem Übertragungsverhältnis

$$\sqrt{\frac{L_2}{L_1}} = \frac{n_2}{n_1}$$

in die erste Spule transformiert. Dabei ist zu beachten, dass ein in Pfeilrichtung hineinfliessender Strom $\underline{I}_2$ einen negativen Strom $\underline{I}_1$ zur Folge hat.

19.3.9 Idealer Transformator

Lässt man bei vollständig gekoppelten Spulen die Selbstinduktivitäten L_1 und L_2 gegen unendlich streben[4], so gehen die Magnetisierungsströme gegen null. Es gelten dann die folgenden Beziehungen zwischen den Spannungen

$$\frac{\underline{U}_1}{\underline{U}_2} = \frac{n_1}{n_2} = \ddot{u},$$

respektive den Strömen

$$\frac{\underline{I}_1}{\underline{I}_2} = -\frac{n_2}{n_1} = -\frac{1}{\ddot{u}}.$$

Man spricht in diesem Fall von einem idealen Transformator mit dem Übertragungsverhältnis ü.

---

[4]Dies ist näherungsweise der Fall, wenn die Permeabilität des Spulenkerns sehr gross gewählt wird.

19.3.10 Ersatzschaltbild ohne Kopplung

Um die Berechnung von Netzwerken mit gekoppelten Spulen zu vereinfachen, ist es manchmal von Vorteil, ein Ersatzschaltbild ohne Kopplung herzuleiten. Dies ist jedoch nicht in jedem Fall möglich!

Beispiel

Wie betrachten die zwei über die Gegeninduktivität M gekoppelte Spulen in Abb. 19.14. Es gelten die Beziehungen

$$\underline{U}_1 = j\omega L_1 \underline{I}_1 + j\omega M \underline{I}_2$$
$$\underline{U}_2 = j\omega M \underline{I}_1 + j\omega L_2 \underline{I}_2.$$

In der ersten Gleichung addieren wir $j\omega M \underline{I}_1 - j\omega M \underline{I}_1 = 0$, in der zweiten $j\omega M \underline{I}_2 - j\omega M \underline{I}_2 = 0$ und erhalten

$$\underline{U}_1 = j\omega(L_1 - M)\underline{I}_1 + j\omega M\left(\underline{I}_1 + \underline{I}_2\right)$$
$$\underline{U}_2 = j\omega M\left(\underline{I}_1 + \underline{I}_2\right) + j\omega(L_2 - M)\underline{I}_2.$$

Es lässt sich leicht überprüfen, dass die Ersatzschaltung in Abb. 19.15 durch genau die gleichen beiden Gleichungen beschrieben werden kann. Sie verhält sich demnach in Bezug auf die Grössen $\underline{U}_1$, $\underline{U}_2$, $\underline{I}_1$ und $\underline{I}_2$ identisch. ◄

19.3.11 Netzwerke mit Gegeninduktivitäten

In Netzwerken mit Gegeninduktivitäten gelten grundsätzlich die schon bekannten Gesetze. Insbesondere haben die Kirchhoff'schen Beziehungen nach wie vor Gültigkeit.

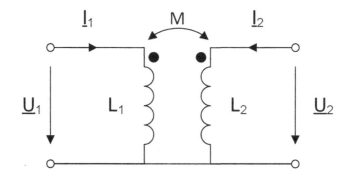

Abb. 19.14 Zwei gekoppelte Spulen mit Gegeninduktivität M

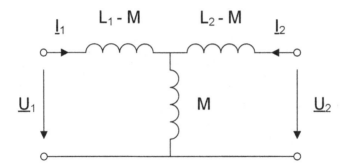

Abb. 19.15 Ersatzschaltbild ohne Gegeninduktivitäten

Die behandelten Verfahren (z. B. Maschenstrom) können deshalb auch zur Berechnung solcher Netzwerke angewandt werden. Hingegen ist es nicht ganz einfach, die Netzwerkmatrizen direkt aufzustellen. Es empfiehlt sich, die Netzwerkgleichungen zuerst für jede Masche einzeln herzuleiten und erst danach die Gleichungen in Matrixform darzustellen.

Beispiel

Für das Beispiel in Abb. 19.16 stellen wir vorerst die beiden Maschengleichungen auf, ohne uns um die Gegeninduktivitäten zu kümmern.

Masche I

$$-\underline{U}_q + \underline{I}_1 R_1 + \underline{U}_{L1} + \frac{1}{j\omega C}\underline{I}_3 + \underline{U}_{L3} = 0$$

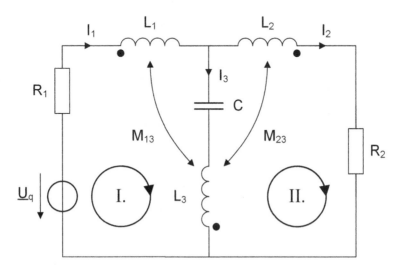

Abb. 19.16 Beispiel eines Netzwerks mit magnetisch gekoppelten Spulen

Masche II

$$\underline{U}_{L2} + \underline{I}_2 R_2 - \underline{U}_{L3} - \frac{1}{j\omega C}I_3 = 0$$

Die Spannungen über den Induktivitäten setzen sich zusammen aus den selbst-induzierten und den durch Gegeninduktion erzeugten Spannungen

$$\underline{U}_{L1} = j\omega L_1 \underline{I}_1 - j\omega M_{13} \underline{I}_3$$
$$\underline{U}_{L2} = j\omega L_2 \underline{I}_2 + j\omega M_{23} \underline{I}_3$$
$$\underline{U}_{L3} = j\omega L_3 \underline{I}_3 - j\omega M_{13} \underline{I}_1 + j\omega M_{23} \underline{I}_2.$$

Schliesslich benutzten wir noch die Knotenpunktgleichung

$$\underline{I}_3 = \underline{I}_1 - \underline{I}_2$$

und erhalten die folgenden Netzwerkgleichungen.
   Masche I

$$-\underline{U}_q + \underline{I}_1 R_1 + j\omega L_1 \underline{I}_1 - j\omega M_{13}\left(\underline{I}_1 - \underline{I}_2\right) + \frac{1}{j\omega C}\left(\underline{I}_1 - \underline{I}_2\right) + j\omega L_3\left(\underline{I}_1 - \underline{I}_2\right) - j\omega M_{13}\underline{I}_1 + j\omega M_{23}\underline{I}_2 = 0$$

Masche II

$$j\omega L_2 \underline{I}_2 + j\omega M_{23}\left(\underline{I}_1 - \underline{I}_2\right) + \underline{I}_2 R_2 -$$
$$\left[j\omega L_3\left(\underline{I}_1 - \underline{I}_2\right) - j\omega M_{13}\underline{I}_1 + j\omega M_{23}\underline{I}_2\right] - \frac{1}{j\omega C}\left(\underline{I}_1 - \underline{I}_2\right) = 0$$

Durch Ordnen nach den unbekannten Strömen $\underline{I}_1$ und $\underline{I}_2$ resultiert die Netzwerk-gleichung in Matrixschreibweise

$$\begin{bmatrix} \underline{U}_q \\ 0 \end{bmatrix} = \begin{bmatrix} R_1 + j\omega L_1 - j2\omega M_{13} + \frac{1}{j\omega C} + j\omega L_3 & j\omega M_{13} - \frac{1}{j\omega C} - j\omega L_3 + j\omega M_{23} \\ j\omega M_{13} - \frac{1}{j\omega C} - j\omega L_3 + j\omega M_{23} & j\omega L_2 - j2\omega M_{23} + R_2 + j\omega L_3 + \frac{1}{j\omega C} \end{bmatrix} \cdot \begin{bmatrix} \underline{I}_1 \\ \underline{I}_2 \end{bmatrix}. \blacktriangleleft$$

Drahtlose Übertragung 20

▶ **Trailer**

Im Jahr 1864 veröffentlichte der schottische Physiker James Clark Maxwell unter dem Titel „A Dynamical Theory of the Electromagnetic Field" einen Artikel, in dem er das Verhalten von elektromagnetischen Feldern beschrieb. Er gab dazu ein System von zwanzig Gleichungen an, die wir heute, dank verbesserter Notation, auf vier Gleichungen reduzieren können. Seine Erkenntnisse sind jedoch auch heute noch uneingeschränkt gültig. Aufgrund von theoretischen Überlegungen sagte Maxwell schon damals die Existenz von elektromagnetischen Wellen voraus, die sich mit Lichtgeschwindigkeit ausbreiten.

Einige Jahre später gelang es dem deutschen Physiker Heinrich Hertz, die vorhergesagten Wellen experimentell nachzuweisen. Er schuf so die Grundlage für die drahtlose Kommunikation, die vor allem durch Guglielmo Marconi bis zur kommerziellen Anwendung weiterentwickelt wurde.

20.1 Was ist überhaupt ein Feld?

Um den Feldbegriff einzuführen, sehen wir uns im Zimmer ein wenig um. Mit einem genügend genauen Thermometer könnten wir im Prinzip an jeder Stelle des Zimmers die Temperatur messen. Wir könnten also jedem Punkt des Raums eine messbare physikalische Eigenschaft zuordnen und dies ist genau das, was der Physiker unter einem Feld versteht. In unserem Beispiel genügt zur Angabe der physikalischen Grösse eine Zahl, nämlich die Temperatur in °C (oder irgendeiner anderen Einheit).

Bei anderen physikalischen Grössen spielt zusätzlich zum Betrag auch die Richtung eine wesentliche Rolle. Denken Sie beispielsweise an die in Abb. 20.1 gezeigte mit Wasser gefüllte Röhre, bei der wir in jedem Punkt nicht nur an der Strömungsgeschwindigkeit,

© Springer Fachmedien Wiesbaden GmbH, ein Teil von Springer Nature 2021   313
M. Hufschmid, *Grundlagen der Elektrotechnik*,
https://doi.org/10.1007/978-3-658-30386-0_20

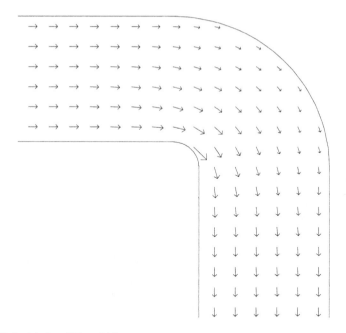

Abb. 20.1 Beispiel eines Vektorfelds

sondern auch an der Strömungsrichtung interessiert sind. Solche Grössen nennt man
vektoriell und stellt sie mit Hilfe von kleinen Pfeilen, sogenannten Vektoren, dar. Die
Richtung des Pfeils gibt uns dabei die Strömungsrichtung des Wassers an und die Länge
des Pfeils entspricht der Strömungsgeschwindigkeit. Wiederum können wir jedem Punkt
in der Röhre einen solchen Pfeil zuordnen und erhalten so ein Vektorfeld.

Starten wir an einem beliebigen Punkt des Vektorfelds und deuten wir die Pfeile als
Wegweiser, so durchlaufen wir einen Weg, den man als Feldlinie bezeichnet. Diese Feldlinien eignen sich sehr gut zur Darstellung von Feldern. In unserem Beispiel mit der
Wasserröhre zeigen die Feldlinien den Weg an, entlang dem sich ein Wasserteilchen fort-
bewegen würde.

Bei genauerer Betrachtung stellt sich heraus, dass es zwei grundsätzlich verschiedene
Typen von Vektorfeldern gibt:

- Vektorfelder, deren Feldlinien irgendwo anfangen und irgendwo aufhören, werden
  als konservative Felder, Potentialfelder oder Quellenfelder bezeichnet. Die Feldlinien
  dieser Felder sind also nie geschlossen. Solche Felder enthalten sogenannte Quellen,
  welche die Start- und Endpunkte der Feldlinien bilden. Ein Beispiel für das Feld-
  linienbild eines Quellenfeldes ist in Abb. 20.2 wiedergegeben.
- Im Gegensatz dazu bezeichnen wir ein Vektorfeld, dessen Feldlinien ausnahmslos
  geschlossen sind, als Wirbelfeld. Die Feldlinien haben kein Anfang und kein Ende,
  weshalb man solche Felder auch als quellenfrei bezeichnet. Die Abb. 20.3 zeigt ein
  Beispiel eines Feldlinienbildes eines Wirbelfelds.

Abb. 20.2 Feldlinien eines
Quellenfeldes

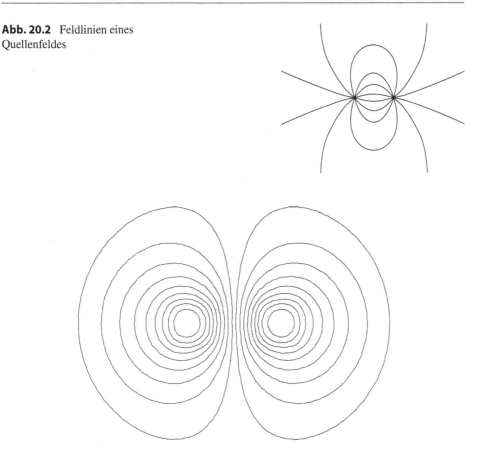

Abb. 20.3 Feldlinien eines Wirbelfelds

Ein allgemeines Vektorfeld kann immer in ein Potentialfeld und in ein Wirbelfeld zerlegt
werden.

20.2   Die vier Maxwell-Gleichungen

Wie der Begriff schon andeutet, besitzen elektromagnetische Felder eine elektrische und
eine magnetische Komponente und dementsprechend werden auch zwei unterschiedliche
physikalische Grössen zu deren Beschreibung verwendet:

$\vec{E}$:   Elektrische Feldstärke,

$\vec{B}$:   Magnetische Flussdichte.

Im Allgemeinen kann jedem Punkt des Raumes sowohl ein $\vec{E}$-Vektor als auch ein $\vec{B}$
-Vektor zugeordnet werden. Das elektromagnetische Feld wird also durch zwei (mit-

einander verknüpfte) Vektorfelder beschrieben. (Im Rahmen der speziellen Relativitätstheorie zeigt sich übrigens, dass die beiden Grössen nur scheinbar verschieden sind.)

Das Verhalten von elektromagnetischen Feldern wird durch die folgenden vier
Maxwell-Beziehungen vollständig und korrekt wiedergegeben.

1. Die elektrischen Ladungen sind die Ursachen (Quellen) eines elektrischen Potentialfeldes. Sobald sich irgendwo im Raum eine elektrische Ladung befindet, resultiert
   daraus ein elektrisches Potentialfeld. Die Feldlinien beginnen immer bei den positiven
   Ladungen (oder im Unendlichen) und enden bei den negativen Ladungen (oder im
   Unendlichen).
2. Es existieren keine magnetischen Potentialfelder. Es gibt also keine magnetischen
   Quellen oder, anders gesagt, Nord- und Südpol sind untrennbar. Magnetische Felder
   sind also immer reine Wirbelfelder, deren Feldlinien stets geschlossen (oder unendlich lang) sind. Die Frage, ob es tatsächlich keine magnetischen Monopole gibt, ist
   aber noch nicht zweifelsfrei geklärt. Von einem rein ästhetischen Standpunkt aus wäre
   es viel befriedigender, wenn es gelänge, magnetische Ladungen zu finden.
3. Jede Variation des Magnetfeldes erzeugt ein elektrisches Wirbelfeld. Sobald sich
   das magnetische Feld verändert, entsteht dadurch ein elektrisches Feld. Dies wird
   gemeinhin als Induktionsgesetz bezeichnet und ist der Grund dafür, dass der Fahrrad-
   dynamo „Strom" produziert. Die Änderung des Magnetfelds wird dort durch einen
   sich drehenden Permanentmagneten hervorgerufen und induziert in den Windungen
   des Dynamos eine elektrische Spannung. Ein anderer Effekt, der sich mit dieser
   Beziehung erklären lässt, sind die durch Magnetfeldänderungen verursachten Wirbelströme in einem Leiter.
4. Sowohl Ströme als auch zeitliche Änderungen des elektrischen Feldes verursachen
   magnetische Wirbelfelder. Dass Ströme magnetische Felder erzeugen, wird im
   Elektromagnet, im Drehspulinstrument oder auch im Elektromotor praktisch ausgenutzt. Eine wesentliche Leistung von Maxwell bestand darin, zu erkennen, dass
   magnetische Felder auch durch Änderungen des elektrischen Feldes verursacht
   werden. Damit erklärt sich beispielsweise, dass durch den Kondensator ein Wechselstrom fliesst. Die elektromagnetische Strahlung wird erst durch diese Erkenntnis
   plausibel.

20.3   Elektromagnetische Strahlung

Wir betrachten einen an sich elektrisch neutralen Leiter, in dem ein Strom ein-
geschaltet wird. Aufgrund der vierten Maxwell-Beziehung hat dieses Einschalten des
Stroms eine Änderung des Magnetfelds zur Folge, welche jedoch im ersten Augen-
blick nur in unmittelbarer Nachbarschaft des Leiters wirksam wird. Eine augenblick-
liche Änderung des Magnetfelds im gesamten Raum würde nämlich – entsprechend
der dritten Beziehung – ein unendlich hohes elektrisches Feld bedingen. Die Änderung

des magnetischen Feldes kann sich also nicht beliebig schnell im Raum ausbreiten und findet deshalb vorläufig nur in unmittelbarer Nähe des Leiters statt. Sie bewirkt jedoch – entsprechend der dritten Beziehung -, dass sich das elektrische Feld in der Nähe des Leiters verändert. Diese Änderung des elektrischen Feldes hat ihrerseits wiederum einen Einfluss auf das Magnetfeld, was dann wiederum zu einer Änderung des elektrischen Feldes führt, usw.

Die beschriebene Wechselwirkung zwischen elektrischem und magnetischem Feld ist nicht vom Strom und damit vom Vorhandensein von Ladungen (oder überhaupt von Materie) abhängig. Auch im Vakuum, wo kein Strom fliesst, gilt:

- Jede zeitliche Änderung des magnetischen Feldes erzeugt ein elektrisches Feld.
- Jede zeitliche Änderung des elektrischen Feldes erzeugt ein magnetisches Feld.

Aus diesem Grund können sich die ursprünglich durch die Stromänderung verursachten Felder allmählich in der (ladungsfreien) Umgebung des Leiters ausbreiten, wobei sich deren Stirnseite mit einer bestimmten Geschwindigkeit v vom Leiter fortbewegt. Es lässt sich zeigen, dass diese Ausbreitungsgeschwindigkeit von den beiden materialabhängigen Konstanten ε und μ abhängt,

$$v = \frac{1}{\sqrt{\varepsilon \cdot \mu}}.$$

Im Falle von Vakuum (und näherungsweise in der Luft) gilt

$$v = \frac{1}{\sqrt{\varepsilon_0 \cdot \mu_0}} \approx 3 \cdot 10^8 \frac{m}{s} = 300.000 \frac{km}{s}.$$

Schon Maxwell fiel auf, dass dies gleich der Ausbreitungsgeschwindigkeit des Lichts im Vakuum ist, woraus er den (richtigen) Schluss zog, dass „Licht aus transversalen Wellenbewegungen desselben Mediums besteht, das die Ursache elektrischer und magnetischer Phänomene ist"[1]. Im Übrigen hat diese, nicht vom Beobachter abhängige Konstante den traditionellen Physikern einiges an Kopfzerbrechen bereitet, welches erst durch die Relativitätstheorie wieder beseitigt wurde. Tatsächlich entsprang die spezielle Relativitätstheorie dem Versuch Einsteins, den Widerspruch zwischen dem Relativitätsprinzip der klassischen Mechanik und den Erkenntnissen von Maxwell zu beseitigen.

Wir wollen nun untersuchen, was passiert, wenn der Strom im Leiter wieder ausgeschaltet wird. Insbesondere interessiert die Frage, ob dadurch diese Felder wieder verschwinden. Das Ausschalten des Stroms denken wir uns so entstanden, dass wir

---

[1]Zitat: „This velocity is so nearly that of light, that it seems we have strong reason to conclude that light itself (including radiant heat, and other radiations if any) is an electromagnetic disturbance in the form of waves propagated through the electromagnetic field according to electromagnetic laws."

eine gewisse Zeit T nach dem Einschalten des ersten Stroms einen zweiten Strom mit umgekehrten Vorzeichen dazu schalten. Die beiden Ströme kompensieren sich und haben deshalb den gleichen Effekt wie ein Ausschalten des Stroms.

Es gilt das Überlagerungsprinzip, d. h. die Wirkungen der beiden Ströme können getrennt berechnet und anschliessend summiert werden. Der zweite, negative Strom hat, bis auf das Vorzeichen, die gleiche Wirkung wie der erste Strom. Es werden also auch wieder ein elektrisches und ein magnetisches Feld erzeugt, die sich mit der Geschwindigkeit v ausbreiten. Wir müssen lediglich beachten, dass dies um die Zeitdauer T später und mit umgekehrtem Vorzeichen passiert.

Zu einem bestimmten Zeitpunkt $t > T$ ergibt sich die in der Abb. 20.4 dargestellte Situation. (Mit zunehmendem Abstand vom Leiter nimmt die Feldstärke ab. Dies deshalb, weil die Fläche, die vom Feld durchströmt wird, mit zunehmendem Abstand grösser wird.)

Das Ausschalten des Stroms hat also nicht zur Folge, dass die Felder verschwinden. Vielmehr bewegt sich nun ein kleiner „Feldblock" der Breite $v \cdot T$ mit der Geschwindigkeit v selbstständig durch den Raum. Das Feld hat sich vom Leiter gelöst und befördert dadurch Energie, was man als elektromagnetische Strahlung bezeichnet.

In der Regel werden die Ströme nicht schlagartig ein- und ausgeschaltet, sondern sie ändern sich annähernd sinusförmig. Aus diesem Grund sind die zeitlichen Änderungen der Feldgrössen für gewöhnlich sinusförmig. Die Tatsache, dass sich eine elektromagnetische Welle vom Leiter löst und im freien Raum ausbreitet, bleibt gleichwohl bestehen.

Dass sich eine solche Kombination von elektrischem und magnetischem Feld quasi selbst am Leben erhalten kann, liegt in den beiden Beziehungen.

- Jede zeitliche Änderung des magnetischen Feldes erzeugt ein elektrisches Feld
- Jede zeitliche Änderung des elektrischen Feldes erzeugt ein magnetisches Feld

begründet. Nehmen wir an, wir möchten das magnetische Feld auf null reduzieren. Die Folge eines solchen Abbaus wäre, entsprechend der ersten Beziehung, ein elektrisches Feld. Umgekehrt führt jeder Versuch, das elektrische Feld abzubauen zur Bildung eines magnetischen Feldes. Es gelingt uns also nicht, beide Felder gleichzeitig zum Verschwinden zu bringen. Durch diese Wechselwirkung erzeugen sie sich immer wieder gegenseitig und pflanzen sich so durch den Raum fort. Dieses Spiel wiederholt sich so lange, bis die elektromagnetische Welle auf ein Gebiet mit frei beweglichen Ladungen trifft, wo die Stromdichte nicht mehr zwingend null ist und deshalb die zweite Beziehung wie folgt angepasst werden muss:

- Jede zeitliche Änderung des elektrischen Feldes *oder ein elektrischer Strom* erzeugt ein magnetisches Feld

Erst diese Ergänzung ermöglicht es, dass die Felder absorbiert (oder empfangen) werden können.

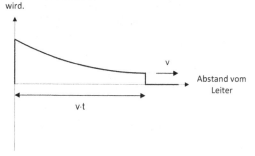

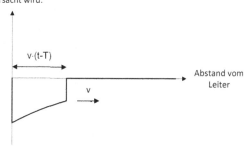

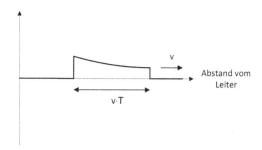

Abb. 20.4 Loslösung des Felds vom Leiter

20.4 Mathematisches

Um die Quellendichte eines Potentialfeldes zu bestimmen, berechnet der Physiker die
Divergenz

$$\text{div } \vec{F}$$

des Feldvektors $\vec{F}$. Ist diese positiv, so befindet sich an diesem Ort eine Quelle, aus der die Feldlinien gewissermassen sprudeln (man verzeihe mir diese ungenaue Formulierung). Umgekehrt versickern die Feldlinien an den Stellen mit negativer Divergenz in den Senken des Feldes. Ist aber die Divergenz an allen Stellen eines Feldes gleich null, so nennt man dieses Feld quellenfrei.

Sinngemäss werden die Ursachen eines Wirbelfelds durch die Rotation

$$\overrightarrow{\text{rot}}\,\vec{F}$$

des Feldvektors $\vec{F}$ beschrieben. Die Rotation eines Vektors ist selbst wieder ein Vektor, der die Grösse und die Richtung der „Verwirbelung" widerspiegelt.

Mit Hilfe von Divergenz und Rotation lassen sich die Maxwell-Gleichungen mathematisch formulieren (Tab. 20.1).

Die Dielektrizitätskonstante $\varepsilon = \varepsilon_0 \cdot \varepsilon_r$ und die magnetische Permeabilität $\mu = \mu_0 \cdot \mu_r$ sind vom Material abhängige Parameter.

Im Vakuum gilt

$$\varepsilon = \varepsilon_0$$

$$\mu = \mu_0$$

$$\vec{j} = \vec{0}$$

$$\rho = 0$$

und deshalb

$$\overrightarrow{\text{rot}}\,\vec{E} = -\frac{\partial}{\partial t}\,\vec{B} \tag{20.1}$$

$$\overrightarrow{\text{rot}}\,\vec{B} = \mu_0 \cdot \varepsilon_0 \cdot \frac{\partial}{\partial t}\,\vec{E}. \tag{20.2}$$

Wendet man den rot-Operator auf beide Seiten von Gl. 20.1 an, erhält man

Tab. 20.1 Maxwell-Gleichungen

①	Elektrische Ladungen (respektive die Ladungsdichte ρ) sind Quellen von elektrischen Potentialfeldern	$\text{div}\,\vec{E} = \frac{\rho}{\varepsilon}$
②	Es gibt keine magnetischen Quellen	$\text{div}\,\vec{B} = 0$
③	Jede zeitliche Änderung des Magnetfeldes erzeugt ein elektrisches Wirbelfeld	$\overrightarrow{\text{rot}}\,\vec{E} = -\frac{\partial}{\partial t}\vec{B}$
④	Sowohl Ströme (respektive die Stromdichte $\vec{j}$) als auch zeitliche Änderungen des elektrischen Feldes verursachen magnetische Wirbelfelder	$\overrightarrow{\text{rot}}\,\vec{B} = \mu \cdot \vec{j} + \mu \cdot \varepsilon \cdot \frac{\partial}{\partial t}\vec{E}$

$$\vec{\text{rot}}\ \vec{\text{rot}}\ \vec{E} = -\vec{\text{rot}}\ \frac{\partial}{\partial t}\ \vec{B} = -\frac{\partial}{\partial t}\vec{\text{rot}}\ \vec{B}$$

und, mit Gl. 20.2,

$$\vec{\text{rot}}\ \vec{\text{rot}}\ \vec{E} = -\mu_0 \cdot \varepsilon_0 \cdot \frac{\partial^2}{\partial t^2}\ \vec{E}.$$

Wegen $\rho = 0$ gilt

$$\text{div}\ \vec{E} = 0$$

und deswegen

$$\vec{\text{rot}}\ \vec{\text{rot}}\ \vec{E} = -\Delta \vec{E},$$

wobei Δ den Laplace-Operator bezeichnet.

Es resultieren schliesslich die Wellengleichungen

$$\Delta \vec{E} = \mu_0 \cdot \varepsilon_0 \cdot \frac{\partial^2}{\partial t^2}\ \vec{E}$$

und, aus Symmetriegründen,

$$\Delta \vec{B} = \mu_0 \cdot \varepsilon_0 \cdot \frac{\partial^2}{\partial t^2}\ \vec{B},$$

deren Lösungen die elektromagnetischen Wellen sind, die sich mit der Geschwindigkeit

$$v = \frac{1}{\sqrt{\varepsilon_0 \cdot \mu_0}}$$

im Raum ausbreiten.

20.5 Fazit

Aus dem oben Gesagten folgt, dass jede Stromänderung, d. h. jede Beschleunigung einer Ladung ein elektromagnetisches Feld bewirkt. Diese Felder breiten sich mit einer Geschwindigkeit aus, die vom Ausbreitungsmedium abhängt. Im Vakuum ist sie mit 300'000 km/s am grössten. In einem Koaxialkabel mit Polyethylen-Dielektrikum ($\varepsilon_r = 2,25$) beträgt sie dagegen nur 200'000 km/s.

Die elektromagnetischen Wellen transportieren Energie durch den leeren Raum und können deshalb zur Übertragung von Information genutzt werden, was die Grundlage der drahtlosen Kommunikation darstellt. Ohne dieses Phänomen gäbe es keine Funkgeräte, keine Mobiltelefone, keine Rundfunkstationen und keine Wireless LAN Karten.

Anhang A1: Komplexe Zahlen

▶ Komplexe Zeiger sind ein entscheidendes Werkzeug bei der Analyse von elektrischen Netzwerken. In diesem Kapitel werden die wichtigsten Regeln für Berechnungen mit komplexen Zahlen kurz zusammengefasst.

Darstellungsformen

Arithmetische Form Beschreibung durch Realteil a und Imaginärteil b. In der Elektrotechnik wird für die imaginäre Einheit üblicherweise der Buchstabe j verwendet.

$$\underline{z} = a + j \cdot b.$$

Exponentialform Beschreibung durch Betrag Z und Phase φ.

$$\underline{z} = Z \cdot e^{j \cdot \varphi} = Z \cdot \left[\cos(\varphi) + j \cdot \sin(\varphi)\right].$$

Definitionen

Betrag (Modul) Z Der Betrag einer komplexen Zahl ist gleich der Länge ihres Zeigers.

$$\left|\underline{z}\right| = Z = \sqrt{a^2 + b^2}.$$

Argument (Phase) φ Der Phasenwinkel (auch Argument) einer komplexen Zahl ist gleich dem Winkel, den ihr Zeiger gegenüber der reellen Achse einschliesst.

$$\tan(\varphi) = \frac{b}{a}.$$

▶ Die Funktion arctan(x) liefert auf dem Taschenrechner nur Resultate im Bereich $[-\pi/2, +\pi/2]$. Deshalb ist die Verwendung der Funktion "Polar ↔ Rechtwinklig" anzuraten.

© Springer Fachmedien Wiesbaden GmbH, ein Teil von Springer Nature 2021
M. Hufschmid, *Grundlagen der Elektrotechnik*,
https://doi.org/10.1007/978-3-658-30386-0

Abb. A.1 Addition komplexer
Zahlen

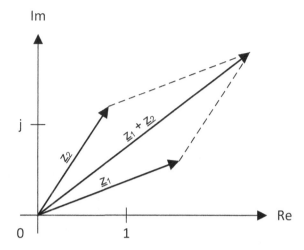

Addition komplexer Zahlen

Arithmetische Form Beim Addieren von komplexen Zahlen werden die Real- und die
Imaginärteile getrennt addiert.

$$\underline{z}_1 + \underline{z}_2 = (a_1 + a_2) + j \cdot (b_1 + b_2).$$

Graphisches Verfahren Die Addition zweier komplexer Zeiger entspricht der Vektor-
addition (Abb. A.1).

Multiplikation komplexer Zahlen

Arithmetische Form

$$\underline{z}_1 \cdot \underline{z}_2 = (a_1 \cdot a_2 - b_1 \cdot b_2) + j \cdot (a_1 \cdot b_2 + a_2 \cdot b_1)$$

Exponentialform Bei der Multiplikation von komplexen Zahlen werden deren Beträge
multipliziert und deren Phasen addiert.

$$\underline{z}_1 \cdot \underline{z}_2 = Z_1 \cdot Z_2 \cdot e^{j \cdot (\varphi_1 + \varphi_2)}.$$

Graphisches Verfahren Die Phasenwinkel werden addieren, die Beträge multiplizieren
(Abb. A.2).

Wichtige Beziehungen

Kehrwert der imaginären Einheit Aus $j^2 = j \cdot j = -1$ folgt

$$\frac{1}{j} = -j.$$

Abb. A.2 Multiplikation
komplexer Zahlen

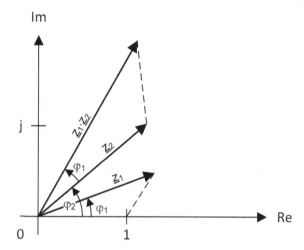

Euler'sche Beziehung Der Basler Mathematiker Leonard Euler veröffentlichte im Jahr 1748 die folgende Beziehung zwischen der komplexen Exponentialfunktion und den trigonometrischen Funktionen.

$$e^{j\cdot\varphi} = \cos(\varphi) + j \cdot \sin(\varphi).$$

Daraus folgt

$$\left| e^{j\cdot\varphi} \right| = \sqrt{\cos^2(\varphi) + \sin^2(\varphi)} = 1$$
$$\angle e^{j\cdot\varphi} = \arctan\left(\tfrac{\sin(\varphi)}{\cos(\varphi)} \right) = \varphi$$

Der komplexe Zeiger $e^{j\cdot\varphi}$ hat die Länge $|e^{j\cdot\varphi}| = 1$ und weist gegenüber der reellen Achse den Winkel φ auf (Abb. A.3).

Spezielle Werte von $e^{j\cdot\varphi}$

$$e^{j\cdot\frac{\pi}{2}} = j$$
$$e^{\pm j\cdot\pi} = -1$$
$$e^{-j\cdot\frac{\pi}{2}} = -j$$

Abb. A.3 Der komplexe
Zeiger $e^{j\cdot\varphi}$

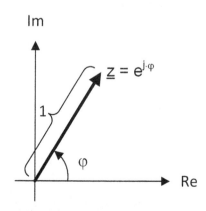

Beträge und Phasen von Produkten Für das Produkt

$$\underline{z} = \underline{z}_1 \cdot \underline{z}_2 = Z_1 \cdot e^{j \cdot \varphi_1} \cdot Z_2 \cdot e^{j \cdot \varphi_2} = Z_1 \cdot Z_2 \cdot e^{j \cdot (\varphi_1 + \varphi_2)} = Z \cdot e^{j \cdot \varphi}$$

zweier komplexer Zahlen $\underline{z}_1$ und $\underline{z}_2$ gilt:

- Beträge der einzelnen Zahlen werden multipliziert:

$$Z = \left| \underline{z}_1 \cdot \underline{z}_2 \right| = \left| \underline{z}_1 \right| \cdot \left| \underline{z}_2 \right| = Z_1 \cdot Z_2$$

- Phasen der einzelnen Zahlen werden addiert:

$$\varphi = \angle \left(\underline{z}_1 \cdot \underline{z}_2 \right) = \angle \underline{z}_1 + \angle \underline{z}_2 = \varphi_1 + \varphi_2$$

Beträge und Phasen von Quotienten Analog gilt für den Quotienten zweier komplexer Zahlen $\underline{z}_1$ und $\underline{z}_2$:

- Beträge der einzelnen Zahlen werden dividiert:

$$\left| \frac{\underline{z}_1}{\underline{z}_2} \right| = \frac{\left| \underline{z}_1 \right|}{\left| \underline{z}_2 \right|} = \frac{Z_1}{Z_2}$$

- Phasen der einzelnen Zahlen werden subtrahiert:

$$\angle \left(\frac{\underline{z}_1}{\underline{z}_2} \right) = \angle \underline{z}_1 - \angle \underline{z}_2 = \varphi_1 - \varphi_2$$

Anwendung komplexer Zahlen in der Elektrotechnik

Voraussetzung Komplexe Zeiger werden in der Elektrotechnik zur Darstellung von sinusförmigen Wechselgrössen bei bekannter Kreisfrequenz ω verwendet. Üblicherweise gilt die Vereinbarung, dass rein reelle Zeiger einer Cosinusschwinung entsprechen.

Umwandlung: Wechselgrösse $\leftrightarrow$ komplexe Zahl

$$u(t) = \hat{U} \cdot \cos(\omega \cdot t + \varphi) \quad \rightarrow \quad \underline{U} = \frac{\hat{U}}{\sqrt{2}} \cdot e^{j \cdot \varphi} = U \cdot e^{j \cdot \varphi} = \underbrace{U \cdot \cos(\varphi)}_{\text{Realteil}} + j \cdot \underbrace{U \cdot \sin(\varphi)}_{\text{Imaginärteil}}$$

$$u(t) = \sqrt{2} \cdot U \cdot \cos(\omega \cdot t + \varphi) \quad \leftarrow \quad \underline{U} = U \cdot e^{j \cdot \varphi}$$

Widerstand

$$\underline{U}_R = \underline{Z}_R \cdot \underline{I}_R \quad \text{mit} \quad \underline{Z}_R = R$$

Induktivität

$$\underline{U}_L = \underline{Z}_L \cdot \underline{I}_L \quad \text{mit} \quad \underline{Z}_L = j \cdot \omega \cdot L$$

Kapazität

$$\underline{U}_C = \underline{Z}_C \cdot \underline{I}_C \quad \text{mit} \quad \underline{Z}_C = \frac{1}{j \cdot \omega \cdot C}$$

Kirchhoff'sche Regeln Maschen

$$\sum_i \underline{U}_i = 0$$

Knoten

$$\sum_i \underline{I}_i = 0$$

Anhang A2: Logarithmierte Verhältnisgrössen

▶ Werden in der Elektrotechnik zwei gleichartige Größen verglichen, dann ist es in vielen Fällen zweckmässig, mit dem Logarithmus des Verhältnisses und nicht mit dem Verhältnis selbst zu arbeiten. Dies vereinfacht die Multiplikation, das Quadrieren und das Wurzelziehen und führt bei sehr grossen oder sehr kleinen Verhältnissen zu handlicheren Zahlen. Um lineare Verhältnisse von logarithmierten unterscheiden zu können, wird als Pseudoeinheit das Bel oder – häufiger – das Dezibel verwendet.

Aus der Verwendung von logarithmierten Verhältnisgrössen resultieren die folgenden Vorteile.

- Aufgrund der logarithmischen Darstellung können grosse Bereiche mit handlichen Zahlen erfasst werden. Für ein Leistungsverhältnis von $1'000'000'000'000:1$ schreiben wir kürzer 120 dB.
- Die Auflösung ist in jeder Dekade[1] gleich gut. Das Intervall von 0.001 bis 0.01 ist in einer logarithmischen Darstellung gleich breit wie das Intervall von 10 bis 100.
- Die Rechenregeln des Logarithmus erleichtern das Multiplizieren, Quadrieren und Wurzelziehen von Grössen.

$$\log (a \cdot b) = \log(a) + \log(b)$$
$$\log (a^2) = 2 \cdot \log(a)$$
$$\log (\sqrt{a}) = \tfrac{1}{2} \cdot \log(a)$$

Warnung Die Verwendung der Logarithmus-Funktion macht nur Sinn, falls deren Argument dimensionslos ist! Der Ausdruck $\log(3\,\text{W})$ ist physikalisch unsinnig. Aus diesem Grund muss das Argument der Logarithmusfunktion immer ein Verhältnis zweier Grössen mit gleicher Dimension sein, z. B. $\log(3\,\text{W}/0.2\,\text{W})$.

---

[1]Unter einer Dekade versteht man ein Verhältnis von 10:1.

© Springer Fachmedien Wiesbaden GmbH, ein Teil von Springer Nature 2021
M. Hufschmid, *Grundlagen der Elektrotechnik*,
https://doi.org/10.1007/978-3-658-30386-0

Das Dezibel

Das logarithmierte Verhältnis L zweier Leistungen P_2 und P_1 ist genau genommen dimensionslos. Um es vom linearen Verhältnis unterscheiden zu können, wird ihm die Pseudoeinheit 1 Bel (benannt nach Alexander Graham Bell) zugeordnet

$$L_B = \log_{10}\left(\frac{P_2}{P_1}\right).$$

Gebräuchlicher ist hingegen die Verwendung des Dezibels

$$L_{dB} = 10 \cdot \log_{10}\left(\frac{P_2}{P_1}\right).$$

Ein Dezibel ist also ein Zehntel von einem Bel,

$$1\,B = 10\,dB.$$

Das Dezibel bezeichnet ein logarithmiertes Leistungsverhältnis. Mit den Beziehungen

$$P_1 = \frac{U_1^2}{R_1} \text{ und } P_2 = \frac{U_2^2}{R_2}$$

kann L_{dB} auch wie folgt ausgedrückt werden

$$\begin{aligned}L_{dB} &= 10 \cdot \log_{10}\left(\frac{U_2^2}{R_2} \cdot \frac{R_1}{U_1^2}\right) \\ &= 20 \cdot \log_{10}\left(\frac{U_2}{U_1}\right) - 10 \cdot \log_{10}\left(\frac{R_2}{R_1}\right).\end{aligned}$$

Für den Fall, dass die Leistungen an identischen Widerständen $R = R_1 = R_2$ anliegen (und nur dann!), gilt

$$L_{dB} = 20 \cdot \log_{10}\left(\frac{U_2}{U_1}\right). \tag{A.1}$$

In der Niederfrequenztechnik wird die Gl. A.1 oft auch zur Beschreibung einer Spannungsverstärkung verwendet, selbst wenn $R_1 \neq R_2$ ist. In diesem Fall ist diese Grösse aber nicht mehr mit einem Leistungsverhältnis gleichzusetzen.

Absoluter Pegel

Ist die im Nenner stehende Grösse ein im Voraus vereinbarter Bezugswert, so bezeichnet man das logarithmische Verhältnis als absoluten Pegel. Einige Beispiele sind in Tab. A.1 wiedergegeben.

Ein absoluter Pegel repräsentiert folglich nicht ein Verhältnis sondern eine absolute Grösse, also beispielsweise eine Leistung.

Tab. A.1 Gebräuchliche
Bezugswerte für absolute
Pegel

Einheit	Bezugswert
dBm	$P_1 = 1$ mW
dBW	$P_1 = 1$ W
dBμV	$U_1 = 1$ μV
dBV	$U_1 = 1$ V

Die Einheit dBm bezeichnet zum Beispiel ein logarithmisches Leistungsverhältnis mit dem Bezugswert $P_1 = 1$ mW. Eine Leistung von 1 W entspricht demnach einem absoluten Pegel von 30 dBm.

Es muss klar unterschieden werden zwischen 20 dB, womit ein Leistungsverhältnis von 100:1 gemeint ist und 20 dBm, was für eine Leistung von 100 mW steht.

Beispiel

Die logarithmischen Verhältnisse bewähren sich vor allem bei der Berechnung von kaskadierten Blöcken. Im Blockschaltbild der Abb. A.4 können die Dezibelangaben einfach addiert werden. ◀

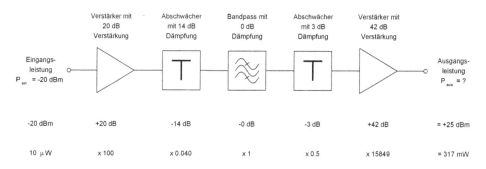

Abb. A.4 Beispiel zum Rechnen mit Dezibel

Anhang A3: Lineare Gleichungssysteme und Matrizenrechnung

▶ Eine wesentliche Eigenschaft von linearen Netzwerken ist, dass man diese mit Hilfe linearer Gleichungen beschreiben kann. Dies ist deshalb von Bedeutung, weil uns heute sehr leistungsfähige Methoden zum Lösen von linearen Gleichungssystemen zur Verfügung stehen. Im folgenden mathematischen Abstecher sollen einige elementare Begriffe und Verfahren eingeführt werden.

Lineare Gleichung

Unter einer linearen Gleichung verstehen wird einen mathematischen Ausdruck von der Form

$$a_1 \cdot x_1 + a_2 \cdot x_2 + \cdots + a_n \cdot x_n = b.$$

Die reellen Konstanten[2] a_1, a_2, ..., a_n werden Koeffizienten, die reelle Konstante b wird konstanter Term der Gleichung genannt. Die Variablen x_1, x_2, ..., x_n sind die Unbekannten der Gleichung. Eine Liste von Werten für die Unbekannten, welche die durch die Gleichung vorgegebene Bedingung erfüllt, wird Lösung der Gleichung genannt.

Beispiel

Der Ausdruck

$$x_1 + 2 \cdot x_2 - 4 \cdot x_3 + x_4 = 3$$

ist eine lineare Gleichung mit den Unbekannten x_1, x_2, x_3 und x_4. Eine mögliche Lösung dieser Gleichung ist $x_1 = 3$, $x_2 = 2$, $x_3 = 1$ und $x_4 = 0$, da diese Werte die Gleichung erfüllen,

---

[2]Die nachfolgenden Aussagen sind auch gültig, wenn die Konstanten des Gleichungssystems komplexe Zahlen sind.

© Springer Fachmedien Wiesbaden GmbH, ein Teil von Springer Nature 2021
M. Hufschmid, *Grundlagen der Elektrotechnik*,
https://doi.org/10.1007/978-3-658-30386-0

$$3 + 2 \cdot 2 - 4 \cdot 1 + 0 = 3.$$

Die lineare Gleichung besitzt jedoch unendlich viele andere Lösungen. ◄

Beachten Sie, dass wir im vorhergehenden Beispiel die Unbekannten auch hätten mit x, y, z und w bezeichnen können. Dadurch hätte sich die durch die Gleichung vorgegebene Bedingung zweifelsohne nicht geändert und die erwähnte Lösung wäre nach wie vor gültig. Ob eine Liste von Werten die durch die Gleichung vorgegebene Bedingung erfüllt, hängt selbstverständlich nicht von der Bezeichnung der Unbekannten ab.

Lineares Gleichungssystem

Zur eindeutigen Bestimmung von n Unbekannten sind n unabhängige, sich nicht widersprechende Gleichungen notwendig.

$$a_{11} \cdot x_1 + a_{12} \cdot x_2 + \cdots + a_{1n} \cdot x_n = b_1$$
$$a_{21} \cdot x_1 + a_{22} \cdot x_2 + \cdots + a_{2n} \cdot x_n = b_2$$
$$\vdots$$
$$a_{n1} \cdot x_1 + a_{n2} \cdot x_2 + \cdots + a_{nn} \cdot x_n = b_n$$

Ein solches Gleichungssystem kann entweder keine, genau eine oder unendlich viele Lösungen besitzen. Wir nehmen der Einfachheit halber vorerst an, dass es genau eine Lösung besitzt. Unter einer Lösung verstehen wir eine Liste von Werten für die Unbekannten x_1, x_2, ..., x_n, welche alle Gleichungen erfüllt.

Beispiel

Das lineare Gleichungssystem

$$2 \cdot x + y - 2 \cdot z = 10$$
$$3 \cdot x + 2 \cdot y + 2 \cdot z = 1$$
$$5 \cdot x + 4 \cdot y + 3 \cdot z = 4$$

besitzt eine eindeutige Lösung, nämlich x = 1, y = 2 und z = −3. Dies lässt sich durch Ersetzen der Unbekannten durch die gegebenen Werte leicht verifizieren.

$$2 \cdot 1 + 2 - 2 \cdot (-3) = 10$$
$$3 \cdot 1 + 2 \cdot 2 + 2 \cdot (-3) = 1$$
$$5 \cdot 1 + 4 \cdot 2 + 3 \cdot (-3) = 4 \blacktriangleleft$$

Matrizen und Vektoren

Unter einer Matrix versteht man ein rechteckig angeordnetes Schema von m·n Elementen

$$\begin{bmatrix} a_{11} & a_{12} & \cdots & a_{1n} \\ a_{21} & a_{22} & \cdots & a_{2n} \\ \vdots & \vdots & \ddots & \vdots \\ a_{m1} & a_{m2} & \cdots & a_{mn} \end{bmatrix}.$$

Eine solche m × n-Matrix besteht aus m Zeilen und n Spalten. In den meisten Fällen sind die Elemente a_{ij} (i = 1, 2, …, m; j = 1, 2, …, n) der Matrix reelle oder komplexe Zahlen. Matrizen bezeichnen wir mit fetten Grossbuchstaben.

Beispiel

$$\mathbf{A} = \begin{bmatrix} 1 & 0 & -3.2 \\ 5 & 7.5 & -0.5 \end{bmatrix}$$

ist eine reelle 2 × 3-Matrix.

$$\mathbf{B} = \begin{bmatrix} 2 + 3 \cdot j & -1 + 7 \cdot j \\ -1 & j \end{bmatrix}$$

ist eine komplexe 2 × 2-Matrix. ◄

Eine Matrix mit gleich vielen Zeilen wie Spalten (m = n) wird quadratisch genannt. Die zweite Matrix des obigen Beispiels ist demzufolge quadratisch.

Eine Matrix mit nur einer Spalte heisst Spaltenvektor oder, kurz, Vektor. Wir bezeichnen einen Vektor mit fetten Kleinbuchstaben. Eine Matrix mit nur einer Zeile heisst Zeilenvektor. Um einen Spalten- von einem Zeilenvektor unterscheiden zu können, kennzeichnen wir letzteren mit einem hochgestellten T. (Im Allgemeinen bedeutet das hochgestellte T, dass bei einer Matrix Spalten und Zeilen vertauscht werden. Man spricht von der Transponierten einer Matrix.)

Beispiel

$$\mathbf{a}^T = [2 \quad 5 \quad -10 \quad 0.5]$$

ist ein Zeilenvektor.

$$\mathbf{b} = \begin{bmatrix} 3.25 \\ 0.6 \\ 7.0 \end{bmatrix}$$

ist ein Spaltenvektor. ◄

Multiplikation einer Matrix mit einem Vektor

Damit eine Matrix

$$\mathbf{A} = \begin{bmatrix} a_{11} & a_{12} & a_{13} \\ a_{21} & a_{22} & a_{23} \end{bmatrix}$$

mit einem Vektor

$$\mathbf{x} = \begin{bmatrix} x_1 \\ x_2 \\ x_3 \end{bmatrix}$$

multipliziert werden kann, müssen die Anzahl der Spalten der Matrix und die Anzahl der Zeilen des Vektors übereinstimmen. Ist dies der Fall, dann ist die Multiplikation wie folgt definiert:

$$\mathbf{A} \cdot \mathbf{x} = \begin{bmatrix} a_{11} & a_{12} & a_{13} \\ a_{21} & a_{22} & a_{23} \end{bmatrix} \cdot \begin{bmatrix} x_1 \\ x_2 \\ x_3 \end{bmatrix} = \begin{bmatrix} a_{11} \cdot x_1 + a_{12} \cdot x_2 + a_{13} \cdot x_3 \\ a_{21} \cdot x_1 + a_{22} \cdot x_2 + a_{23} \cdot x_2 \end{bmatrix}.$$

Das erste Element des Vektors wird mit der ersten Spalte der Matrix multipliziert, das zweite Element mit der zweiten Spalte, usw. Diese Produkte werden zeilenweise addiert. Als Resultat dieser Multiplikation erhält man einen Vektor, welcher so viele Elemente enthält wie die gegebene Matrix Zeilen hat.

Beispiel

Die Multiplikation der 2×3-Matrix

$$\mathbf{A} = \begin{bmatrix} 2 & 1 & 0 \\ -1 & 3 & 4 \end{bmatrix}$$

mit dem 3×1-Vektor

$$\mathbf{x} = \begin{bmatrix} 1 \\ 2 \\ -3 \end{bmatrix}$$

ergibt den 2×1-Vektor

$$\mathbf{A} \cdot \mathbf{x} = \begin{bmatrix} 2 & 1 & 0 \\ -1 & 3 & 4 \end{bmatrix} \cdot \begin{bmatrix} 1 \\ 2 \\ -3 \end{bmatrix} = \begin{bmatrix} 2 \cdot 1 + 1 \cdot 2 + 0 \cdot (-3) \\ (-1) \cdot 1 + 3 \cdot 2 + 4 \cdot (-3) \end{bmatrix} = \begin{bmatrix} 4 \\ -7 \end{bmatrix}. \blacktriangleleft$$

Achtung Im Gegensatz zur Multiplikation von Zahlen ist die Multiplikation von Matrizen nicht kommutativ, d. h. $\mathbf{Ax}$ ist im Allgemeinen nicht gleich $\mathbf{xA}$!

Matrizenschreibweise eines linearen Gleichungssystems

Wir betrachten das lineare Gleichungssystem

$$a_{11} \cdot x_1 + a_{12} \cdot x_2 + \cdots + a_{1n} \cdot x_n = b_1$$
$$a_{21} \cdot x_1 + a_{22} \cdot x_2 + \cdots + a_{2n} \cdot x_n = b_2$$
$$\vdots$$
$$a_{n1} \cdot x_1 + a_{n2} \cdot x_2 + \cdots + a_{nn} \cdot x_n = b_n$$

Die Variablennamen x_1, x_2, ..., x_n sind nur Platzhalter für die letztendlich gesuchte Lösung des Gleichungssystems. Man kann sie durch andere Namen ersetzen, ohne dass sich die Lösung des Gleichungssystems ändern würde. Das Gleichungssystem wird ausschliesslich durch die Koeffizienten a_{ij} und die Konstanten b_i definiert.

Die Koeffizienten a_{ij} des Gleichungssystems können in einer quadratischen Matrix zusammengefasst werden

$$\mathbf{A} = \begin{bmatrix} a_{11} & a_{12} & \cdots & a_{1n} \\ a_{21} & a_{22} & \cdots & a_{2n} \\ \vdots & \vdots & \ddots & \vdots \\ a_{n1} & a_{n2} & \cdots & a_{nn} \end{bmatrix}.$$

Durch Multiplikation dieser Koeffizientenmatrix mit dem Unbekanntenvektor

$$\mathbf{x} = \begin{bmatrix} x_1 \\ x_2 \\ \vdots \\ x_n \end{bmatrix}$$

resultiert ein Vektor, der die linke Seite des Gleichungssystems enthält

$$\mathbf{A} \cdot \mathbf{x} = \begin{bmatrix} a_{11} \cdot x_1 + a_{12} \cdot x_2 + \cdots + a_{1n} \cdot x_n \\ a_{21} \cdot x_1 + a_{22} \cdot x_2 + \cdots + a_{2n} \cdot x_n \\ \vdots \\ a_{n1} \cdot x_1 + a_{n2} \cdot x_2 + \cdots + a_{nn} \cdot x_n \end{bmatrix}.$$

Um das ursprüngliche Gleichungssystem zu erhalten, muss dieser Vektor gleichgesetzt werden mit dem Konstantenvektor

$$\mathbf{b} = \begin{bmatrix} b_1 \\ b_2 \\ \vdots \\ b_n \end{bmatrix},$$

der die rechte Seite des Gleichungssystems beinhaltet. Mit den oben definierten Matrizen und Vektoren lässt sich das gegebene lineare Gleichungssystem folglich viel kompakter schreiben

$$\mathbf{A} \cdot \mathbf{x} = \mathbf{b}.$$

Man spricht von der Matrizenschreibweise eines linearen Gleichungssystems.

Einheitsmatrix und inverse Matrix

Eine quadratische Matrix, deren Diagonalelemente alle 1 sind und deren sonstige Elemente alle null sind, wird Einheitsmatrix $\mathbf{I}$ genannt

$$\mathbf{I} = \begin{bmatrix} 1 & 0 & 0 & \cdots & 0 \\ 0 & 1 & 0 & \cdots & 0 \\ 0 & 0 & 1 & \cdots & 0 \\ \vdots & \vdots & \vdots & \ddots & 0 \\ 0 & 0 & 0 & \cdots & 1 \end{bmatrix}$$

Die Multiplikation einer Einheitsmatrix mit einem beliebigen Vektor $\mathbf{x}$ liefert als Resultat wieder denselben Vektor $\mathbf{x}$

$$\mathbf{I} \cdot \mathbf{x} = \mathbf{x}.$$

Da die Multiplikation mit der Einheitsmatrix nichts bewirkt, bezeichnet man $\mathbf{I}$ auch als neutrales Element der Matrizenmultiplikation.

Gewisse (aber nicht alle!) quadratischen Matrix $\mathbf{A}$ besitzen eine sogenannte inverse Matrix $\mathbf{A}^{-1}$. Die Multiplikation von $\mathbf{A}$ und $\mathbf{A}^{-1}$ ergibt die Einheitsmatrix $\mathbf{I}$

$$\mathbf{A} \cdot \mathbf{A}^{-1} = \mathbf{A}^{-1} \cdot \mathbf{A} = \mathbf{I}.$$

Lösung eines linearen Gleichungssystems

Ein lineares Gleichungssystem

$$\mathbf{A} \cdot \mathbf{x} = \mathbf{b}$$

kann durch Multiplikation mit der inversen Matrix $\mathbf{A}^{-1}$ nach dem Unbekanntenvektor $\mathbf{x}$ aufgelöst werden

$$\mathbf{A}^{-1} \cdot \mathbf{A} \cdot \mathbf{x} = \mathbf{A}^{-1} \cdot \mathbf{b}$$
$$\mathbf{I} \cdot \mathbf{x} = \mathbf{A}^{-1} \cdot \mathbf{b}$$
$$\mathbf{x} = \mathbf{A}^{-1} \cdot \mathbf{b}.$$

▶ **Wichtig**

Die Lösung des linearen Gleichungssystems

$$\mathbf{A} \cdot \mathbf{x} = \mathbf{b}$$

lautet (sofern die inverse Matrix $\mathbf{A}^{-1}$ überhaupt existiert)

$$\mathbf{x} = \mathbf{A}^{-1} \cdot \mathbf{b}.$$

Beispiel

Das lineare Gleichungssystem

$$x_1 - x_2 + 2 \cdot x_3 = 0$$
$$2 \cdot x_1 - 3 \cdot x_2 + 5 \cdot x_3 = 12$$
$$3 \cdot x_1 - 2 \cdot x_2 - x_3 = -6$$

kann mit Hilfe der Koeffizientenmatrix

$$\mathbf{A} = \begin{bmatrix} 1 & -1 & 2 \\ 2 & -3 & 5 \\ 3 & -2 & -1 \end{bmatrix},$$

des Konstantenvektors

$$\mathbf{b} = \begin{bmatrix} 0 \\ 12 \\ -6 \end{bmatrix}$$

und des Unbekanntenvektors

$$\mathbf{x} = \begin{bmatrix} x_1 \\ x_2 \\ x_3 \end{bmatrix}$$

in die Matrizenschreibweise überführt werden

$$\mathbf{A} \cdot \mathbf{x} = \mathbf{b}.$$

Mit Hilfe des Taschenrechners oder einem anderen Tool kann die zu $\mathbf{A}$ inverse Matrix bestimmt werden

$$\mathbf{A}^{-1} = \begin{bmatrix} \frac{13}{6} & \frac{-5}{6} & \frac{1}{6} \\ \frac{17}{6} & \frac{-7}{6} & \frac{-1}{6} \\ \frac{5}{6} & \frac{-1}{6} & \frac{-1}{6} \end{bmatrix}.$$

Die Lösung ergibt sich aus der Multiplikation von $\mathbf{A}^{-1}$ mit dem Konstantenvektor $\mathbf{b}$

$$\mathbf{x} = \mathbf{A}^{-1} \cdot \mathbf{b} = \begin{bmatrix} \frac{13}{6} & \frac{-5}{6} & \frac{1}{6} \\ \frac{17}{6} & \frac{-7}{6} & \frac{-1}{6} \\ \frac{5}{6} & \frac{-1}{6} & \frac{-1}{6} \end{bmatrix} \cdot \begin{bmatrix} 0 \\ 12 \\ -6 \end{bmatrix} = \begin{bmatrix} 0 - 10 - 1 \\ 0 - 14 + 1 \\ 0 - 2 + 1 \end{bmatrix} = \begin{bmatrix} -11 \\ -13 \\ -1 \end{bmatrix}.$$

Wie man leicht überprüfen kann, ist $x_1 = -11$, $x_2 = -13$ und $x_3 = -1$ tatsächlich die (einzige) Lösung des gegebenen Gleichungssystems. ◄

Gleichungssysteme mit keiner oder unendlich vielen Lösungen

Wir haben bis jetzt angenommen, dass das Gleichungssystem genau eine Lösung besitzt. Dies ist jedoch nicht zwingend der Fall. Sind die gegebenen Gleichungen nicht widerspruchsfrei, so existiert keine Lösung. Sind umgekehrt die Gleichungen voneinander abhängig, so existieren unendlich viele Lösungen.

Beispiel

Die beiden Gleichungen

$$x_1 + x_2 = 1$$
$$x_1 + x_2 = 3$$

widersprechen sich offensichtlich. Das Gleichungssystem hat keine Lösung.
Im Gleichungssystem

$$x_1 + x_2 = 1$$
$$2 \cdot x_1 + 2 \cdot x_2 = 2$$

ergibt sich die zweite Gleichung durch Multiplikation der ersten Gleichung mit dem Faktor 2. Die beiden Gleichungen sind also voneinander abhängig. Das Gleichungssystem hat deshalb unendlich viele Lösungen. ◄

Dass ein Gleichungssystem keine oder unendlich viele Lösungen hat, erkennt man unter anderem daran, dass die inverse Matrix nicht existiert.

Zu jeder quadratischen Matrix gehört eine Zahl, die sogenannte Determinante der Matrix, die ebenfalls mit den Taschenrechner oder einem Softwarepaket für numerische Mathematik berechnet werden kann. Ist die Determinante gleich null, so existiert die inverse Matrix nicht und das Gleichungssystem hat entweder keine oder unendlich viele Lösungen. Ist umgekehrt die Determinante ungleich null, so existiert die inverse Matrix und das entsprechenden Gleichungssystem hat genau eine Lösung.

Die folgenden Aussagen sind daher gleichbedeutend:

- Das lineare Gleichungssystem besitzt eine eindeutige Lösung.
- Die inverse Matrix der Koeffizientenmatrix existiert.
- Die Determinante der Koeffizientenmatrix ist ungleich null.

Stichwortverzeichnis

A

Admittanz, 146
Ampère, 9
Amplitude, 109
    komplexe, 131
Amplitudengang, 157, 190, 228
Amplitudenwerte, 209
Äquipotentialfläche, 243
Aronschaltung, 174
Asymptoten, 193
Atom, 7

B

Bandbreite, 159
Biot-Savart, 274
Blindleistung, 123, 148
Blindleitwert, 146
Blindwiderstand, 146
Bodediagramm, 189, 195
Bosonen, 7
Brechungsgesetz
    Elektrostatik, 258
    Strömungsfeld, 265
Brückengleichrichter, 103

C

Coulomb, 6
Coulomb, Charles Auguste, 231

D

Dezibel, 192
Diamagnetismus, 286

Dielektrikum, 233, 250
Dielektrizitätskonstante, 232
    relative, 233
Differentialgleichung, 224
    homogen, 220
    lineare, 219
Diode, 56
Divergenz, 319
Dreheiseninstrument, 114
Drehfeld, 162
Drehspulinstrument, 108, 113
Drehstromsystem, 162
Dreieckschaltung, 165
Dreieckslast
    Symmetrische, 166
Dreiphasensystem, 162
Durchflutung, 277
Durchflutungsgesetz, 277

E

Effektivwert, 106, 111, 112, 114, 214
    komplexer, 130, 131
Einschwingvorgänge, 219
Einweg-Gleichrichtwert, 104
Elektronen, 7
    bewegliche, 9
Elektronenvolt, 11
Elektrostatik, 231, 264
Energie, 15
    elektrisches Feld, 253
Energiedichte
    elektrisches Feld, 254
    magnetisches Feld, 289

© Springer Fachmedien Wiesbaden GmbH, ein Teil von Springer Nature 2021   343
M. Hufschmid, *Grundlagen der Elektrotechnik,*
https://doi.org/10.1007/978-3-658-30386-0

F
Faltung, 230
Faltungssatz, 230
Faraday, Michael, 120
Feld, 313
    elektromagnetisches, 315
    elektrostatisch, 236, 237
    homogenes, 236
    konservativ, 240
    magnetisches, 291
    quellenfrei, 279
    vektorielles, 235
Feldlinien, 235
Feldstärke, 247
    elektrische, 234, 235, 315
Fermionen, 7
Fluss
    elektrischer, 243
    magnetischer, 279
    verketteter, 294, 300
Flussdichte
    magnetische, 270, 315
Formfaktor, 108, 112
Fourier, Jean B. J., 208
Fourierreihe, 207
    komplexe, 210
    spektrale Darstellung, 209
Frequenz, 98
Frequenzgang
    komplexer, 157, 189, 190, 228
Frequenzskala, 184
Funktion
    periodisch, 207

G
Gegeninduktivität, 299, 301
Gesetz
    Coulombsches, 231
    ohmsches, 12, 141, 262
Gleichanteil, 208
Gleichrichtmittelwert, 104
Gleichrichtung, 102
Gleichrichtwert, 110, 112
Gleichung
    charakteristische, 221
Glühlampe, 56
Gluonen, 8

Gravitonen, 7
Grundschwingung, 208
Gütefaktor, 155

H
Harmonische, 208
Henry, Joseph, 118
Hertz, Heinrich, 313

I
Impedanz, 146
    komplexe, 141–143
Induktion
    magnetische, 270
Induktionsfluss, 300
Induktionsgesetz, 291, 294, 299, 316
Induktivität, 118, 122, 141, 291, 301
Innenwiderstand, 33, 51
Integral
    bestimmtes, 101
Ion, 7
Isolatoren s. Nichtleiter

K
Kapazität, 119, 123, 142, 249, 250
    Berechnung, 253
    Plattenkondensator, 251
    Zylinderkondensator, 252
Kirchhoffsches Gesetz
    erstes, 17
    zweites, 18
Klirrfaktor, 217
Knotenpotentialanalyse, 89
Knotenregel, 17, 127, 139
Koerzitivfeldstärke, 286
Kondensator, 120, 250
Konduktanz, 146
Kopplungsfaktor, 306
Kreisfrequenz, 109
Kurzschlussstrom, 34

L
Ladung
    elektrische, 5

Elektron, 7
Proton, 7
Laplace-Transformation, 222
Leerlaufspannung, 34
Leistung, 15, 146, 217
   Drehphasensystem, 171
   Drehstromsystem, 169
   Momentanwert, 15, 105
Leistungsanpassung, 42, 43
Leitfähigkeit
   elektrische, 14
Leitwert, 13, 265
Lenz'sche Regel, 295, 296
Linearität, 46
Linienspektrum, 213
Lösung
   stationäre, 222

M
Magnetfeld, 269, 270
   langer Leiter, 271
   Ringspule, 278
   Stromschleife, 275
Magnetisierungskennlinie, 286
Magnetkreis
   linear, 281
   nichtlinear, 287
   Ohmsches Gesetz, 284
Marconi, Guglielmo, 313
Masche, 18
Maschenregel, 18, 127, 140
Maschenstromanalyse, 75
Material
   hartmagnetisch, 286
   weichmagnetisch, 286
Maxwell Gleichung, 315
   dritte, 246
   zweite, 296
Maxwell, James Clark, 313
mho, 13
Mittelwert, 99
Monopol
   magnetischer, 316

N
Netzwerk

lineares, 71, 127, 129, 143
Neutronen, 7
Nichtleiter, 9
Nullphasenwinkel, 110

O
Oberschwingungen, 208
Oersted, Hans Christian, 269
Ohm, 117
Ortskurve, 177
   Inversion, 179

P
Parallelschwingkreis, 153, 155
Paramagnetismus, 286
Parseval, Satz von, 216
Periode, 207
Periodendauer, 98, 109
Permeabilität, 271
Permittivitätszahl, 232
Phasengang, 157, 190, 228
Phasenwerte, 209
Phasenwinkel, 110
Photonen, 8
Plattenkondensator, 251
Potential, 238, 247
   elektrisches, 241
   Punktladung, 242
Potentialdifferenz, 11
Potentialfeld, 314
Prinzip der virtuellen Verschiebung, 255
Protonen, 7

Q
Quellen-Ersatzzweipol, 39
Quellenfeld, 237, 314

R
Reaktanz, 146
Rechtsschraubenregel, 272
Reihenschwingkreis, 151, 155
Reluktanz, 283
Remanenz, 286
Remanenzflussdichte, 286

Resistanz, 146
Resonanz, 152
Resonanzüberhöhung, 153
Rotation, 320

S
Scheinleistung, 148
   komplexe, 148
Scheinwiderstand, 122, 125
Scheitelfaktor, 108, 112
Selbstinduktivität, 297, 301
Serieschwingkreis, 151
Spannung
   elektrische, 10, 238, 263
   sinusförmig, 108
Spannungs-Strom-Kennlinie, 33
Spannungsmessung, 26
Spannungsquelle
   ideale, 32
   reale, 33
Spannungsquellenverschiebung, 65
Spannungsteiler, 22
Spannungsüberhöhung, 152
Spule, 119, 120
Spulen
   gekoppelte, 302
Stammfunktion, 101
Sternlast
   symmetrische, 169
Sternpunkt, 171
Sternschaltung, 167
Strahlung
   elektromagnetische, 316
Strangspannung, 163
Stromdichte, 259
Strom
   elektrischer, 8
   sinusförmig, 108
Strommessung, 28
Stromquelle
   ideale, 36
   reale, 36
Stromquellenverschiebung, 67
Stromrichtung, 9
Stromteiler, 25
Stromüberhöhung, 154
Strömungsfeld, stationäres, 259, 264
Superpositionsprinzip, 31, 49, 51

Suszeptibilität
   magnetische, 286

T
Temperaturkoeffizient, 15
Transformation, 129
Transformator, idealer, 309
Tunneldiode, 56

U
Übertragung
   drahtlose, 313
Übertragungsfunktion, 228
Übertragungsverhalten, 157
Umwandlung
   Spannungs-/Stromquelle, 38
   Stern-Dreieck, 61, 72

V
Vektorfeld, 314
Verhalten
   asymptotisches, 203
Verlagerungsspannung, 167
Verschiebungsflussdichte, 243
Verzerrung
   nichtlinear, 217
Voltmeter, 26

W
Wattmeter, 170
Wechselstromrechnung
   komplexe, 129
Wechselwirkung
   elektromagnetische, 7
   schwache, 8
   starke, 8
Welligkeit, 216
Widerstand
   eines Leiters, 13
   magnetischer, 283
   ohmscher, 12, 117, 120
   spezifischer, 14
   Temperaturabhängigkeit, 15
Widerstände
   Messung, 44

Parallelschaltung, 23
Reihenschaltung, 20
Widerstandswert, 117, 122
Wirbelfeld, 237, 314, 316
Wirbelstrom, 297, 316
Wirkleistung, 118, 122, 147, 218
Wirkleitwert, 146
Wirkungsgrad, 41
Wirkwiderstand, 146

Z
Zählpfeilsystem
Generator, 31
Verbraucher, 31
Zweipol
elementare, 117
lineare, 31
nichtlineare, 56
ohmscher, 12
Zylinderkondensator, 252

Printed in the United States
By Bookmasters